300问学通电工仪表

主 编	张 宪	张大鹏	贾继德
副主编	高 静	张明伟	郭 盈
参 编	屈晓龙	白俊博	齐学玲
	杨 斌	韩凯鸽	陈忻熠
主 审	牛占文	付兰芳	郭振武

机械工业出版社

本书主要内容包括电子测量的基本知识、指针式万用表的功能与使用、数字万用表的功能与使用、数字万用表检测电子元器件、其他常用电工指示仪表的功能与使用、示波器的功能与使用、其他测量仪器仪表的功能与使用、使用电子仪器仪表实测电子电路八部分。本书配备了68段实操视频，便于广大电子爱好者学习。

本书可作为大、中专院校以及高职院校相关专业师生的参考用书，也可供从事电子测量与电子装置维修的技术人员参考阅读。

图书在版编目（CIP）数据

300问学通电工仪表 / 张宪，张大鹏，贾继德主编 . —北京：机械工业出版社，2023.7

ISBN 978-7-111-73158-0

Ⅰ . ① 3… Ⅱ . ① 张… ② 张… ③ 贾… Ⅲ . ① 电工仪表 – 问题解答 Ⅳ . ① TM93-44

中国国家版本馆 CIP 数据核字（2023）第 084439 号

机械工业出版社（北京市百万庄大街 22 号 邮政编码 100037）
策划编辑：翟天睿 责任编辑：翟天睿
责任校对：薄萌钰 陈 越 封面设计：马若濛
责任印制：单爱军
北京虎彩文化传播有限公司印刷
2023 年 8 月第 1 版第 1 次印刷
184mm × 260mm · 15.75 印张 · 387 千字
标准书号：ISBN 978-7-111-73158-0
定价：79.00 元

电话服务 网络服务
客服电话：010-88361066 机 工 官 网：www.cmpbook.com
010-88379833 机 工 官 博：weibo.com/cmp1952
010-68326294 金 书 网：www.golden-book.com
封底无防伪标均为盗版 机工教育服务网：www.cmpedu.com

前言

进入 21 世纪以来,电子测量技术的发展日新月异,现代电子设备的性能和结构发生了巨大变化,令人目不暇接,社会进入高速发展的信息时代。电子测量技术的广泛应用,给工农业的生产、国防事业、科技和人民的生活带来了革命性的变革。如果人们想正确地掌握、使用,尤其是维修电子设备和产品,则需要一套科学性、实用性强,内容详尽的电子测量技术读本。为推广现代电子技术,普及电子科学知识,我们编写了这本《300 问学通电工仪表》,供学习或从事电子测量与电子装置维修的技术人员参考,使他们尽快理解现代电子测量仪器仪表在电子设备维修中的应用情况,掌握利用电子测量设备检测元器件的一些基本方法。力求通过学习电子测量技术入门基础知识,初步掌握常用电子仪表与仪器的测量技术,正确地选用电子元器件和检测电子电路。通过本书的学习,希望使广大电子爱好者轻松进入电子测量技术的大门,激发他们对电子测量技术的探索兴趣,掌握进一步深入研究电子测量技术所必备的基础知识,并将其应用到实际生产和生活中去。

本书从广大电子爱好者的实际需要出发,在内容上力求简洁实用、图文并茂、通俗易懂,以达到举一反三、融会贯通的目的。在编写安排上力争做到由浅入深、循序渐进,所编内容具有实用性和可操作性,理论联系实际,对电子测量技术做了较详尽的叙述,并配有 68 段实操视频。本书为初学者奠定了较扎实的电子测量理论知识,以期达到既是广大电子初学者的启蒙读本和速成教材,也是广大电子爱好者的良师益友。

本书主要介绍了电子测量的基本知识、指针式万用表的功能与使用、数字万用表的功能与使用、数字万用表检测电子元器件、其他常用电工指示仪表的功能与使用、示波器的功能与使用、其他测量仪器仪表的功能与使用、使用电子仪器仪表实测电子电路等内容。全书结构合理、内容详尽、实用性强。

本书适合具有一定电工电子基础知识的初学者阅读,也可以供从事电子测量与电子装置维修的技术人员参考。

在编写过程中,我们得到了机械工业出版社和同行的大力支持和帮助,并借鉴了相关报刊和图书的有关资料,在此一并向他们表示衷心的感谢。

由于编者的水平有限,加之电子测量技术的发展十分迅速,书中难免会有不妥之处,我们衷心希望广大读者朋友对本书的疏漏和错误提出批评指正。

编 者
2023 年 6 月

二维码清单

名称	图形	名称	图形
2-3 指针式万用表表头具有哪些功用		2-29 怎样用指针式万用表检查二极管的好坏及正负极性	
2-7 指针式万用表表盘各种数值和标尺及意义是什么		2-39 如何用指针式万用表检测晶闸管的电极和好坏	
2-9 指针式万用表如何使用		2-40 如何用指针式万用表检测三端式集成稳压器	
2-13 指针式万用表如何测量直流电压		2-41 如何用指针式万用表检测三端可调式集成稳压器	
2-14 指针式万用表如何测量交流电压		2-42 如何用指针式万用表对扬声器进行一般检测	
2-17 指针式万用表如何测量固定电阻		2-53 使用指针式万用表有哪些注意事项	
2-19 如何用指针式万用表对电位器进行测试		3-15 MS8215 型数字万用表如何使用	
2-22 怎样用指针式万用表对电解电容进行测量		3-17 MS8215 型数字万用表如何测量交流和直流电压	
2-28 如何用指针式万用表检测变压器各绕组同名端		3-21 MS8215 型数字万用表使用注意事项有哪些	

（续）

名称	图形	名称	图形
3-24　VC890C⁺ 型数字万用表如何使用		4-1　怎样用数字万用表测量电阻	
3-26　VC890C⁺ 型数字万用表如何测量交流和直流电压		4-3　怎样用数字万用表测试光敏电阻	
3-30　UT123D 型智能数字万用表有哪些综合特性和按键功能		4-5　怎样用数字万用表对 NTC 功率热敏电阻进行测试	
3-33　UT123D 型智能数字万用表如何进行导通检测		4-6　怎样用数字万用表对 PTC 功率热敏电阻进行测试	
3-34　UT123D 型智能数字万用表如何测量二极管		4-7　怎样用数字万用表对电位器进行测试	
3-35　UT123D 型智能数字万用表如何测量电容		4-8　怎样用数字万用表对小容量电容进行测试	
3-36　UT123D 型智能数字万用表如何测量交流和直流电流		4-9　怎样用数字万用表检测电解电容	
3-37　UT123D 型智能数字万用表如何对非接触交流电压感测 NCV		4-10　如何用数字万用表对电感的好坏进行测试	
3-38　UT123D 型智能数字万用表如何检测相线 LIVE		4-10+　数字式万用表在线对电感进行测试	

（续）

名称	图形	名称	图形
4-11 如何用数字万用表检测变压器的绝缘性能		4-22 如何用数字万用表测量晶体管直流放大系数	
4-12 如何用数字万用表检测变压器的绕组阻值		4-22+ 如何用数字式万用表测试晶体管 h_{FE} 的热敏性	
4-14 如何用数字万用表对传声器进行检测		4-23 如何用数字万用表检测达林顿晶体管	
4-15 如何用数字万用表对耳机进行检测		4-24 如何用数字万用表检测双向晶闸管	
4-16 如何用数字万用表测量整流二极管		4-25 如何用数字万用表检测电磁继电器吸合与释放的电压和电流	
4-17 如何用数字万用表对硅整流桥进行检测		4-26 如何用数字万用表检测继电器线圈通断	
4-18 如何用数字万用表测量发光二极管		4-27 如何用数字万用表检测开关	
4-19 如何用数字万用表检测 LED 数码管		5-35 如何正确使用 DF2170A 型交流毫伏表	
4-20 如何用数字万用表判定晶体管的类型		6-8 示波器是怎样应用在电压、相位、时间和频率测量中的	

（续）

名称	图形	名称	图形
6-33　如何正确使用示波器的 LP-16BX 探头		8-8　如何测量集成运算反相比例放大器放大倍数	
7-23　如何正确使用 SS2323 可跟踪直流稳定电源		8-9　如何测量集成运算反相加法放大器放大倍数	
8-1　单级阻容耦合共发射极放大器如何进行静态工作点测量		8-10　如何测量同相比例放大器放大倍数	
8-3　放大电路的输入电阻 r_i 如何求出		8-10+　如何测量电压跟随器放大倍数	
8-4　放大电路的输出电阻 r_o 如何求出		8-11　如何测量差分运算放大器放大倍数	
8-5　如何测量放大器的上限频率 f_H 和下限频率 f_L		8-15　如何测量文氏电桥选频网络的衰减比	
8-6　多级阻容耦合放大器如何测量各项指标		8-16　如何测量文氏电桥振荡器输出正弦波的频率和峰峰值	

目录

第 3 章 数字万用表的功能与使用 ·················· 62

第 4 章　数字万用表检测电子元器件 ………………………100

第 5 章　其他常用电工指示仪表的功能与使用 ··············· 123

第 6 章　示波器的功能与使用 ……………………………………… 159

第 1 章
电子测量的基本知识

1-1　什么是测量?

　　测量是人类认识自然、改造自然的重要手段。从土地的丈量、时间的计量乃至对微观现象的研究、化学成分的分析及物理定律的发现,都离不开测量技术。

　　测量是通过物理实验的方法,把被测量与同类的单位量进行比较的过程,或者说是为确定被测对象的量值而进行的实验过程。

　　测量,就是将被测量与一个性质相同的充当测量单位的已知标准量进行比较,确定被测量对此标准量的倍数(或若干分之一),并用数字表示。例如,用米尺测量物体的长度,就是将被测物体的长度与标准长度(米尺)进行比较,最后得出物体的长、宽、高是几米零几厘米(毫米)长。所以说,测量是一个比较的过程,用来实现被测量与量具(度量器)之间相互比较的技术工具(仪器仪表),称为电工测量仪表。

　　一般来说,测量结果既可表现为一定的数字,也可以表现为一条曲线,或显示出某种图形,还可以表示为某种反馈形式的控制信号。但不管用何种形式表示,测量结果总包含一定的数值(绝对值大小及其符号)以及相应的单位两部分,即测量结果是有名数。例如:1.0186V,−40℃和55.6kg等。

　　由于各种因素的影响,测量结果中不可避免地存在着误差。为了说明测量结果可信赖程度,在表示测量结果时,必须同时阐明测量误差数值或误差范围。

　　现代工业技术和科学实验都离不开测量技术。从宇宙航行、原子弹爆炸及制造大规模集成电路等尖端科学,一直到机械制造工业中的零件加工和机器装配、调整,无一不需要统一和精确的测量。所以,从某种意义上讲,没有近代的测量技术,就没有当今的科学技术。

　　随着科学技术和生产技术发展的需要,测量技术已经发展成为一门较完整的技术学科。

　　测量技术这门技术科学所涉及的内容比较广泛,它包括信号检测与转换,信号传输与信号处理等内容。一个完整的测量过程不仅仅是将被测参数检取出来,还包括在上述基础上进一步运用电工和电子技术将被测信号进行放大,以及用模 - 数转换或数 - 模转换等方法进行处理和传输,然后研究如何将这些经过加工和处理的信号与仪表或计算机配接成自动测量装置。在近代工业生产和科学实验中,还要求测量人员掌握测量技术的基本理论与方法,以及数据处理和抗干扰等相应技术。

　　近年来,自动化理论及电子技术的发展使得上述测量过程能自动进行,测量工具从带伺服系统的自动测量仪表进展到应用微处理机,从而实现了测量的高度自动化。

1-2　测量技术是如何发展的?

　　测量技术是随着生产和科学技术的发展而发展的。在生产较原始的时代,测量技术也比较原始，如土地的丈量、物重的称量等。在这些测量过程中，几乎全都依靠手工操作，自始至终都需要人的感官参与测量，而且被测参数也很局限。

随着生产技术的发展，光学仪器的创造发明扩大了人们的眼界，使测量技术前进了一步。

之后由于发电机、电动机及变压器等电气设备的出现，迫切需要解决电磁参数的测量，于是以电磁原理为基础的电子测量技术便得到迅速发展。

20 世纪初，由于电子管的发明和应用，以及电磁波发射和接收技术的研究，使得通信技术得到了发展，同时促进了电子测量技术的产生和发展。近年来，半导体技术的发展，特别是集成电路的发展，更加促进了电子测量技术的迅速发展。

伴随生产过程自动化而发展起来的自动测量技术是测量技术在现阶段的最新发展。它以自动控制理论及计算机技术为基础，集中了先进的检测技术成果，把测量技术、计算机技术和自动控制原理有机地结合起来了。

可以看出，测量技术的发展是和生产技术的发展互相促进的，生产的发展不断对测量技术提出新任务，同时也为测量技术提供新的物质手段，而测量技术的发展又促进了生产的发展。例如，没有先进的自动测量技术和远距离测量技术，导弹的发射和卫星的上天都是不可能的。

科学技术的发展与测量技术更有着密切的关系。测量技术的完善（表现在准确度的提高和测量方法与仪器、仪表、设备的创新）会促使科学技术更快发展，而科学技术的新发展又促进测量技术的跃进，为测量技术提供新的前提条件和手段。例如，遥感技术是以宇航事业与空间科学技术的发展为前提实现的，相应的只有产生高度精确、灵敏、可靠的自动化测量仪表，才使宇宙飞行得以实现。

可见，测量技术在生产和科学实验中起着重要作用。

1-3　近年来测量技术有哪些进展？

近年来，测量技术的进展主要表现在以下几个方面：测量技术性能的提高，被测对象的增加与测量领域的扩大，相关理论（如现代控制理论、信息论等）发展与新的物理效应或化学反应的应用，以及新技术（如集成电路、数字技术及计算机等）的引入促使测量用的传感器及测量仪表向小型化、轻量化、高精度、半导体化、数字化及检测放大一体化等方向变革，使检测技术进一步向非接触测量、动态测量、在线测量以及多功能测量等自动化方向发展。

1. 测量技术性能的提高

由于测量技术和测量工具的发展，使得测量技术性能不断提高。主要表现在测量准确度、测量范围、仪表可靠性及使用寿命等方面。

测量准确度是测量技术中的关键性指标之一，近年来的测量准确度已可达到万分之几，甚至百万分之几（或更高数量级）。在提高准确度的同时，测量的量程也在相应扩大。

2. 测量对象的增加与测量领域的扩大

早期的检测对象较多为工业生产中的技术参数，例如温度、压力及流量等。随着工业生产发展，特别是近年来科学技术的发展，测量技术的领域向以下几个方面发展：

1）空间技术：其中遥感、遥测技术进展特别快；

2）海洋开发：如海底测量技术；

3）核工程：如核技术实验研究、放射性测量等；

4）环境保护：如环境污染的监测、三废处理及净化等，特别是成分分析技术进展较快。此外，资源普查、地质勘查及生物医疗等方面，检测技术都取得较大进展。

3. 新的物理效应的应用

测量技术是应用科学，因此它的进展是与基础科学发展息息相关的。特别是物理学方面。在当前的测量技术中，已被应用的和正在探索其应用可能性的物理效应已达近百种。尤其是近代物理学中的新成就正在进一步被应用。用激光、红外、超声、半导体、微波、各种谱线及射线等原理就可以制成测温、测流及测距等各类新型传感器。

4. 信息检测理论

技术的进展必然导致相应的理论的深化和发展，早期的测量技术由于生产过程比较简单且对事物的本质认识还不够深入，因此被测参数数量较少且相互独立，测量人员只要掌握与被测对象有关的物理知识即可应付。然而，现代的测量技术所服务的对象往往是复杂的生产过程控制，比如宇宙空间的探测，或揭示微观世界的研究等。因此，测量对象与控制对象（或科研对象）往往合成一体，形成一个较为完整的自动测量系统。由于生产技术的需要，相关的信息检测理论、信号传输理论、工程控制理论，乃至系统工程方面等理论在自动测量技术中都有综合应用。

下面简述与测量技术结合比较紧密的信息检测理论发展情况。在近代测量技术中，随机过程的测试与处理内容越来越多，如内燃机试验中的噪声测试，以及汽车试验中的平顺性试验就属于随机过程测试。在应用随机噪声效应的测试与随机数据的处理中都涉及相关函数与随机信息功率谱函数等内容，在应用计算机进行数据处理时，将应用快速傅里叶变换。又如在一些信息被噪声淹没的情况下进行测量，将应用滤波理论等。

5. 电子技术与计算机对检测技术的影响

由于半导体材料及工艺的发展，如今出现了许多灵敏度高、反应速度快及体积小的半导体传感器，加上采用集成电路技术以及组合元件的出现，使检测仪表总的发展趋向于小型轻量化、高准确度化、检测放大一体化、固体化及数字化，同时新型传感器在可靠性方面也得到提高。此外，与测量装置有关的设备都已系列化、单元化，如需完成某种测试任务，则只需根据测试要求选用若干标准系列的仪器即可组成测试系统。

20 世纪以大规模集成电路为基础的微型计算机的出现，促使测量仪表产生某种根本性变革。它不仅依靠硬件，而且越来越多地依靠软件来提高自动化程度、实现仪器的多功能和高精度，特别是计算机参与激励信号的发生和测量特性的解析，从根本上改变了传统的测试系统，这就是正在发展中的所谓第三代测试系统。

1-4　电子测量包含了哪些内容?

通常所说的电子测量是指对电学量的测量。其基本内容如下：

1）电能量的测量，即测量电流、电压、电功率、电场强度等。

2）电路参量的测量，即对元件（电阻、电感、电容等）的测量；对器件（电子管、晶体管、集成电路等）的测量；对电路（频率响应、通频带宽、阻抗、品质因数、相移量、延时、增益和衰减等）的测量等。

3）信号的特性及所受干扰的测量，包括信号的频率、相位、失真、频谱及噪声、干扰等的测量。

电子测量的显著特点是频率范围极宽，低端除直流外可测到 $10^{-5}\sim10^{-4}$Hz，高端可到 100GHz 以上。因此，在测试信号的产生和测试功能的形成这两个方面，电子测量都能在很宽的频段内工作。电子测量和其他测量相比，具有以下几个明显的特征：测量准确度高、量程广、测量速度快、测量灵活、易于实现遥测和长期不间断测量、易于利用计算机等。

1-5　什么是测量的量具和仪表？

量具和仪表是测量工具，即进行测量的物质基础。

在测量中，为了进行比较，必须有一个体现测量单位的已知量，这些体现测量单位的器具在测量学中被称为量具。在实际测量时，往往只有少数量具能够直接参与比较，例如测量长度用直尺，测量液体体积用量杯等。而大多数场合，常常不能直接比较，特别是电测技术中，由于被测参数与标准量均是电量，无法直接看到它们，若要将它们进行比较，则必须采用较为复杂的方法或专门的比较设备才能完成。例如用标准电阻来测量未知电阻时，需借助于电桥。用作比较的设备称为比较仪。

大多数量具需要配以相应的比较仪才能进行测量，操作过程也比较麻烦。有的量具结构十分脆弱或对使用条件要求相当苛刻，并且大多数量具的测量范围都不宽。工程测量中的不少参量，如速度、加速度、效率、温度及压力等都无法制成实物量具。因此，在实际的工程测量中，很少使用量具，大多使用各种直读式仪表进行测量，这类仪表可以通过其读数机构直接得到测量结果。例如常用的电压表、电流表、压力表、转速表等均属直读式仪表。

比较仪和直读式仪表都属于测量仪表。广义地讲，测量仪表是泛指一切参与测量工作的设备，它包括各种直读式及非直读式仪表，做比较用的比较仪，为测量工作提供各种信号和电源设备以及完成其他辅助任务（例如放大、滤波、频率变换、记录及运算）的设备。通常把由测量仪表及有关的辅助设备组成的一个整体称为测量装置，典型的电子测量装置主要由传感器、电子测量电路、显示装置（指示仪、记录仪、数字显示器等）组成。

1-6　测量系统由哪些部分组成？

测量系统是测量仪表的有机组合，对于比较简单的测量工作，只需要一台仪表就可以解决问题。但是，对于比较复杂、要求高的测量工作，往往需要使用多台测量仪表，并且按照一定规划将它们组合起来，构成一个有机整体，即测量系统。在现代化的生产过程和实验中，过程参数的检测都是自动进行的，即检测任务是由测量系统自动完成的。因此研究和掌握测量系统的功能和构造原理十分必要。

图 1-1 所示为测量系统的原理结构框图。它由下列功能环节组成：

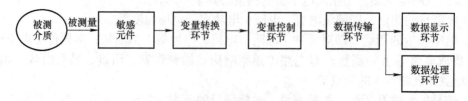

图 1-1　测量系统的原理结构框图

1. 敏感元件

作为敏感元件，它首先从被测介质接收能量，同时产生一个与被测物理量有某种函数关系的输出量。敏感元件的输出信号是某些物理量，例如位移或电压，这些物理量比被测物理量容易处理。

2. 变量转换环节

对于测量系统，为了完成所要求的功能，需要将原始敏感元件的输出变量做进一步的变换，即变换成更适于处理的变量，并且要求它应当保存着原始信号中所包含的全部信息。完成这样功能的环节被称为变量转换环节。

3. 变量控制环节

为了完成对测量系统提出的任务，要求用某种方式"控制"以某种物理量表示的信号；这里所说的"控制"意思是在保持变量物理性质不变的前提条件下，根据某种固定的规律仅仅改变变量的数值。完成这样功能的环节被称为变量控制环节。

4. 数据传输环节

当测量系统的几个功能环节实际上被物理地分隔开时，必须从一个地方向另一个地方传输数据。完成这种传输功能的环节被称为数据传输环节。

5. 数据显示环节

有关被测量的信息要想传输给人以完成监视、控制或分析的目的时，就必须将信息变成人的感官能够接受的形式。完成这样的转换功能的环节被称为数据显示环节，它的职能包括用指针相对刻度标尺运动表示简单的指示和用记录笔在记录纸上记录。指示和记录的形式也可以是断续量方式而不是连续量方式，例如数字显示和打印记录。

某些记录方式所表示的数据形式不能直接被人的感官所感知，磁式记录器就是一个典型例子。在这种情况下，必要时可用适当的仪器把数据从存储的信息中取出，并转换成人的感官易于感知的形式。

6. 数据处理环节

测量系统要对测量所得数据进行数据处理。数据处理环节实质上是一台小型计算机。这种数据处理工作由机器自动完成，不需要人工进行繁琐的运算。

1-7　什么是手动测量系统、半自动测量系统、全自动测量系统？

从广义的角度来理解，测量系统应包括测量人员及测量环境等内容。测量系统的各个组成部分是相互联系又相互制约的，按照测量过程进行分类，测量系统可分为：

1. 手动测量系统

手动测量系统是指在测量过程中的全部或大部操作、调整及计算等工作是由测量人员直接参与并取得测量结果的测量系统。在这类系统中，测量人员作为一种不可缺少的因素，自始至终参与整个测量过程。

2. 半自动测量系统

这种测量系统中，测量人员不需自始至终参与测量过程，测量过程中的部分或全部操作和调整由机器自动完成。测量结果也可以打印记录，但进一步的数据处理仍需由测量人员参与。

3. 全自动测量系统

在全自动测量系统中，所有的仪器设备都必须能与计算机联机工作。它们都具有程控输入和编码输出的性能，即这些仪器设备的工作状态（量程改变、调整电平等）要能受电子计算机控制，并能将测量结果以模拟或数字形式输出，供存储、处理、显示或打印之用。

1-8 什么是主动式测量系统与被动式测量系统？

根据在测量过程中是否向被测量对象施加能量，可以将测量系统分为主动式测量系统和被动式测量系统。

1. 主动式测量系统

它的构成原理框图如图 1-2 所示，这种测量系统的特点是在测量过程中需要从外部向被测对象施加能量。例如，在测量阻抗元件的阻抗值时，必须向阻抗元件施加电压，供给一定的电能。

2. 被动式测量系统

它的构成原理框图如图 1-3 所示，这种测量系统的特点是在测量过程中不需要从外部向被测对象施加能量。例如，电压、电流、温度测量，以及飞机所用的空对空导弹的红外（热源）探测跟踪系统都属于被动式测量系统。

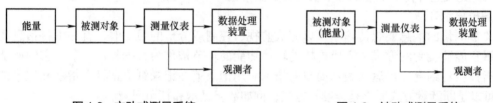

图 1-2　主动式测量系统　　　　　　　　图 1-3　被动式测量系统

1-9 什么是开环式测量系统与闭环式测量系统？

根据信号传输方向可以将测量系统分为开环式和闭环式两种。

1. 开环式测量系统

开环式测量系统的框图和信号流图如图 1-4 所示，其输入输出关系为

$$y = G_1 G_2 G_3 x$$

式中，G_1，G_2，G_3 为各环节放大倍数。

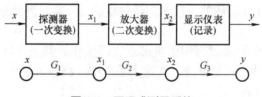

图 1-4　开环式测量系统

采用开环方式构成测量系统，虽然从结构上看比较简单，但缺点是所有变换器特性的变化都会造成测量误差。

2. 闭环式测量系统

闭环式测量系统的框图和信号流图如图 1-5 所示。该系统的输入信号为 x，则系统的输出为

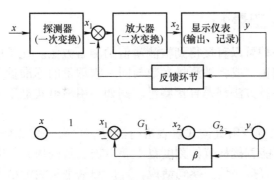

图 1-5　闭环式测量系统

$$y = \frac{\mu}{1 + \mu\beta} x$$

式中，β 为反馈系数；μ 为二次变换器与输出变换器的总放大倍数，即 $\mu = G_1 G_2$，是反馈系统的放大倍数。当 $\mu\beta \gg 1$ 时，上式变成

$$y = \frac{1}{\beta} x$$

很显然，这时整个系统的输入输出关系将由反馈系统的特性决定，二次变换器特性的变化不会造成测量误差或造成的误差很小。

对于闭环式测量系统，只有采用大回路闭环时才更有利。对于开环式测量系统，容易造成误差的部分应考虑采用闭环方法。根据以上分析可知，在构成测量系统时，应将开环系统与闭环系统巧妙地组合在一起加以应用，才能达到所期望的目的。

1-10　测量方法有哪些?

在拟订测量方案时，测量方法的正确与否是十分重要的，它直接关系到测量的成败。因此，必须根据测量任务要求，进行认真分析，找出切实可行的测量方法。然后根据测量方法选择合适的测量工具，组成测量装置或测量系统，进行实际测量。如果测量方法不合理，那么即使有高级精密的测量仪器或设备，也无法得到理想的测量效果。

测量方法分类形式很多，例如，按测量过程中被测量是否随时间变化而分为静态测量和动态测量；按测量条件可分为等精度测量和不等精度测量；按测量手段可分为直接测量、间接测量和组合测量；按测量方式可分为偏差式测量法、零位式测量法和微差式测量法等；按测量敏感元件与被测介质是否接触可分接触式测量与非接触式测量；按测量系统是否向被测对象施加能量可分为主动式测量和被动式测量等。

测量的方法还有直读测量、比较测量、频域测量、时域测量、数据域测量和噪声测量等多种方法。测量方法还可以根据不同方式分为自动测量和非自动测量，原位测量和远距离测量等。

此外，在电子测量中，还经常用到各种变换技术。例如，变频、分频、检波（如测交流电压有效值的原理就是首先利用各种检波器将交流量变成直流量，然后再测量）、斩波、A-D、D-A 转换等。

1-11 什么是直接测量?

顾名思义,这是一种可以直接得到被测量值的测量方法。凡是用预先按已知标准量定度好的测量仪器进行测量,或将被测量参数与同一物理量的标准量直接比较,从而直接求得被测参数的数值的测量方法都是直接测量。例如,用磁电式电压表测量电压,用转速表测量转速等。

直接测量并不意味着只用直读式仪表进行测量,也有许多比较式仪器,例如,电桥、电位差计等虽然不一定能直接从仪器刻度盘上获得被测量的值,但因参与测量的对象就是被测量本身,故仍属于直接测量。换句话说,直接测量是从测量结果直接获得被测量参数数值的一种测量方法。可用一般公式表示如下:

$$y = X$$

式中,y 为被测量参数数值;X 为测量结果。

直接测量的优点是测量过程简单而迅速,因此在工程技术中被广泛采用。

1-12 什么是间接测量?

与直接测量不同,间接测量是利用直接测量的量与被测量之间的已知函数关系,得到被测量值的测量方法。

对几个与被测量参数有确切函数关系的物理量进行直接测量,然后通过代表该函数关系的公式、曲线或表格求出被测量参数数值的测量方法即为间接测量。例如,直接测量出电阻 R 的阻值及电阻两端电压 U,由欧姆定律 $I = U/R$ 便可求出被测电流 I 的值;测量放大器的电压放大倍数 A_u,一般是分别测量输出电压 U_o 与输入电压 U_i 后再算出 $A_u = U_o / U_i$。如用测量汽车通过给定距离间隔的标杆所经过的时间可计算汽车在该路段的平均车速,又如通过测量发动机扭矩和转速来计算发动机功率等均是间接测量。用一般公式表示为

$$y = F(X_1, X_2, X_3, \cdots, X_n)$$

式中,y 为被测量参数的数值;$X_1, X_2, X_3, \cdots, X_n$ 为直接测量参数的测量结果。

间接测量法测量步骤较多,花费时间也较多,通常在下列情况下应用:

1)直接测量很不方便;

2)直接测量误差较大;

3)缺乏直接测量的仪器;

4)间接测量的结果比直接测量更为准确的场合。

1-13 什么是组合测量?

这是一种兼用直接测量和间接测量的方法,在测量中,使各个被测量参数以不同的组合形式出现(可通过改变测量条件获得不同的组合)。根据直接测量或间接测量所得到的数据,通过解一组联立方程而求出被测量参数的数值。这类测量称为组合测量,又称为联立测量,该方法用计算机求解比较方便。

例如,为了测量电阻的温度系数,需利用电阻值与温度间的关系公式

$$R_t = R_{20} + \alpha(t - 20) + \beta(t - 20)^2$$

式中，α，β 为电阻的温度系数；R_{20} 为电阻在 20℃时的电阻值；t 为测量时的温度。

为了测出电阻 R_{20}，α，β 的值，采用改变测试温度的方法。在三种温度 t_1，t_2 及 t_3 下，分别测出对应的电阻值 R_{t1}，R_{t2} 与 R_{t3}，然后代入上式，得到一组联立方程

$$R_{t1} = R_{20} + \alpha(t_1 - 20) + \beta(t_1 - 20)^2$$
$$R_{t2} = R_{20} + \alpha(t_2 - 20) + \beta(t_2 - 20)^2$$
$$R_{t3} = R_{20} + \alpha(t_3 - 20) + \beta(t_3 - 20)^2$$

解此联立方程组，便可求得 R_{20}，α，β 的值。

组合测量的测量过程比较复杂，花费时间较多，但容易达到较高准确度，是一种特殊的精密测量方法，一般适用于科学实验或特殊场合。

1-14 什么是直读测量法与比较测量法？

（1）直读测量法　它是直接从仪器仪表的刻度线（或显示）上读出测量结果的方法。例如，用电流表测量电流就是直读法，它具有简单方便等优点。

（2）比较测量法　它是一种在测量过程中，将被测量与标准量直接进行比较而获得测量结果的方法。例如，用频率表测量频率，另外电桥利用标准电阻（电容、电感）对被测量进行测量也是一个典型例子。

应当指出，直读测量法与直接测量、比较测量法与间接测量并不相同，两者互有交叉。例如，用电桥测电阻，是比较测量法，属于直接测量；用电压、电流表法测量功率，是直读测量法，但属于间接测量等。

1-15 什么是偏差式测量法？

在测量过程中，用仪表指针的位移（即偏差）表示被测量的测量方法，称为偏差式测量法。用这种方法测量时，标准量具并不装在仪表内，而是事先用标准量具对仪表刻度进行校准，然后在测量时输入被测量，按照仪表在标尺上的指示值，决定被测量的数值。它是以间接方式实现被测量与标准量的比较。这种方法的测量过程比较简单、迅速，但是测量准确度较低。通常所用的直读式仪表即为偏差式测量法。

1-16 什么是零位式测量法？

零位式测量法又称平衡法，它是指被测量与已知量比较时，使这两种量对仪器的作用相消为零的一种测量方法。

零位式测量法是在测量过程中，用指零仪表的零位指示来检测测量系统是否处于平衡状态，当测量系统平衡时，用已知的基准量决定被测未知量的数值。应用这种方法进行测量，标准量具装在仪表内，在测量过程中，标准量直接与被测量相比较。测量时要调整标准量，即进行平衡操作，一直到被测量与标准量相等，即指零仪表回位。例如，用直流电桥测量电阻，用天平称重都是零位测量法。

零位式法测量准确度较高，但它决定于标准量的准确度和检流计（指零仪）的灵敏度。采用零位式测量法进行测量的优点是可以获得比较高的准确度，但是，测量过程比较复杂。在测量时，要进行平衡操作，费时较多，采用自动平衡操作过程可以加快测量过程，但是

反应速度仍不可能很快。因此这种测量方法不适于测量变化迅速的信号，只适用于测量变化较慢的信号。

1-17 什么是微差式测量法？

微差式测量法简称微差法，微差式测量法是综合了偏差式和零位式测量法的优点而提出的一种测量方法。它将被测的未知量与已知的标准量进行比较，并取得差值从而求得被测量的方法。例如，用不平衡电桥测量电阻、温度等。

应用这种方法进行测量时，标准量具装在仪表内，标准量直接与被测量进行比较，由于两者很接近，因此不需调整标准量。

设 N 为标准量，X 为被测量，Δ 为两者之差，显然，有关系式 $\Delta = X - N$。经移项后得 $X = N + \Delta$，即被测量是标准量与偏差值之和。

N 是标准量，其误差很小，由于 $\Delta \ll N$，因此，可选用高灵敏度的偏差式仪表测量，即使测量 Δ 的准确度较低。但是，因为 $\Delta \ll N$，故总的测量准确度仍然很高。

广泛应用的电阻应变片电桥测量电路即是采用微差式测量法。微差式测量法的优点是反应快，测量精确度高。

1-18 测量仪表必须具备哪些基本功能？

测量仪表是测量用的工具，是实现测量技术的物质基础。

测量仪表必须具备下列三种功能，即物理量的变换、信号的传输和测量结果的显示。

（1）变换功能 在生产和科研中，有各种各样的检测量。可以说，其中大部分都是非电量。例如，热工参数中的温度、热量、比热、压力、压差、流量等；机械参数中的位移、速度、加速度、压力、力矩等；物性参数中的酸碱度、比重、成分含量等。对于这些物理量想通过与其对应的标准量直接比较就得到测量结果，往往非常困难，有时甚至不可能。原因就在于这些非电量及其对应的标准量都不能直接看到，所以很难将被测量与其标准量直接在一起比较。

为了解决实际测量中的这类问题，工程上采取的解决办法是依据一定的物理原理，将难以直接同标准量比较的物理量经过一次或多次信号能量形式的变换，变换成便于测量、处理和传输的能量形式，这个过程称之为变换。在工程上，电信号（电压和电流）是最容易测量处理和传输的物理量。因此往往将非电量的被测量依据一定的物理原理转换成电量，然后再对变换得到的电量进行测量和处理。例如，内燃机试验时的温度测量经常利用热电偶的热电效应将被测温度变换成直流（热电势）信号，然后再进行测量和传输。这里所利用的热效应是与热电偶材料性质密切相关的物理定律，实现信号变换功能的器件称为变换器或传感器。

研究仪表的变换功能是一个相当重要的课题，设法将新发现的物理定律、新技术及材料引入传感器中，往往会创造出新颖的传感器或新的测量技术。变换的功能含义不仅仅是为了解决某些被测量不便于或无法直接测量才采取的测量技术，即如上面所说的非电量转换。

随着科学技术的发展，要求测量准确度越来越高，速度越来越快，量程越来越广，以及要求实现测量自动化等，这时原有的测量方法往往就不能满足比这些新的要求。目前频率测量的准确度最高，因而许多电参量（如电压、电流及相位等）都在积极设法变换成频率进行测量。

（2）传输功能　被测参数的变换并不是测量的终结，实际测量中，变换后的信号通常必须经过一定距离的传输才能测量，最终显示出结果，即仪表在测量过程中完成变换功能后的第二个作用是将信号进行一定距离的传输。

比较简单的测量过程的信号传输距离很短，因此仪表的信号传输作用还不十分突出。随着生产的发展、自动化水平的提高，生产现场与中央控制室的距离都很远，位于现场的传感器将被测参量经变换与放大后，经过较长距离的传输才能将信号送至控制室。工业生产中，应用比较多的是有线传输，即通过电缆或导线传输直流电流信号。在信号传输中，要解决信号失真和抗干扰问题。

随着远距离测量技术和遥感技术的发展，信号的无线传输显得越来越重要。对于内燃机和汽车试验来说，无线传输的意义也是不言而喻的。总之，信号传输是仪表中要研究的另一个重要课题。

（3）显示功能　测量的最终目的是将测量结果用便于人眼观察的形式表现出来，这就是测量仪表的另一种必须具备的功能，即显示功能。

仪表的显示方式有模拟式（指针式、记录曲线）和数字式（数码显示、数字式打印记录）两种。

各种显示方式都有自己的特点和用途，因此要根据实际情况选择合适的显示方式。

1-19　测量仪表是如何分类的？

测量仪表品种繁多，为了便于管理、研究、生产和学习，必须对它们进行适当分类。仪表的分类方法有很多，可按原理、用途、指示方式、结构特点等方式划分。各种方法的分类从不同角度反映仪表的特征，而仪表命名通常也以仪表类别为依据，这样，根据仪表名称即可知仪表的基本特征。当然对于一台具体仪器或仪表，必须阅读其详细说明书才能对其有一定的了解，而类别则能从某一个侧面反映该仪表的特征。下面介绍一些仪表的分类方法。

（1）按使用分类　测量仪表按其使用范围分为通用仪表和专用仪表两大类。通用仪表有较宽的适用范围。例如，在电测量中用的通用电压表、通用示波器；机械测量中的转速表、应变片、扭矩仪等。这类仪表、仪器具有很强的通用性，它们既能用来作为各类设备的测量仪器，也可用作测量各类单元电路的测试仪器，还能作为组成测试系统的组件。专用仪表是为特定目的而设计的仪表，它只适用于特定的测试对象及测试条件。例如，用作测试晶体管特性的图示仪，只适用于测量汽油发动机速度的汽油机转速表等，这类仪表的设计在很大程度上受到测试对象的限制。

仪表按使用场合，又可分为实用仪表和范型仪表。实用仪表是指实际测量用的仪表，它又分为实验室用和工程用两种。实验室用仪表准确度比工程用仪表高，并在使用时要考虑对周围环境的修正值（需要有校正资料），而后者仅要求测量使用方便、迅速。范型仪表是供复制或对其他仪表进行校验或重新标定用的仪表，其准确度更高。

（2）按显示方式分类　仪表按其显示方式不同可以分为模拟式、数字式和图像显示等几大类。

模拟式仪表是把具有连续性的被测量变换成可以直接感觉的具有连续性的模拟量，通过指针或光点和刻度盘，随时给出测量结果。常见的指针式仪表即为模拟式仪表。

数字式仪表是将具有连续性的被测量变成具有离散性的数字量，再以数字形式显示。数字式仪表的指示值是整量化了的，即其最小数量单位是按十进制指示的，而读数误差仅为最小数量的 ±1 值。换句话说，其最小分辨力为最小数量的单位值，所以十分准确，可以避免读数上的视觉误差。

图像显示仪表（各种类型的示波器）主要用于动态测量或观测肉眼无法直接观测到的被测对象。

（3）按原理分类　按仪表原理可分为机械式仪表、电测量仪表、光学式仪表等。电测量仪表按其转换部分的原理又分为电感式、电容式、光电式、压电式等。

（4）按用途分类　按用途常以被测参数来划分，如测量电参数的仪器有电压表、电流表、欧姆表、电容测试仪、频率计、相位计等。测量其他物理量的仪表有测速仪、转速表、温度计、里程表等。

除以上分类方法外，还有按指示的特点分类，如累计（积）式仪表，它除了能指示瞬时测量值外，还能随时累计测量结果，例如汽车里程表。预调式仪表指带有自动调节元件，将按照要求预调的数据与测得数据进行比较后，以两者的差值来自动调节生产或试验过程的仪表。信号指示式仪表（又称信号指示器）是能按信号区间自动将试验或生产过程中出现的不正常工况，通过指示灯、电铃或其他报警方式发出信号的仪表（器）。仪表类别十分繁杂，种类很多，以上是常见的仪表种类。

1-20　什么是仪表的精确度和精度等级？

评价仪表性能的指标是多方面的，作为衡量测量仪表基本性能的精确度是评价、选用仪表的主要性能指标，它表明仪表测得数据的可靠程度。

说明仪表可靠性的指标有精密度、准确度和精确度（简称精度）。

（1）精密度 δ　它说明仪表指示值的分散性，即对某一稳定的被测量由同一个测量者，使用同一个仪表，在相当短的时间内，连续重复测量多次，其测量结果（指示值）分散的程度。δ 越小，说明测量越精密。例如，某温度仪表的精密度 $\delta = 0.2℃$，即表示多次测量结果的分散程度不大于 $0.2℃$。精密度是随机误差大小的标志，精密度高，意味着随机误差小。但必须注意，精密度与准确度是两个概念，精密度高不一定准确度高。

（2）准确度 ε　准确度是电测仪表最基本的技术指标，它表示仪表在规定的测量条件下，测量结果与被测量实际值的接近程度，通常用相对误差来比较测量结果的准确度。例如，某流量表的准确度 $\varepsilon = 0.3 \text{m}^3/\text{s}$，表示该仪表的指示值与真值偏离 $0.3 \text{m}^3/\text{s}$。

电气测量指示仪表的准确度是以最大允许绝对误差占满量程值的百分数来表示的，又称引用误差。

对比较仪器的误差常采用 ±（被测量的允许误差＋满量程值的允许误差）两项和的形式。

按照规程要求，在正常工作条件下使用仪表时，它的实际误差应小于或等于该仪表准确度等级所允许的误差范围。

准确度是系统误差大小的标志，准确度高，意味着系统误差小。同样，准确度高不一定精密度高。

（3）精确度 τ　它是精密度与准确度的综合反映，精确度高，表示精密度和准确度都比较高。在最简单的情况下，可取两者的代数和，即 $\tau = \delta + \varepsilon$。精确度常以测量误差的相对值表示。

图 1-6 所示的射击例子有助于加深对精密度、准确度和精确度三个概念的理解。图 1-6a 表示准确度高而精密度低，图 1-6b 表示准确度低而精密度高，图 1-6c 表示精确度高。在测量中，通常都希望得到精确度高的结果。

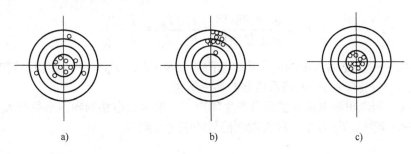

图 1-6 射击举例

1-21 什么是仪表的稳定性?

稳定性就是仪表保持其误差特性的能力。仪表的稳定性有两个指标：一是仪表指示值在一段时间中的误差变化量大小，以稳定度表示；二是仪表外部环境和工作条件变化引起指示值的不稳定，用影响量表示。

（1）稳定度 指在规定时间内，测量条件不变的情况下，由仪表中随机性变动、周期性变动、漂移等引起的指示值的变化，一般以仪表精密度数值和时间长短一起表示。例如，某仪表电压指示值每小时变化 1.3mV，则稳定度可表示为 1.3mV/h。

（2）影响量 测量仪表由外界环境变化引起指示值变化的量称为影响量，它是由温度、湿度、气压、振动、电源电压及电源频率等一些外加环境影响所引起的。说明影响量时，必须将影响因素与指示值偏差同时表示。例如，某仪表由于电源电压变化 10% 而引起其指示值变化 0.02mA，则应写成 0.02mA/（$U \pm 10\%$）。

1-22 如何按被测量性质区分测量种类?

虽然被测量的种类很多，但根据其特点，大致可分为以下几类：

（1）频域测量 频域测量技术又称为正弦测量技术。测量参数多表现为频域的函数，而与时间因素无关，测量时电路处于稳定工作状态，因此又叫稳定测量。

这种测量技术用的信号是正弦信号，线性电路在正弦信号作用下，所有电压和电流都有相同的频率，仅幅度和相位有差别。利用这个特点，可以实现各种电量的测量，如放大器增益、相位差、输入阻抗和输出阻抗等。此外，还可以观察非线性失真。其缺点是不宜用于研究电路的瞬态特性。

（2）时域测量 时域测量技术，与频域测量技术不同，它能观察电路的瞬变过程及其特性，如上升时间 t_r、平顶降落 δ、重复周期 T 和脉宽 t_w 等。

时域测量技术采用的主要仪器是脉冲信号产生器和示波器。

（3）数据域测量 这是用逻辑分析仪对数字量进行测量的方法，它具有多个输入通道，可以同时观测许多单次并行的数据。例如，微处理器地址线、数据线上的信号，可以显示时序波形，也可以用"1""0"显示其逻辑状态。

（4）噪声测量　噪声测量属于随机测量。在电子电路中，噪声与信号是相对存在的，不与信号大小相联系来讲噪声大小是无意义的。因此测量技术中，常用噪声系数 F_N 来表示电路噪声的大小，即

$$F_N = \frac{输入信噪比}{输出信噪比} = \frac{P_{iS}/P_{iN}}{P_{oS}/P_{oN}} = \frac{1}{A_P} \cdot \frac{P_{oN}}{P_{iN}}$$

式中　P_{iS}、P_{iN}——电路输入端的信号功率与噪声功率；P_{oS}、P_{oN}——电路输出端的信号功率与噪声功率；$A_P = P_{oS}/P_{iS}$——电路对信号的功率增益。

若 $F_N = 1$，则说明该电路本身没有产生噪声。一般放大电路的噪声系数都大于1。放大电路产生的噪声越小，F_N 越小，放大微弱信号的能力就越强。

1-23　如何正确选择测量方法和仪表？

在选择测量方法时，应首先研究被测量本身的特性及所需要的精确程度、环境条件及所具有的测量设备等因素，综合考虑后，再确定采用哪种测量方法和选择哪些测量设备。

一个正确的测量方法可以得到好的结果，否则，不仅测量结果不可信，而且有可能损坏测量仪器、仪表和被测设备或元器件。下面举例说明。

例1　用万用表的 $R \times 1\Omega$ 档测试晶体管的发射结电阻或用图示仪显示输入特性曲线时，由于限流电阻较小，而使基极电流过大，所以结果可能使晶体管在测试过程中被损坏。

例2　测量图1-7所示放大电路中场效应晶体管 VT 的漏极电位时，设在漏极与"地"之间用一只内阻为 $10M\Omega$ 的数字电压表来测量，其值为 $V_D = 10V$，而用 $20k\Omega/V$ 的万用表直流电压6V档测量，其值 $V'_D = 5V$（仪表的准确度影响不计）。为什么相差这么大？下面试分析一下。

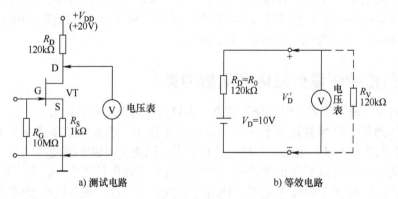

a) 测试电路　　　　b) 等效电路

图 1-7　用万用表测高内阻回路电压

解　由于万用表的内阻

$$R_V = 20k\Omega/V \times 6V = 120\ k\Omega$$

显然，R_V 与等效电阻 $R_0 = R_D$ 对 $U_D = 10V$ 的分压就是万用表的示值 U_D。因此有

$$U'_\mathrm{D} = \frac{R_\mathrm{V}}{R_\mathrm{D}+R_\mathrm{V}} \cdot U_\mathrm{D}$$

$$= \frac{120\mathrm{k}\Omega}{120\mathrm{k}\Omega+120\mathrm{k}\Omega} \times 10\mathrm{V}$$

$$= 5\mathrm{V}$$

例 3 一测量电流电路如图 1-8 所示,当未串接测量仪表时,回路的实际电流(即真值)为 $I = U/R$,串接测量仪表后,由于仪表内阻 r_i 的影响,实际的测量值为

$$I' = \frac{U}{R+r_\mathrm{i}} = \frac{I}{1+\dfrac{r_\mathrm{i}}{R}}$$

只有当 $r_\mathrm{i} \ll R$,测量值 I' 才近似接近真值 I,否则误差很大。

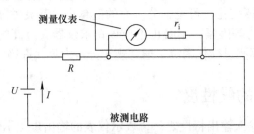

图 1-8　测量电流电路示意图

1-24　什么是仪表的测量量程?

量程是测量范围的上下限值之差或上下限值之比。

电子测量的特点是被测对象的量值大小相差悬殊。例如,地面上接收到的宇宙飞船自太空发来的信号功率会低到 $10^{-14}\mathrm{W}$ 数量级,而远程雷达发射的脉冲功率可高达 $10^{8}\mathrm{W}$ 以上,两者之比为 $1:10^{22}$。一般情况下,使用同一台仪器,同一种测量方法,是难以覆盖如此宽广的量程的。随着电子测量技术的不断发展,单台测量仪器的量程也可以达到很高。例如中档次的国产 YM3371 型数字频率计,测频范围为 10Hz~1000MHz,国产 WC2180 型交流微伏表,可以测量 5μV~300V 的交流电压,量程为 $1:6 \times 10^{7}$。一些更为先进的仪器,其量程更宽。例如,高档次的数字万用表直接测量的电阻值,由 3×10^{-5}~$3 \times 10^{8}\Omega$,量程为 $1:10^{13}$。

1-25　什么是仪表的灵敏度?

灵敏度表示测量仪表对被测量变化的敏感程度,一般定义为测量仪表指示值(指针的偏转角度、数码的变化、位移的大小等)增量 Δy 与被测量增量 Δx 之比。例如示波器在单位输入电压的作用下,示波管荧光屏上光点偏移的距离就定义为它的偏转灵敏度,单位为 cm/V、cm/mV 等。对示波器而言,偏转灵敏度的倒数称为偏转因数,单位为 V/cm、mV/cm 或 mV/div(格)等。

指示仪表常用灵敏度来表示单位被测量引起的指针在刻度盘上的位移。对多数指示仪

表来讲，灵敏度就是满量程值除以标尺全长所得之商。对于满量程为通常测量值的仪表，灵敏度并不是一个重要指标（如用 450V 量程的电压表，固定安装测量 380V 的电路电压），而对于精密测量的仪表以及检流计等来说，却是最重要的指标。

不同仪表的灵敏度表示方法有所不同，例如万用表是从电阻的角度来确定灵敏度的，常以直流电压档每伏多少欧来表示，而检流计则以每毫米标度尺长表示多大电流（或电压）来定义。

由于习惯用法和方便读取测量电压读数，也常把偏转因数当作灵敏度。比如说 SR37A 型双踪示波器的最高偏转灵敏度是 2mV/cm，表示输入电压变化 2mV 时，示波器荧光屏上光点产生 1cm 的位移。显然，这里的偏转灵敏度实际上是偏转因数，不过这一般不会引起人们的误解。

灵敏度的另一种表述方式叫作分辨力或分辨率，定义为测量仪表所能区分的被测量的最小变化量，在数字式仪表中经常使用。例如 SX1842 型数字电压表的分辨力为 $1\mu V$，表示该电压表显示器上最末位跳变一个字时，对应的输入电压变化量为 $1\mu V$，即这种电压表能区分出最小为 $1\mu V$ 的电压变化。可见，分辨力的值越小，其灵敏度越高。由于各种干扰和人的感觉器官的分辨能力等因素，不必也不应该苛求仪器有过高的灵敏度，否则将导致测量仪器成本过高以及实际测量操作困难，通常规定分辨力为允许绝对误差的 1/3 即可。

1-26　什么是仪表的线性度？

线性度是测量仪表输入输出特性之一，表示仪表的输出量（示值）随输入量（被测量）变化的规律。假设仪表的输出为 y，输入为 x，两者关系用函数 $y = f(x)$ 表示，如果 $y = f(x)$ 为 $y-x$ 平面上过原点的直线，则称之为线性刻度特性，否则称为非线性刻度特性。由于各类测量仪器的原理各异，故不同的测量仪器可能呈现不同的刻度特性。如常用的万用表的电阻档，具有上凸的非线性刻度特性，而数字电压表具有线性刻度特性，分别如图 1-9a 和 b 所示。

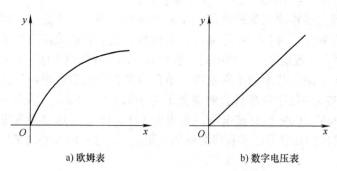

a) 欧姆表　　　　　　b) 数字电压表

图 1-9　欧姆表和数字电压表的刻度特性曲线

仪器的线性度可用线性误差来表示，如 SR46 型双踪示波器垂直系统的幅度线性误差 ≤ 5%。

1-27　什么是检测中的偏差、重复性、再现性？

（1）偏差（又称为残差）　在多次重复测定中，某次测定值与各次测定值的算术平均值之间的差值，它仅仅表征系列测定值之间的相关性。

（2）重复性　对同一试样用相同方法在相同条件下，同一操作者、同一仪器、同一地点、时间间隔不长、多次测定的一系列结果之间互相接近的程度。它反映许多相同条件下，测定结果的变异性。

定量的意义是一个数值在上述条件下得到的两次实验结果之差的绝对值，以指定的概率低于这个数值，一般指定的概率为 0.95。

（3）再现性　同一试样在不同的条件下，不同地点、不同操作者、不同仪器、相隔较长的时间测定的单个结果之间互相接近的程度。它反映了许多不同条件下，测定结果的变异性。

定量的意义是同一试样在上述不同条件下得到的两次测试结果之差的绝对值，以指定的概率低于这个数值，一般指定的概率为 0.95。

第2章
指针式万用表的功能与使用

　　万用表的特点是量程多、功能多、用途广、操作简单、携带方便及价格低廉。万用表不仅可以用来测量直流电流、直流电压、交流电压、电阻及音频电平等，有的万用表还有许多特殊用途，比如可以测量交流电流、电功率、电感、电容以及用于晶体管的简易测试等。因此，万用表是一种多用途的电工仪表，在电气维修和测量中被人们广泛地应用。

　　万用表是用磁电式测量机构（又称表头）与测量电路相配合来实现各种电量的测量的。所以，万用表实质上就是由多量程的直流电流表、多量程的直流电压表、多量程的整流式交流电压表及多量程的电阻表组成的，但它们合用一只表头，并在表盘上绘出几条相应被测电量的标尺。根据不同的被测量，转换相应的开关便可达到测量的目的。

2-1　万用表是如何分类的?

1. 按表头的构成分类

　　万用表按工作表头的构成可分为指针式万用表和数字万用表两类。目前，常见的指针式万用表有 MF500 型、MF30 型、MF47 型等，如图 2-1 所示。

a) MF500型　　　　　　b) MF30型　　　　　　c) MF47型

图 2-1　指针式万用表外观

2. 按功能操作旋钮分类

万用表按功能操作旋钮可分为单旋钮型万用表和双旋钮型万用表两类。常见的单旋钮型万用表有 MF47 型等，而常见的双旋钮型为 MF500。

3. 按测量功能分类

万用表按测量功能可分为普通型万用表和多功能型万用表两类。普通型万用表只能测量电阻、电压和电流，所以也叫三用表，并且电流档测量的电流容量较小，如常见的 MF500 型就属于此类万用表。而早期的多功能万用表仅增加了晶体管放大倍数测量和大电流测量功能，如 MF30 型和部分 MF47 型万用表，而后期生产的多功能型万用表还增加了短路（通路）测量、电容测量、红外二极管测量等功能，甚至有的万用表还增加了欠电压（电池电量不足）提示功能、自动延迟关机功能，以及音频电平、温度、电感量、频率测量和遥控器信号检测等功能，并且多功能型万用表的保护功能也越来越完善。

2-2　指针式万用表是由哪些部分组成的？

MF47 型指针式万用表的面板示意图如图 2-2 所示。指针式万用表在结构上主要由三个部分组成，即测量机构（又称表头）、测量电路和转换开关。

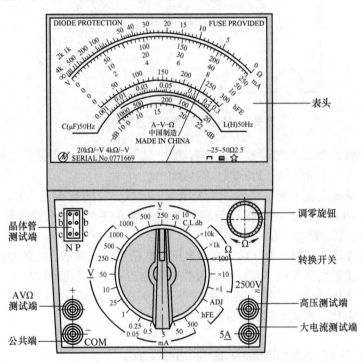

图 2-2　MF47 型指针式万用表的面板示意图

2-3　指针式万用表表头具有哪些功用？

表头由磁铁、线圈、游丝、指针（表针）构成。它是指针式万用表的主要元件，一般多采用高灵敏度的磁电式直流微安表作为测量机构，它的灵敏度通常用满刻度偏转电流来衡量，满刻度偏转电流在 10 ~ 200μA 之间。表头满刻度偏转电流越小，灵敏度越高，测量电压时内阻也就越大，功率损耗越小，表头的特性越好，对被测电路的影响越小。表头因线圈采用线径较细的漆包线绕制，所以需要通过电阻降压限流为它供电，才能获得较大的量程范围和较多的测量项目。表头是指针式万用表的关键部件，灵敏度、准确度等级、阻尼、升降差等，大部分都取决于表头的性能。

表头刻度盘上刻有多种电量和多种量程的刻度，表盘上有大量的符号和多条刻度线。图 2-3 所示为 MF500 型指针式万用表的表盘。

扫一扫，看视频

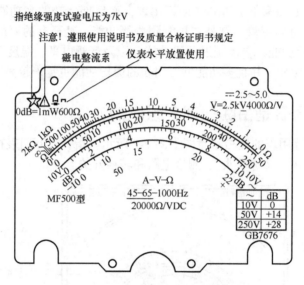

图 2-3　MF500 型指针式万用表表盘

第 1 条刻度线是电阻档的读数，它的右端为 "0"，左端为 "无穷大（∞）"，所以读数要从右向左读，也就是指针越靠近右端，数值越小。

第 2 条刻度线是交流、直流电压及直流电流的读数，它的左端为 "0"，右端为最大值，所以读数要从左向右读，也就是指针越靠近右端，数值越大。如果量程开关的位置不同，即使指针在同一位置，那么数值也是不同的。

第 3 条刻度线是为了提高 0 ~ 10V 交流电压读数精度而设置的，它的左端为 "0"，右端为 "10V"，所以读数要从左向右读，也就是指针越靠近右端，数值越大。

第 4 条刻度线是分贝的读数，它的左端为 "-10dB"，右端为 "+22dB"，所以读数要从左向右读，也就是指针越靠近右端，数值越大。

2-4　指针式万用表的测量电路是如何构成的？

测量电路是指针式万用表用来实现多种电量、多种量程测量的主要手段。它是把被测的电量转变成测量机构能接受的电量，如将被测的直流大电流通过分流电阻变换成表头能够接受的微弱电流；将被测的直流高电压通过分压电阻变换成表头能够接受的低电压，将被测的交流电流（电压）通过整流器变换为表头能够接受的直流电流（电压）等。

实际上，指针式万用表是由多量程直流电流表、多量程直流电压、多量程整流式交流电压表和多量程电阻表等几种电路组合而成的，构成测量电路的主要元件是各种类型和阻值的电阻元件（如线绕电阻、碳膜电阻及电位器等）。依靠这些元件组成多量程交直流电流表、多量程交直流电压表及多量程电阻表等。实现了对多种不同对象、多种功能与不同量限的测量，从而达到一表多用的目的。在交流测量时，还引入了整流装置，测量电路的改进可使仪表的功能增多、操作方便、体积减小。

指针式万用表的基本测量电路如图 2-4 所示。测量交流电压时，将量程开关 SA 置于交流电压档 $\underline{\vee}$ 的位置，交流电压通过 R_4 限流，再通过二极管 VD 半波整流，为表头的线圈供电，控制指针摆到相应的刻度位置。

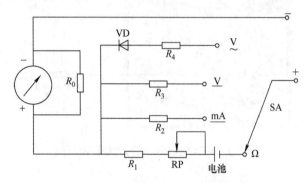

图 2-4　指针式万用表的基本测量电路框图

测量直流电压时，将量程开关 SA 置于直流电压档 $\underline{\vee}$ 的位置，直流电压通过 R_3 限流，为表头的线圈供电，控制指针摆到相应的刻度位置。

测量直流电流时，将量程开关 SA 置于直流电流档 $\underline{mA}$ 的位置，直流电流通过 R_2 限流后加到表头的线圈上，就会控制指针摆到相应的刻度位置。

测量电阻时，将量程开关 SA 置于电阻档的位置，此时表内的电池通过电位器 RP（Ω档调零电位器）、限流电阻 R_1、表头线圈和被测电阻 R 构成回路，为表头的线圈供电后，就会控制指针摆到相应的刻度位置。

由于被测电阻 R 的阻值是不同的，所以为表头提供的电流是非线性的。因此，表盘上的刻度为了真实地反映出被测电阻的阻值，其刻度的排列是不均匀的。

2-5　指针式万用表转换开关具有哪些功能？

转换开关又称选择式量程开关，可实现多种电量和多种量程的选择。指针式万用表中的各种测量及其量程的选择是通过转换开关来完成的。转换开关是一种旋转式切换装置，由许多个静触点和动触点组成，用来闭合与断开测量回路。MF47 型指针式万用表转换开关如图 2-5 所示。

动触点通常称为"刀"，静触点称为"掷"，静触点固定在测量电路板上，动触点装在转轴上，当转动转换开关的旋钮时，其上的"刀"跟随转动，并在不同的档位上和相应的静触点接触闭合，从而接通相对应的测量电路，实现对不同测量电路的切换。对转换开关的要求是切换灵活，接触良好。

指针式万用表一般都采用多刀多掷转换开关，以适应切换多种测量电路的需要。使用指针式万用表进行测量时，应首先根据测量对象选择相应的档位，然后估计测量对象的大小选择合适的量程。

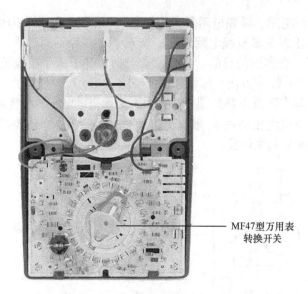

MF47型万用表
转换开关

图 2-5　MF47 型指针式万用表转换开关

2-6　指针式万用表的表盘符号具有哪些含义？

指针式万用表是由磁电式电流表、表盘、表箱、表笔、转换开关、接线柱、插孔、调零旋钮、外壳等构成的。表头是指针式万用表的主要元件，一般多采用高灵敏度的磁电式测量机构，它的灵敏度通常用满刻度偏转电流来衡量，满刻度偏转电流约在 $10 \sim 200\mu A$ 之间。表头满刻度偏转电流越小，灵敏度越高，测量电压时内阻也就越大，说明表头的特性越好。

在指针式万用表的表盘上，通常印有各种符号，它们所表示的内容见表 2-1。

表 2-1　指针式万用表表盘符号及其意义

符号	意义	符号	意义
∩	磁电式带机械反作用力仪表	Ⅳ	四级防外磁场
⊅	整流式仪表	⊓	仪表水平放置
≃	交直流两用	⊥	仪表垂直放置
⌂	磁电式一级防外磁场	☆2	表示仪表能经受 50Hz、2kV 交流电压历时 1min 绝缘强度试验（星号中的数字表示试验电压千伏数，星号中无数字表示 500V，星号中为 0 时表示未经绝缘强度试验）
Ⅱ	二级防外磁场	▽2.5	准确度等级。此例表示直流测量误差小于满刻度的 2.5%
Ⅲ	三级防外磁场		

2-7　指针式万用表表盘各种数值和标尺及意义是什么?

指针式万用表表盘上还印有各种数值和标尺,意义如下:

1)27℃为热带使用仪表,标准温度为 27±2℃,而一般仪表的标准温度为 20±2℃。

2)20kΩ/ⅴ或 10kΩ/ⅴ为直流测试灵敏度。此值的倒数就是表头的满度电流值,通常为指针式万用表的最小直流电流档。在测量直流电压时,将此数乘以使用档的满度值,即为该档的输入电阻。不同档位的输入电阻不同,而同一档位指示值变化时,其输入电阻却不变。

3)4kΩ/ⅴ或 2kΩ/ⅴ为交流电压灵敏度。在测量交流电压时,将此数乘以使用档的满度电压值,即得到该档的内阻(输入电阻)值。注意,这是某一档位的输入电阻,改变档位时,仪表的输入电阻跟着改变,而在同一档位,被测值不同时,仪表输入电阻不变。

4)0dB = 1mW600Ω　表示分贝(dB)标尺是以在 600Ω 负荷电阻上,得到 1mW 功率时的指示定为 0dB 的。

5)A-V-Ω:指安培、伏特、欧姆,即表示该指针式万用表是可测电流、电压和电阻的复用表。

6)MF:M 指仪表,F 为复用式,MF 即指针式万用表的标志。

7)2.5:这是以标尺上量程百分数表示的准确度等级,表示直流测量误差绝对值小于满刻度的 2.5%。

8)指针式万用表弧形标尺:在指针式万用表上一般有一条 Ω 标尺、一条直流用的 50 格等分度标尺、一条交流用的 250ⅴ、50ⅴ标尺、一条 10ⅴ(或 5ⅴ或 2.5ⅴ)专用标尺及一条 dB 标尺。有的指针式万用表上还有 A(交流电流)、μF(电容)、mH(电感)、Z(阻抗)、W(音频功率)、I_{ceo}(晶体管击穿电流)或 h_{FE}(晶体管直流放大倍数)等标尺。

指针式万用表表盘上的各种标识示例如图 2-6 所示。

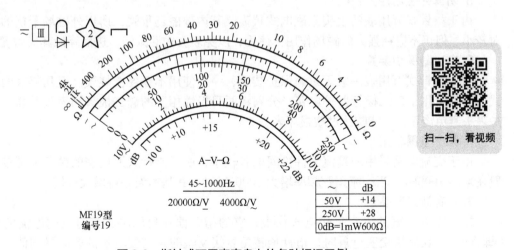

图 2-6　指针式万用表表盘上的各种标识示例

2-8　指针式万用表具有哪些技术特性?

指针式万用表的种类繁多,型号各异,但结构和功能都大同小异。例如 MF-47 型万用表是一种设计新颖、性能优良、测量范围宽广的磁电系整流式便携式多量程万用表，可供测量直流电流、交直流电压、直流电阻等，具有 26 个基本量程和电平、电容、电感、晶体管直流参数等 7 个附加参考量程，具有量程多、分档细、灵敏度高、体积轻巧、性能稳定、过载保护可靠、读数清晰、使用方便等特点，适合于电子仪器、电视机、音频放大器、无线电通信、电工测量、实验室等广泛使用。通常，指针式万用表具有以下技术特性。

1. 准确度高

根据规定，指针式万用表的准确度等级一般在 1.0 ~ 5.0 级之间。

通常指针式万用表直流电流档的基本误差为 ±1% ~ ±2.5%。

直流电压档的基本误差为 ±1.5% ~ ±2.5%。

交流电压档的基本误差为 ±2.5%。

电阻档的基本误差为 ±2.5% ~ ±4%。

2. 灵敏度高

指针式万用表的灵敏度高含有双重含义，即作为电流测量时反应灵敏，而作为电压测量时，仪表的内阻高（分流作用小）。因为指针式万用表采用磁电式表头，故有此特点。

例如，国产 MF10 型指针式万用表，由于它采用了 $10\mu A$ 的高灵敏度表头，在 1V、10V、50V 和 100V 各直流电压档，其电压灵敏度可高达 $100k\Omega/V$，在交流电压档可达 $20k\Omega/V$。

3. 用途广

指针式万用表不但能交直流两用，还可测量电平（分贝）、功率、电感、电容及音频电压等，是电工测量较理想的常用仪表。

4. 功率消耗小

在电压档，由于所消耗的功率与指针式万用表电压档内阻成反比，所以灵敏度越高，指针式万用表消耗的功率越小。

5. 防御外磁场能力强

由于指针式万用表的表头系磁电式仪表，其内部磁场很强，所以外磁场干扰的影响相对较小。但仍不应在强大的磁场作用下使用，以免表头磁性减弱，进而降低其灵敏度。

6. 有过载保护装置

早期指针式万用表一般无过载保护装置，一旦使用不慎便会烧毁。近几年来国产指针式万用表采用了硅二极管保护电路，分别将两只极性相反的硅二极管同表头并联，既能保护表头避免烧坏，又能防止过载损坏表头。

7. 频率范围较宽

由于交流电路采用的整流元件极间电容较小，所以指针式万用表的频率范围较宽，一般在 45 ~ 1000Hz。当交流正弦频率增大 5000Hz 时，其基本误差将增大一倍。

8. 存有波形误差

指针式万用表的表头是磁电式仪表，它的指针偏转角取决于流过它的电流的平均值（即直流）。在测量交变电量时，指针偏转角直接反映的是交变电量的整流平均值，而不是有效值。通常，交变电量需要用有效值表示，为此，根据最常用的正弦波的有效值与其平均值的固定比例关系，画出表盘的交流标尺，即正弦波有效值刻度。在测量非正弦交变电量时，因为它的有效值与平均值的比例关系不同于正弦波，所以会产生刻度误差。这种误差是由于波形不同而引起的，故叫作波形误差。

2-9　指针式万用表如何使用？

1. 使用前的准备

1）在使用指针式万用表前，首先进行外观检查，表壳应无油污、无破损，指针应摆动灵活，表笔线及表笔绝缘应良好，操作者必须熟悉每个旋钮、转换开关、插孔以及接线柱等的功能，了解表盘上每条标尺刻度所对应的被测量，熟悉所使用指针式万用表的各种技术性能。这一点对初学者或使用新表者尤为重要。

扫一扫，看视频

2）指针式万用表在使用时，应根据仪表的要求，将表水平（或垂直）放置，并放在不易振动的地方。

3）检查机械零点。若不指于零，则可调节机械调零旋扭，使指针指于零。每次测量前，应核对转换开关的位置是否合乎测量要求。

2. 插孔（接线柱）的正确选择

1）在进行测量以前，应首先检查表笔接在什么位置。

2）红色表笔应接在标有"+"号的插孔（或红色接线柱）上；黑表笔应接在标有"−"号（COM）的插孔（或黑色接线柱）上。用 MF47 型指针式万用表测量交、直流 2500V 或直流 5A 时，红表笔则应插到标有"2500V"或"5A"的插孔中。

3）在测量电压时，仪表并联接入电路；测量电流时，仪表串联接入电路。

4）在测量直流参数时，要使红表笔接被测对象的正极，黑表笔接被测对象的负极。

3. 测量类别的选择

1）测量时，应根据被测的对象类别将转换开关旋至需要的位置。例如，当测量交流电压时，应将类别转换开关旋至标有"$\underset{\sim}{V}$"的位置，其余类推。

2）MF500 型指针式万用表的盘面上有两个旋钮，一个是测量类别的选择，另一个是量程变换的选择。在使用时，应先将测量类别旋钮旋至对应的被测量种类的位置上，然后再将量程变换旋钮旋至相对应量限的合适位置上。

4. 量限的选择

1）根据被测量的大致范围，将量限转换开关旋至该类别区间的适当量程上。例如，测量 220V 的交流电压时，就可以选择用"$\underset{\sim}{V}$"区间 250V 的量程档。

2）若事先无法估计被测量的大小，则应尽量选择大的量程，然后根据指针偏转角的大小，再逐步换到合适的量程，直到测量电流和电压时使指针指示在满刻度的 50% ~ 95% 范围内，这样测量的结果比较准确。

5. 正确读数

在指针式万用表的标度盘上有很多条标度尺，分别供测量各种不同被测量时使用，因此在测量时要在相应的标度尺上读数。

1）标有"DC"或"—"的标度尺供测量直流时读数。

2）标有"AC"或"~"的标度尺供测量交流时读数。

3）标有"Ω"的标度尺供测量直流电阻时读数。

4）测量电平及电容等还应进行适当的换算。

读数时，眼睛应垂直于表面观察指针，如果视线不垂直，将会产生视差，从而使得读数出现误差，如图 2-7 所示。

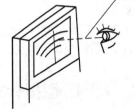

图 2-7　指针式万用表的读数

2-10　MF47 型指针式万用表结构特征有哪些？

MF47 型万用表造型大方、设计紧凑、结构牢固、携带方便，零部件均选用优良材料及工艺处理，有良好的电气性能和机械强度，且具有以下特点：

1）MF47 型指针式万用表的测量机构采用高灵敏度表头，性能稳定，并置于单独的表壳之中，保证密封性和延长使用寿命，表头罩采用塑料框架和玻璃相结合，避免产生静电，可保持测量精度。

2）电路采用印制电路板，保证可靠、耐磨、整齐、维修方便。

3）测量机构采用硅二极管保护，保证电流过载时不损坏表头，电路并设有 0.5A 熔丝装置，以防止误用时烧坏电路。

4）在设计上考虑了温度和频率补偿，受温度影响小，频率范围宽。

5）低电阻档选用 2# 干电池，容量大、寿命长。两组电池装于盒内，换电池时只需卸下电池盖板，不必打开表盒。

6）若配加原厂专用高压探头，则可以测量电视接收机内 25kV 以下的高电压。

7）表外壳装有提把，不仅可以携带，必要时还可以作倾斜支撑。

8）有一档晶体管静态直流电流放大倍数检测装置，以供在临时情况下检测晶体管。

9）标度盘与开关指示盘印制成红、绿、黑三色。分别按交流电压档为红色、晶体管为绿色、其余档位为白色或黑色标识其位置和量程，使用时读取示数便捷。MF47 型指针式万用表标度盘如图 2-8 所示。

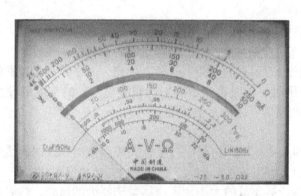

图 2-8　MF47 型指针式万用表的标度盘

标度盘共有六条刻度，第一条专供测电阻用（黑色线）；第二条供交直流电压、直流电流用（黑色线）；第三条供测晶体管放大倍数用（绿色线）；第四条供测量电容用（红色线）；第五条供测电感用（红色线）；第六条供测音频电平用（红色线）。标度盘上装有反光镜，以消除视差。

10）交直流 2500V 和直流 5A 分别装有单独插孔，其余各档只需转动一个选择开关。

11）采用整体软塑红、黑表笔，以保持长期良好使用。

2-11　MF47 型指针式万用表电路工作原理图是怎样的？

MF47 型指针式万用表的电路原理如图 2-9 所示。

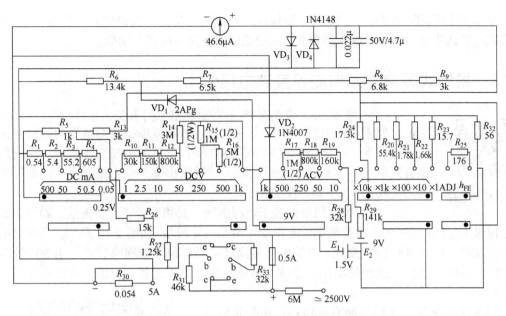

图 2-9 MF47 型指针式万用表电路原理图

2-12 MF47 型指针式万用表技术规范有哪些?

该表要求在温度 0 ~ 40℃、相对湿度 85% 的情况下使用,各项技术指标符合 GB/T 7676.1—2017 国家标准和 IEC 60051 国际标准有关条款的规定。MF47 型指针式万用表的技术指标见表 2-2。

表 2-2 MF47 型指针式万用表的技术指标

测量项目	量程范围	灵敏度及电压降	准确度	误差表示方法
直流电流	0 ~ 0.05mA ~ 0.5mA ~ 5mA ~ 50mA ~ 500mA ~ 5A	0.3V	2.5	以量程的百分数计算
直流电压	0 ~ 0.25V ~ 1V ~ 2.5V ~ 10V ~ 50V ~ 250V ~ 500V ~ 1000V ~ 2500V	20kΩ/V	2.5	以量程的百分数计算
交流电压	0 ~ 10V ~ 50V ~ 250V(45 ~ 65 ~ 5000Hz)~ 500V ~ 1000V ~ 2500V(45 ~ 65Hz)	4kΩ/V	5	
直流电阻	$R×1\Omega$、$R×10\Omega$、$R×100\Omega$、$R×1k\Omega$、$R×10k\Omega$	$R×1\Omega$ 中心刻度为 16.5Ω	2.5	以标度尺弧长的百分数计算
			10	以指示值的百分数计算
音频电平	−10 ~ 22dB	0dB=1mW600Ω		
晶体管直流放大倍数 h_{FE}	0 ~ 300(h_{FE})			
电感	20 ~ 1000mH			
电容	0.001 ~ 0.3μF			
外形尺寸	165mm × 112mm × 49mm			
质量	0.8kg(不包括电池)			

新型的 MF47B、MF47C、MF47F 型指针式万用表还增加了负载电压（稳压）、负载电流参数的测试功能和红外线遥控器数据检测功能以及通路蜂鸣提示功能。

2-13　指针式万用表如何测量直流电压？

扫一扫，看视频

1）将指针式万用表的转换开关旋至相应的直流电压档"V"（DC/V）档位，如果已知被测电压的大概数值，则可以根据被测电压的数值去选择合适的量程，所选量程应大于被测电压；若被测电压大小未知，则可以选择直流电压量程最高档进行估测，然后逐次旋至适当量程上（使指针接近满刻度或大于 2/3 满刻度为宜）。

2）指针式万用表并接于被测电路，必须注意正、负极性，即红表笔接高电位端（电压的正极），黑表笔接低电位端（电压的负极），如图 2-10 所示。当被测电压极性未知时，应先将转换开关置于直流电压最高档进行点测，观察指针式万用表指针的偏转方向，以确定极性；点测的动作应迅速，防止表头因严重过载，反偏将指针式万用表指针打弯。

假如误用交流电压档去测直流电压，由于指针式万用表的接法不同，读数可能偏高一倍或者指针不动。

3）正确读数。在标有"—"或"DC"符号的刻度线上读取数据。由图可知指针式万用表置于直流电压 2.5V 档，读得此电池为直流电压 1.5V。

4）当被测电压在 1000 ~ 2500V 之间时，MF47 型指针式万用表需将红表笔插入指针式万用表右下方的 2500V 量程扩展孔中进行测量，这时旋转开关应置于直流电压 1000V 档。

图 2-10　直流电压测量

2-14　指针式万用表如何测量交流电压？

1）选择档位。先选择交流电压档，将转换开关置于相应的交流电压档"Ⅴ"（AC V）。正确选择量程，其方法与测直流电压相同。若误用直流电压档去测交流电压，则指针在原位附近抖动或根本不动。

2）测量交流电压时，表笔不分正负，分别接触被测电压的两端，使指针式万用表并联在被测电路两端即可，如图 2-11 所示。

扫一扫，看视频

图 2-11　测量交流电压

3）正确读数。在标有"～"或"AC"符号的刻度线上读取数据。由图可知指针式万用表置于交流电压 250V 档，读得此电池为交流电压 225V。

4）当被测电压在 1000～2500V 时，MF47 型指针式万用表可以将红表笔插入指针式万用表右下方的 2500V 量程扩展孔中进行测量，这时旋转开关应置于交流电压 1000V 档。

MF47 型指针式万用表若配以高压探头可测量电视机 ≤ 25kV 的高电压，如图 2-12 所示。测量时开关应放在 50μA 位置上，高压探头的红黑插头分别插入"+""-"插座中，接地夹与电视机金属底板连接，而后握住探头进行测量。

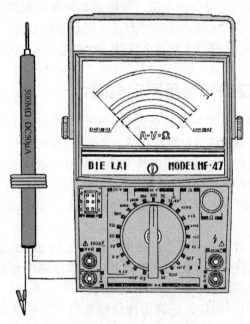

图 2-12　高压探头测量示意图

2-15　指针式万用表如何测量直流电流?

1）选择档位。将指针式万用表的转换开关置于相应的直流电流档（DC mA）。已知被测电流范围时，选择略大于被测电流值的那一档。被测电流范围未知时，可先选择直流电流量程最大一档进行估测，再根据指针偏转情况选择合适的量程。

2）测量直流电流时，应先切断被测电路电源，将检测支路断开一点，再将指针式万用表串联在电路中，且要注意正负极性，红表笔接触电路的正极性端（或电流流入端），黑表笔接触电路的负极性端（或电流流出端），不可接反，否则会导致指针反偏。不知道电路极性时，可将转换开关置于直流电压最高档，在带电的情况下，先点测一下试探极性，然后再将指针式万用表串入电路中测量电流。

测量时指针式万用表串入被测回路，如图 2-13 所示。既可以串入电源正极与被测电路之间，如图 2-13a 所示，也可串入被测电路与电源负极之间，如图 2-13b

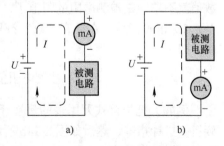

图 2-13　直流电流的测量

所示。

3）指针式万用表测量500mA及其以下直流电流时，转动测量选择开关至所需的"mA"档。测量500mA以上至5A的直流电流时，将测量选择开关置于"500mA"档，并将红表笔改插入"5A"专用量程扩展插孔。

2-16 指针式万用表如何测量交流电流？

有的指针式万用表能够测量交流电流，与测量直流电流相似，转动测量选择开关至所需的"交流A"档，串入被测电流回路即可测量。测量200mA以下交流电流时，红表笔插入"mA"插孔；测量200mA及以上交流电流时，红表笔插入"A"插孔。

2-17 指针式万用表如何测量固定电阻？

测量电阻的方法很多，可用指针式电阻表、电阻电桥和数字电阻表直接测量，也可根据欧姆定律 $R = U/I$，通过测量流过电阻的电流 I 及电阻上的压降 U 来间接测量电阻值。

当测量精度要求较高时，采用电阻电桥来测量电阻。电阻电桥有单臂电桥（惠斯通电桥）和双臂电桥（开尔文电桥）两种，这里不做详细介绍。

当测量精度要求不高时，可直接用电阻表测量电阻。现以MF47型指针式万用表为例，介绍测量电阻的方法。

1）装上电池（如MF47型指针式万用表R14型2#1.5V及6F22型9V各一只），如果被测电阻处于电路中，那么首先应该将被测电路断电，如电路中有电容则应在断电后先行放电。测量时注意断开被测电阻与其他元器件的连接线。

2）转换开关旋至"Ω"档位，正确选择量程波段，开关置合适档，即尽量使指针指在刻度线的中间部分（该档的欧姆中心值）。若被测电阻大小未知，则可选择高档位试测一下，然后选取合适的档位。

3）调节零点。测量前应首先进行调零，在所选电阻档位，将两表笔短接，指针不指零位时，调节"Ω"调零旋钮，使指针准确指在0Ω刻线上，如图2-14a所示。每次换档后必须重新调零，如某个电阻档位不能调节至零位，则说明电池电压太低，已不符合要求，应及时更换电池。

4）测量。将红黑表笔分别接触被测电阻的两端，并保证接触紧密。被测对象不能有并联支路，当被测电路有并联支路时，测得的电阻值不是该电路的实际值，而是某一等效电阻值。尤其在测量大电阻时，不能同时用两只手接触表笔的导电部分，否则表头上指示的数值就不单纯是被测电阻的阻值了，需防止人体电阻导致测量出现较大的误差。

5）正确读数。在标有"Ω"符号的刻度线上读取的数据再乘以转换开关所在档位的倍率，即

$$被测电阻值 = 刻度线示数 \times 电阻档倍率$$

例如，把指针式万用表的量程开关拨至 $R \times 100\Omega$ 档时，把红、黑表笔短接，调整调零旋钮使指针指零，然后如图2-14b所示将表笔并联在被测电阻的两个引脚上，此时若指针式万用表指针指示在"50"上，则该电阻的阻值为 $50 \times 100\Omega = 5k\Omega$。

扫一扫，看视频

a) 红、黑表笔短接调零使指针指零　　　b) 表笔并联在电阻两个引脚上测量

图 2-14　指针式万用表对固定电阻进行测量

6）当检查电解电容漏电电阻时，应在测量前先行放电；转动开关至 $R \times 1k\Omega$ 档，红表笔必须接电容负极，黑表笔接电容正极。

在测量中，如果指针式万用表指针停在无穷大处静止不动，则有可能是所选量程太小，此时应把指针式万用表的量程开关拨到更大的量程上，并重新调零后再进行测试。

如果测量时指针式万用表指针摆动幅度太小，则可继续转换量程，直到指针指示在表盘刻度的中间位置，即在全刻度起始的 20% ~ 80% 弧度范围内时测试结果较为准确，此时读出阻值，测量结束。

如果在测量过程中发现在最高量程时指针式万用表指针仍停留在无穷大处不摆动，则表明被测电阻内部开路，不可再用。反之，在指针式万用表的最低量程时，指针指在零处，则说明被测电阻内部短路，也是不能使用的。

2-18　怎样用指针式万用表对可变电阻进行测量？

常用可变电阻的实物图如图 2-15 所示。

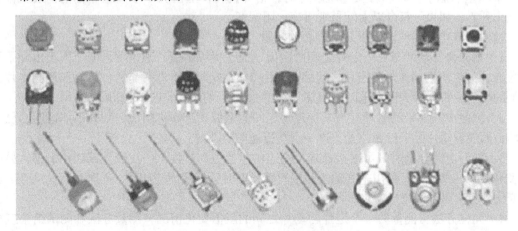

图 2-15　常用可变电阻的实物图

用指针式万用表检测可变电阻时，指针式万用表置于电阻档适当量程 $R \times 1k\Omega$ 档。两支表笔分别接可变电阻的上定片和动片，阻值为 $21k\Omega$，如图 2-16a 所示；两支表笔分别接可变电阻的下定片和动片，阻值为 $29k\Omega$，如图 2-16b 所示；两支表笔接可变电阻两个定片引脚，这时测量的阻值应该等于该可变电阻的标称阻值 $50k\Omega$，如图 2-16c 所示。否则说明该可变电阻已经损坏。

a) 上定片和动片阻值为21kΩ   b) 下定片和动片阻值为29kΩ

c) 标称阻值为50kΩ

图 2-16 指针式万用表检测可变电阻标称阻值

然后将指针式万用表置于电阻档适当量程，一支表笔接一个定片，另一支表笔接动片，在这个测量状态下，转动可变电阻动片时，指针偏转，阻值从零增大到标称值，或从标称值减小到零。如果不符合以上结果则可变电阻损坏。

检测可变电阻要注意以下几个方面的问题。

1）如果测量动片与任一定片之间的阻值已大于标称阻值，则说明可变电阻已出现了开路故障；如果测量动片与某定片之间的阻值为 0，则此时应看动片是否已转动至所测定片这一侧的端点，否则认为可变电阻已损坏（在路测量时要排除外电路的影响）。

2）测量中，如果测量动片与某一定片之间的阻值小于标称阻值，则并不能说明它已经损坏，而应看动片处于什么位置，这一点与普通电阻不同。

3）断开电路测量时，可用指针式万用表电阻档适当量程，一支表笔接动片引脚，另一支表笔接某一个定片，再用一字螺丝刀顺时针或逆时针缓慢旋转动片，此时指针应从 0Ω 连续变化到标称阻值。

4）同样方法再测量另一个定片与动片之间的阻值变化情况，测量方法和测试结果应相同。这样，说明可变电阻是好的，否则说明可变电阻已损坏。

2-19　如何用指针式万用表对电位器进行测试？

电位器是一种机电元件，其文字符号用 RP 表示，电路图形符号如图 2-17a 所示，作分压器时的电路如图 2-17b 所示，作变阻器时的电路如图 2-17c 所示。

电位器的接线原理是这样的：当外加电压 U_i 加在电阻体 R_o 的 1 端与 3 端时，动触点 2 端即把电阻体分成 R_x 和 R_o-R_x 两部分，而输出电压 U_o 则是动触点 2 端到 1 端的电压。因此，作电位器时它是一个三端元件，如图 2-17b 所示。

电位器也可作为变阻器使用，这时 RP 的 2 端与 3 端接成一个引出端，动触点电刷在电阻体 R_o 上滑动时，可以平滑地改变其电阻值，如图 2-17c 所示。

用指针式万用表测试电位器的方法如图 2-17d 所示。图中的焊接片即为电阻体引出的 1～3 端，黑表笔接触的是 1 端，又叫上抽头；红表笔接触的是 2 端，又叫中抽头；红表笔以下是 3 端，又叫下抽头。

测试电位器时，应首先测试其阻值是否正常，即用红、黑表笔与电位器的上、下抽头相接触，观察指针式万用表指示的阻值是否与电位器外壳上的标称值一致。然后，再检查电位器的中抽头与电阻体的接触情况，即如图 2-17d 所示，一支表笔接中抽头，另一支表笔接上抽头（或下抽头），慢慢地将转轴从一个极端位置旋转至另一个极端位置，被测电位器的阻值则应从零（或标称值）连续变化到标称值（或零）。

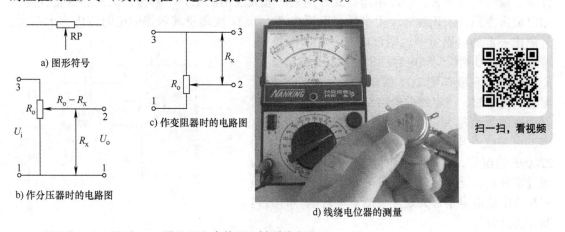

a) 图形符号
b) 作分压器时的电路图
c) 作变阻器时的电路图
d) 线绕电位器的测量
扫一扫，看视频

图 2-17　电位器及其测试方法

在旋转转轴的过程中，若指针式万用表指针平稳移动，则说明被测电位器是正常的；若指针抖动（左右跳动），则说明被测电位器有接触不良现象。

图 2-17d 所示为一只线绕电位器。电位器的种类很多，明白了测试方法，测试其他种类的电位器时也就得心应手了。

2-20　怎样对电容质量进行简单测量？

一般利用指针式万用表的电阻档就可以简单地测量出电解电容的优劣情况，粗略地辨别其漏电、容量衰减或失效的情况。具体方法是：选用 $R \times 1k\Omega$ 或 $R \times 100\Omega$ 档，将黑表笔接电容的正极，红表笔接电容的负极，若指针摆动大，且返回慢，返回位置接近 ∞，说明该电容正常，且电容量大；若指针摆动大，但返回时，指针显示的 Ω 值较小，则说明该电容漏电流较大；若指针摆动很大，接近于 0Ω，且不返回，则说明该电容已击穿；若指针不摆动，则说明该电容已开路失效。

该方法也适用于辨别其他类型的电容，但当电容的容量较小时，应选择指针式万用表的 $R \times 10\text{k}\Omega$ 档测量。另外，如果需要对电容再一次测量，则必须将其放电后才能进行。

测试时，应根据被测电容的容量来选择指针式万用表的电阻档，详见表 2-3。

表 2-3　测量电容时对指针式万用表电阻档的选择

名称	电容的容量范围	所选指针式万用表电阻档
小容量电容	5000pF 以下、0.02μF、0.033μF、0.1μF、0.33μF、0.47μF 等	$R \times 10\text{k}\Omega$ 档
中等容量电容	3.3μF、4.7μF、10μF、22μF、33μF、47μF、100μF	$R \times 1\text{k}\Omega$ 档或 $R \times 100\Omega$ 档
大容量电容	470μF、1000μF、2200μF、3300μF 等	$R \times 10\Omega$ 档

如果要求更精确的测量，则可以用交流电桥和 Q 表（谐振法）来测量，这里不作介绍。

2-21　怎样用指针式万用表对小容量电容进行检测？

小容量电容的电容量一般为 1μF 以下，因为容量太小，充电现象不太明显，测量时指针向右偏转角度不大，所以用指针式万用表一般无法估测出其电容量，而只能检查其是否漏电或击穿损坏。正常时，用指针式万用表 $R \times 10\text{k}\Omega$ 档测量其两端的电阻值应为无穷大。若测出一定的电阻值则说明该电容存在漏电故障，若阻值接近 0 则说明该电容已击穿损坏。

也可以自制如图 2-18 所示的放大电路来配合测量。测量时，将电路的黑、红两端分别接指针式万用表的黑表笔和红表笔。对于 2200pF 以下的电容，可并接在电路的 1 端与 2 端之间；对于大于 2200pF 的电容，可并接在电路的 1 端与 3 端之间。通过观察正、反向测量时指针向右摆动的幅度，即可判断出该电容是否失效（与测量电解电容时的判断方法类似）。

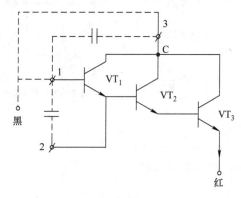

图 2-18　小容量电容的检测电路

2-22　怎样用指针式万用表对电解电容进行测量？

使用指针式万用表检测有极性的电解电容，黑表笔接电容正极，红表笔接负极。在表笔接触电容引脚时，指针迅速向右偏转一个角度，这是表内电池对电容充电开始，电容容量越大，所偏转的角度越大，如图 2-19a 所示，而后指针减速向左偏转逐渐回到无穷大处，如图 2-19b 所示。指针式万用表若指针没有向右偏转，则说明电容开路；如果指针向左偏转不能回到阻值无穷大处，则说明电容存在漏电故障，所指示阻值越小，说明电容漏电越严重。

如果测试的是大容量电解电容，那么在交换表笔进行再次测量之前，必须用螺钉旋具的金属杆与电解电容的两个引脚短接一下，放掉前一次测试中被充上的电荷，以避免因放电电流太大而导致指针式万用表指针打弯。

测量无极性电解电容时，指针式万用表的红、黑表笔可以不分，测量方法与测量有极性电解电容的方法一样。

a) 指针迅速向右偏转一个角度

b) 指针减速向左偏转逐渐到无穷大

扫一扫，看视频

图 2-19　指针式万用表检测有极性的电解电容

2-23　怎样用指针式万用表对可变电容进行测量?

对于空气介质，可变电容可以在转动其转轴的同时，直观检查其动片与定片之间是否有碰片情况，也可用指针式万用表的电阻档测量。检测薄膜介质可变电容时，可以用指针式万用表的 $R \times 1k\Omega$ 档或 $R \times 10k\Omega$ 档，在测量其定片与各组动片之间的电阻值的同时，转动其转轴，正常时阻值应为无穷大，说明无碰片现象，也不漏电。若转动到某一处时指针式万用表能测出一定的阻值，则说明该可变电容存在漏电。若阻值变为 0，则说明可变电容有碰片短路故障。

2-24　怎样用指针式万用表对高电压电容的好坏进行判别?

电风扇、洗衣机、冰箱、空调器中的单相电动机经常采用耐电压值为交流 400V 以上的电容，也有些电路采用耐电压值为交流 400V 以上的电容代替电源变压器进行降电压。对高电压电容好坏的判别方法如图 2-20 所示。

判别步骤如下：

1）用指针式万用表的高电阻档（$R \times 10k\Omega$ 或 $R \times 100k\Omega$），检查电容内部是否短路。也可用一根熔丝与待测电容串联后接到 220V 交流电源上，若熔丝熔断，则说明内部短路，该电容不能使用。

2）测试电容的容量是否足够。可采用图 2-20a 所示电路进行测试。采用两块指针式万用表，将其中一块的量程开关拨到电流 10A 档，作为电流表表头（PA）；将另一块的量程开关拨到交流电压 250V 档，作为电压表表头（PV）。接通电源，读出两块指针式万用表上的读数，按下式即可求出被测电容的容量：

$$C = 3180IU$$

式中　　C——被测电容 C_x 的容值（μF）；

　　　　I——指针式万用表（PA）读数（A）；

　　　　U——指针式万用表（PV）读数（V）。

3）测试完毕，断电后不要用手接触电容的两个引脚，以免触电。必须用一把绝缘柄的螺钉旋具，如图 2-20b 所示碰触电容的两个引线端，在接触的瞬间有强烈的火花产生，并伴随"啪"的一声响。如果没有火花，则说明此电容漏电严重，或已损坏。

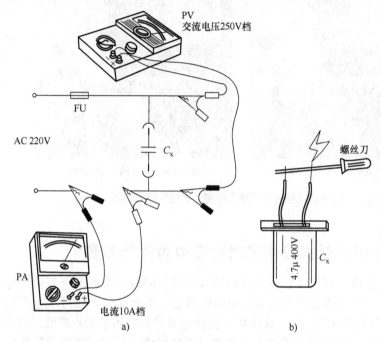

图 2-20　指针式万用表对高电压电容好坏的判别技巧

2-25　指针式万用表如何利用变压器测量电容?

1）指针式万用表测量电容时，通过电源变压器将交流 220V 市电降压后获得 10V、50Hz 交流电压作为信号源，然后将转换开关旋转至交流电压 10V 档。

2）将被测电容 C 与任一表笔串联后，再串接于 10V 交流电压回路中，如图 2-21 所示，指针式万用表即指示出被测电容 C 的容量。

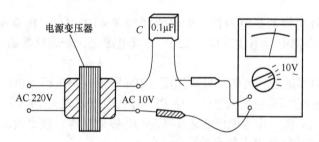

图 2-21　用指针式万用表测量电容

3）从 MF47 型指针式万用表第四条标尺刻度线（电容刻度线）上读取数据。

4）应注意的是，10V、50Hz 交流电压必须准确，否则会影响测量的准确性。

5）测量完毕，将转换开关置于交流电压最大档或"OFF"档。

2-26　如何用指针式万用表对电感进行测量？

指针式万用表测量电感与测量电容方法相同，将被测电感 L 与任一表笔串联后，再串接于 10V 交流电压回路中，如图 2-22 所示，指针式万用表即指示出被测电感 L 的电感量。从 MF47 型指针式万用表第五条标尺刻度线（电感刻度线）上读取数据。

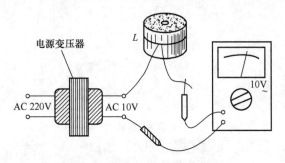

图 2-22　用指针式万用表测量电感

取一只调压器 TA 与被测电感 L_x 和一只电位器 RP 按图 2-23 所示进行接线，便构成了一个电感量测试电路。

调节电位器 RP 使得其阻值为 3140Ω，闭合开关 S，调节调压器 TA，使 U_R=10V，通过下式便可计算出被测电感的电感量

$$L_x = \frac{RP}{100\pi} \frac{U_L}{U_R} = \frac{3140}{100 \times 3.14} \frac{U_L}{10}$$

这就是说，在上述条件下，L_x 上的压降数值就是它的电感量数值。如果指针式万用表测出 U_L 单位为 V（伏特），则电感量的单位就是 H（亨利）。由于 H 单位很大，而一般电感的电感量很小，为测试方便，一般宜选用指针式万用表的 mV 档。

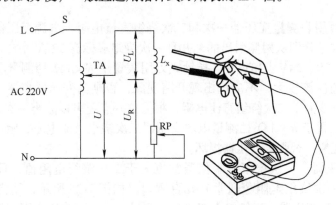

图 2-23　指针式万用表对电感量的测试

对电感量的测量也可采用估测的方法。一般用于高频的电感圈数较少，有的只有几圈，其电感量一般只有几 μH；用于低频的电感圈数较多，其电感量可达数千 μH；而用于中频段的电感的电感量为几百 μH。了解这些，对于用指针式万用表所测得的结果具有一定的参考价值。

2-27 如何用指针式万用表对变压器进行检测？

图 2-24 所示为各类变压器的实物示意图。

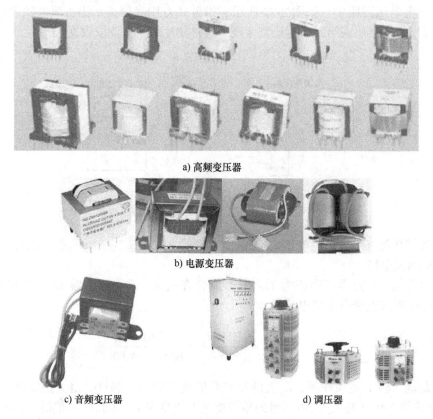

a) 高频变压器

b) 电源变压器

c) 音频变压器　　　　　　　　　　　d) 调压器

图 2-24　各类变压器的实物图

（1）指针式万用表测量变压器一次和二次绕组直流电阻　电源变压器一次绕组引脚和二次绕组引脚通常是分别从两侧引出的，并且一次绕组多标有 220V 字样，二次绕组则标出额定电压值，如 15V、24V、35V 等。指针式万用表置于 $R \times 1\Omega$ 档测量电源变压器一次绕组直流电阻，阻值应该较大，不应该出现开路现象，否则为变压器损坏。降压电源变压器的一次绕组电阻应该大于二次绕组直流电阻，根据这一点还可以分辨一次、二次绕组。

指针式万用表置于 $R \times 1\Omega$ 档测量电源变压器二次绕组直流电阻，阻值应该较小，测量不应该出现开路现象，否则为变压器损坏。

对于输出变压器，一次绕组电阻值通常也大于二次绕组电阻值，且一次绕组漆包线比二次绕组细，一次绕组电阻值通常有几百欧姆。如图 2-25 所示，用指针式万用表置于 $R \times 10\Omega$ 档测量电源变压器一次绕组直流电阻，测量出的一次绕组电阻值约 600Ω。

若测得某绕组的电阻值为无穷大，则说明该绕组已断路；若测得某绕组的电阻值为 0，则说明该绕组已短路。

如果二次绕组有多个时，则输出标称电压值越小，其阻值应越小。

绕组断路时，无电压输出。断路的原因有外部引线断线、引线与焊片脱焊、受潮后内部霉断等。

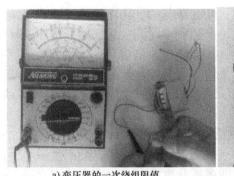

a) 变压器的一次绕组阻值　　　　b) 变压器的二次绕组阻值

图 2-25　变压器的通断测量

（2）测试变压器的二次空载电压　将电源变压器一次侧两接头接入 220V 交流电源，将指针式万用表置于交流电压档，根据变压器二次侧的标称值，选好指针式万用表的量程，依次测出二次绕组的空载电压，允许误差范围为 ≤ ±（5% ~ 10%）。测量过程如图 2-26 所示。若测得输出电压都升高，则表明一次绕组有局部短路故障；若二次侧的某个绕组电压偏低，则表明该绕组有短路故障。存在短路故障的电源变压器工作温度会偏高。

（3）电源变压器出现嗡嗡声　可用手压紧变压器的绕组，若嗡嗡声消失或减小，则表明变压器的铁心或绕组有松动现象，也有可能是变压器的固定位置有松动。

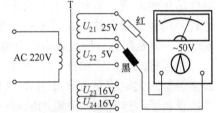

图 2-26　空载电压的测试

2-28　如何用指针式万用表检测变压器各绕组同名端?

可以使用直流法，又叫干电池法。如果变压器的二次绕组需要串联使用，则必须正确连接绕组，这就要求知道各绕组的同名端。检测时准备干电池一节，指针式万用表一块，如图 2-27 所示。图中，7# 电池为 1.5V，用手将导线接电池负极。将指针式万用表置于直流电压低档位，如 2.5V 档（直流电流 0.5mA 档也可以）。

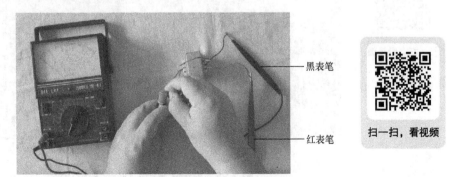

黑表笔

红表笔

扫一扫，看视频

图 2-27　测变压器同名端方法

将指针式万用表的表笔分别接二次绕组的两端，图中红表笔接 C 端蓝线，黑表笔接 D

端黑线。当导线触碰电池正极接通的瞬间，使变压器的变化电流流过一次绕组，根据电磁感应原理可知，此时在变压器二次绕组上将产生一个时间很短的感应电压，仔细观察指针式万用表指针，可以看到指针的摆动方向。如果指针正向偏转，则指针式万用表的正极 C 端蓝线、电池的正极点所接的导线为同名端，一次、二次侧另外两点是同名端。若触碰电池正极接通的瞬间时，指针式万用表指针向左摆，则接电池正端的导线和黑线是同名端，一次、二次侧另外两点是同名端。

在检测过程中，要仔细观察触碰电池正极接通的瞬间指针式万用表指针的摆动方向。当开关触碰闭合后再断开时，由于变压器一次绕组的自感作用，会产生一个反向电压，指针向相反方向摆。所以，触碰电池正极接通多做几次闭合，看准指针式万用表指针的摆动方向。

必须注意触碰电池正极不可长时间接通，以免造成绕组损坏故障。

2-29　怎样用指针式万用表检查二极管的好坏及正负极性？

利用指针式万用表的电阻档可以简易地判别二极管的极性和判定管子质量的好坏。电阻档简化地来看，就是一个表头串联一个电池。由于电池的正极应接表头的正端，所以指针式万用表上接正端的表笔（一般是红色）接在电池的负极上，指针式万用表上接负端的表笔（一般是黑色）通过表头接电池的正极。

用指针式万用表测量二极管时，将指针式万用表置于 $R \times 100\Omega$ 档或 $R \times 1k\Omega$ 档（对于面接触型的大电流整流管可用 $R \times 1\Omega$ 档或 $R \times 10\Omega$ 档），黑表笔接二极管正极，红表笔接二极管负极。这时正向电阻的阻值一般应在几百欧到几千欧之间，如图 2-28a 所示。当红、黑表笔对调后，反向电阻的阻值应在几百千欧以上，如图 2-28b 所示。测量结果如符合上述情况，则可初步判定该被测二极管是好的。

如果测量结果阻值均很小，接近零欧姆，则说明该被测管内部 pn 结击穿或已短路。反之，若阻值均很大（接近∞），则说明该管子内部已断路。以上两种情况均说明该被测管已损坏，不能再使用。

扫一扫，看视频

a) 正向电阻约1kΩ

b) 反向电阻约∞

图 2-28　指针式万用表判定二极管极性

当不知道二极管的极性（正、负极）时，可用上述方法判断。由于指针式万用表在电阻档，红表笔为电池负极，黑表笔为电池正极。当阻值小时，即为二极管的正向电阻，和黑表笔相接的一端即为正极，另一端为负极。当阻值大时，即为二极管的反向电阻，和黑表笔相接的一端即为负极，而另一端为正极。

必须注意：用指针式万用表测量二极管时不能用 $R \times 10\mathrm{k}\Omega$ 档，因为在高电阻档中，使用的电池电压比较高（有的表中用 9V 的较高电压或者更高），这个电压超过了某些检波二极管的最大反向电压，会将二极管击穿。测量时一般也不用 $R \times 1\Omega$ 档或 $R \times 10\Omega$ 档，因为使用 $R \times 1\Omega$ 档时，电阻表的内电阻只有 $12 \sim 24\Omega$ 左右，与二极管正向连接时，电流很大（约 60mA），容易把二极管烧坏，故测量二极管时最好用 $R \times 100\Omega$ 档或 $R \times 1\mathrm{k}\Omega$ 档。

2-30 如何选用整流二极管？

整流二极管主要应用在整流电路中，选用时主要应考虑整流电路的最大输入电压、输出电流、截止频率、反向恢复时间、整流电路的形式及各项参数值等，然后根据电路的具体要求选用合适的整流二极管。

1）普通串联型电源电路中可选用一般的整流二极管，应有足够大的整流电流和反向工作电压。低压整流电路中，所选用的整流二极管的正向电压应尽量小。

2）选用彩色电视机行扫描电路中的整流二极管时，除了考虑最高反向电压、最大整流电流、最大功耗等参数外，还要重点考虑二极管的开关时间，不能用普通整流二极管。一般可选用 FR-200、FR-206 以及 FR300 ~ FR307 系列整流管，它们的开关时间小于 0.85μs。在电视机的稳压电源中，一般为开关型稳压电源，应选用反向恢复时间短的快速恢复整流二极管。可选用 FR 系列、MUR 系列、PFR150 ~ PFR157 系列，其反向恢复时间为 0.85μs。

3）收音机、收录机的电源部分用于整流的二极管，可选用塑封硅的普通整流二极管，如 2CZ 系列，1N4000 系列，1N5200 系列。

塑封整流二极管的典型产品有 1N4001 ~ 1N4007（1A）、1N5391 ~ 1N5399（1.5A）、1N5400 ~ 1N5408（3A），主要技术指标见表2-4，靠近色环（通常为白颜色）的引线为负极。

表2-4 常见塑封硅整流二极管技术指标

型号	参数					
	最高反向工作电压 U_{RM}/V	额定整流电流 I_{F}/A	最大正向压降 U_{FM}/V	最高结温 T_{jm}/℃	封装形式	国内参考型号
1N4001	50					
1N4002	100					
1N4003	200					
1N4004	400	1.0	≤ 1.0	175	DO-41	2CZ11 ~ 2CZ11J 2CZ55B ~ M
1N4005	600					
1N4006	800					
1N4007	1000					
1N5391	50					
1N5392	100					
1N5393	200					
1N5394	300					
1N5395	400	1.5	≤ 1.0	175	DO-15	2CZ86B ~ M
1N5396	500					
1N5397	600					
1N5398	800					
1N5399	1000					

（续）

型号	参数					
	最高反向工作电压 U_{RM}/V	额定整流电流 I_F/A	最大正向压降 U_{FM}/V	最高结温 T_{jm}/℃	封装形式	国内参考型号
1N5400	50					
1N5401	100					
1N5402	200					
1N5403	300					2CZ/2 ~ 2CZ/2J
1N5404	400	3.0	≤ 1.2	170	DO-27	2DZ2 ~ 2DZ2D
1N5405	500					2CZ56B ~ M
1N5406	600					
1N5407	800					
1N5408	1000					

2-31 如何用指针式万用表检测塑封硅整流二极管？

由于硅整流管的工作电流较大，因此在用指针式万用表检测时，可首先使用 $R \times 1k\Omega$ 档检查其单向导电性，然后用 $R \times 1\Omega$ 档复测一次，并测出正向压降 U_F 值。$R \times 1k\Omega$ 档的测试电流很小，测出的正向电阻应为几千欧至十几千欧，反向电阻则应为无穷大。$R \times 1\Omega$ 档的测试电流较大，正向电阻应为几欧至几十欧，反向电阻仍为无穷大。

使用 MF500 型指针式万用表分别检测 1N4001（1A/50V）、1N4007（1A/1000V）、1N5401（3A/100V）三种塑封硅整流二极管。由表 2-5 可知，该仪表 $R \times 1\Omega$ 档测量负载电压的公式为 $U = 0.03 n'$（V）。由此可求出被测管的 U_F 值。全部测量数据列入表 2-5 中。

表 2-5 实测几种塑封硅整流二极管的数据

型　号	电阻档	正向电阻	反向电阻	n'（格）	正向压降 U_F/V
1N4001	$R \times 1k\Omega$	4.4kΩ	∞		
	$R \times 1\Omega$	10Ω	∞	25	0.75
1N4007	$R \times 1k\Omega$	4.0kΩ	∞		
	$R \times 1\Omega$	9.5Ω	∞	24.5	0.735
1N5401	$R \times 1k\Omega$	4.0kΩ	∞		
	$R \times 1\Omega$	8.5Ω	∞	23	0.69

为确定管子的耐电压性能，还可用绝缘电阻表和指针式万用表测量反向击穿电压。例如，用 ZC25-3 型绝缘电阻表和 MF500 型指针式万用表的 250☒ 档实测一只 1N4001，$U_{BR} \approx 180V > U_{RM}$（50V）。这表明该项指标留有较大裕量。

2-32 检测塑封硅整流二极管应注意哪些事项？

检测塑封硅整流二极管应注意的事项如下：

1）塑封硅整流二极管的 $I_F \geqslant 1A$，而 $R \times 1\Omega$ 档最大测试电流仅几十毫安至一百多毫安，因此上述测量绝对安全。

2）测正向导通压降时应选 $R \times 1\Omega$ 档，而不要用 $R \times 1k\Omega$ 档。其原因是 $R \times 1k\Omega$ 档的测试电流太小，不能使整流管完全导通，这样测出的 U_F 值就明显偏低。举例说明，用 $R \times 1k\Omega$ 档实测一只 1N4001 的正向电阻时，读出 $n'= 15.5$ 格，由此算出 $U_F = 0.03V/$ 格 ×

15.5 格 = 0.465V，较正常值偏低许多。而用 $R \times 1\Omega$ 档测得 $n' = 25$ 格，$U_F = 0.75V$，与正常值很接近。

3）测量最高反向工作电压 U_{RM} 时，对于 1N4007、1N5399 和 1N5408 型整流管，所用绝缘电阻表的输出电压应高于 1000V，可选 ZC11-5、ZC11-10、ZC30-1 等型号的绝缘电阻表，它们的内部直流发电机额定电压均为 2500V。对于其他型号的管子，可选用 ZC25-4 型（1000V）或 ZC25-3 型（500V）绝缘电阻表。

4）除塑料封装（简称塑封）整流管之外，还有一种玻璃封装（简称玻封）整流管。后者的工作电流较小，例如 1N3074 ~ 1N3081 型玻封整流二极管，其额定整流电流为 200mA，最高反向工作电压为 150 ~ 600V。

2-33　怎样用指针式万用表判断稳压二极管的好坏？

稳压二极管是一个经常工作在反向击穿状态的二极管。稳压二极管在产生反向击穿以后，其电流便有较大的变化，两端电压变化很小，因而起到稳压作用。稳压二极管与一般二极管不一样，它的反向击穿是可逆的。当去掉反向电压之后，稳压二极管又恢复正常。但是，如果反向电流超过允许范围，则稳压二极管将会发生热击穿而损坏。

当使用指针式万用表 $R \times 1k\Omega$ 档以下测量稳压二极管时，由于表内电池为 1.5V，这个电压不足以使稳压二极管击穿，所以测量稳压二极管正、反向电阻时，其阻值应和普通二极管一样。

稳压二极管的主要直流参数是稳定电压 U_Z。要测量其稳压值，必须使管子进入反向击穿状态，所以电源电压要高于被测管的稳定电压 U_Z。这样，就必须使用指针式万用表的高电阻档，例如 $R \times 10k\Omega$ 档。这时表内电池是 10V 以上的高电压电池，例如 500 型是 10.5V，108-1T 型是 15V，MF19 型是 15V。

当万用表量程置于高电阻档后，测其反向电阻，若实测时阻值为 R_x，则

$$U_x = E_g R_x / (R_x + nR_0)$$

式中　n——所用档位的倍率数，如所用指针式万用表最高电阻档是 $R \times 10k\Omega$ 档，即 $n = 10000$；

R_0——指针式万用表中心阻值，例如 MF500 型是 10Ω，MF108-1T 型是 12Ω，MF19 型是 24Ω；

E_g——所用指针式万用表最高档的电池电压值。

用 MF108-1T 型指针式万用表测一只 2CW14，该表 $R_0 = 12\Omega$，在 $R \times 10k\Omega$ 档时 $E_g = 15V$，实测反向电阻为 $95k\Omega$，则

$$U_0 = 15 \times 95 \times 10^3 V / (95 \times 10^3 + 10^4 \times 12) = 6.64V$$

如果实测阻值 R_x 非常大（接近 ∞），则表示被测管的 U_Z 大于 E_g，无法将被测稳压二极管击穿。如果实测时阻值 R_x 极小，则是表笔接反了，这时只要将表笔互换就可以了。

2-34　什么是光电耦合器？

光电耦合器又称光电隔离器，是发光二极管和光敏元件组合起来的四端器件。其输入端通常用发光二极管实现电光转换，输出端为光敏元件（光敏电阻、光电二极管、光电晶

体管、光电池等）实现光电转换，二者面对面地装在同一管壳内。

光电耦合器是一种以光为媒介传输信号的复合器件，通常是把发光器（可见光 LED 或红外线 LED）与受光器（光电半导体管）封装在同一管壳内。当输入端加电信号时发光器发出光线，受光器接受光照之后就产生光电流，从输出端流出，从而实现了"电 - 光 - 电"转换。光电耦合器有管式、双列直插式和光导纤维式等多种封装，其种类达几十种。光电耦合器的分类及内部电路如图 2-29 所示，列出八种典型产品的型号。

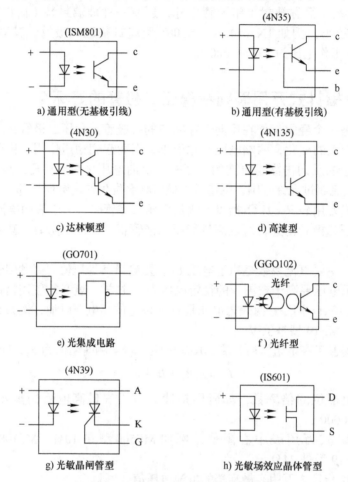

图 2-29　光电耦合器的分类及内部电路

2-35　如何检测光电耦合器？

利用指针式万用表检测光电耦合器分为以下几个步骤。

1）用 $R \times 100\Omega$（或 $R \times 1k\Omega$）档测量发射管的正、反向电阻，检查单向导电性。

2）分别测量接收管的集电结与发射结的正、反向电阻，均应单向导电，然后测量穿透电流 I_{ceo} 应等于零。

3）用 $R \times 10k\Omega$ 档检查发射管与接收管的绝缘电阻应为无穷大。有条件者最好选兆欧表实测绝缘电阻值，但兆欧表的额定电压不得超过光电耦合器的绝缘电压 U_{DC} 值，测量时间不超过 1min。

举例说明：测量一只 4N35 型光电耦合器，其外形及内部电路如图 2-30 所示。它属于通用型光电耦合器，采用双列直插式 6 脚封装，靠近黑圆点处为 1 脚，3 脚为空脚（NC）。

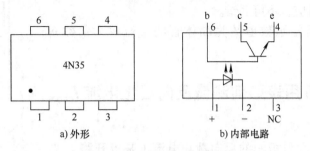

图 2-30　4N35 型光电耦合器

1）检测发射管：选择 500 型指针式万用表的 $R \times 100\Omega$ 档，按照图 2-31 所示电路测量发射管正向电阻为 1.92kΩ，对应于 n'=33 格，因此 U_F= 0.03 n' = 0.03 × 33 = 0.99V。交换表笔后再测反向电阻为无穷大。

2）检测接收管：将黑表笔接 b 极，红表笔依次接 c 极、e 极，电阻值分别为 820Ω（n'= 22.5 格）和 850Ω（n_2'= 23 格）。由此计算出 U_{bc} = 0.03 n' = 0.675V，U_{be} = 0.03 n_2' = 0.69V，证明接收管为硅管。另测 c-e 极间电阻为无穷大，说明 I_{ceo} = 0。

将 4N35 插在面包板上，测得 R_b=100kΩ，实测 h_{FE} = 305，证明接收管的放大能力比较强。

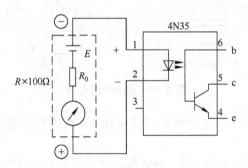

图 2-31　测量发射管正向电阻

3）测量绝缘电阻：首先用 $R \times 10k\Omega$ 档测量 1-6、2-4 脚之间的绝缘电阻均为无穷大。然后用 ZC11-5 型绝缘电阻表（额定电压 2500V）测得绝缘电阻大于 10000MΩ（即 $10^{10}\Omega$），证明被测 4N35 质量良好。

注意事项：达林顿型光电耦合器中的接收管 h_{FE} 值可达几千倍。例如实测 4N30 型光电耦合器，h_{FE} =2250。根据这一点可区分通用型与达标顿型光电耦合器。

2-36　指针式万用表如何测量晶体管直流放大倍数 h_{FE}？

1）指针式万用表测量晶体管直流放大倍数时，先将测量选择开关转动至"ADJ（校准）"档位，将红黑两表笔短接，调节欧姆调零旋钮，使指针对准 h_{FE} 刻度线的"300"刻度线（例如 MF47 型），如图 2-32 所示。

2）分开两表笔，将测量选择开关转动至"h_{FE}"档位，即可插入晶体管进行测量。

3）待测量如果是 npn 型晶体管引脚插入 n 型管座内，若是 pnp 型晶体管应插入 p 型管座内。注意，晶体管的 e、b、c 三个电极要与插座极性对应，不可插错。

4）指针偏转所指示数值约为晶体管的直流放大倍数 h_{FE}（β）值。

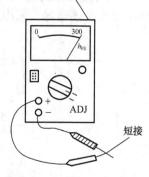

图 2-32　用指针式万用表测量晶体管直流放大倍数

2-37　指针式万用表如何测量反向截止电流 I_{ceo}、I_{cbo}？

I_{ceo} 为集电极与发射极间的反向截止电流（基极开路），I_{cbo} 为集电极与基极间的反向截止电流（发射极开路）。

1）转动开关至 $R×1k\Omega$ 档，将红黑表笔短接，调节零欧姆电位器，使指针对准零欧姆上（此时满度电流值约 90μA）。

2）然后分开表笔，将欲测的晶体管按图 2-33 插入管座内，此时指针指示的数值乘以 1.2 即为反向截止电流 I_{ceo} 和 I_{cbo} 的实际值。

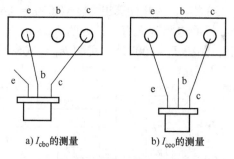

a）I_{cbo} 的测量　　　　b）I_{ceo} 的测量

图 2-33　晶体管测量图

3）当 I_{ceo} 电流值大于 90μA 时可换用 $R×100\Omega$ 档进行测量（此时满度电流值约为 900μA）。

4）npn 型晶体管应插入 n 型管座，pnp 型晶体管应插入 p 型管座。

2-38　指针式万用表如何辨别晶体管引脚极性？

对于小功率晶体管来说，有金属外壳封装和塑料外壳封装两种。

金属外壳封装的如果管壳上带有定位销，那么将管底朝上，从定位销起，按顺时针方向，三根电极依次为 e、b、c。如果管壳上无定位销，且三根电极在半圆内，则将有三根电极的半圆置于上方，按顺时针方向，三根电极依次为 e、b、c，如图 2-34a 所示。

塑料外壳封装的晶体管，面对平面，三根电极置于下方，从左到右，三根电极依次为 e、b、c，如图 2-34b 所示。

对于大功率晶体管，外形一般分为 F 型和 G 型两种，如图 2-35 所示。F 型管从外形上只能看到两根电极，将管底朝上，两根电极置于左侧，则上为 e，下为 b，底座为 c。G 型管的三个电极一般在管壳的顶部，将管底朝下，三根电极置于左方，从最下电极起，顺时针方向，依次为 e、b、c。

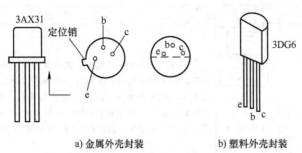

图 2-34 晶体管电极的识别

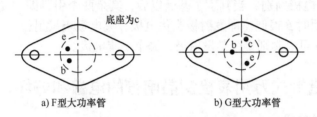

图 2-35 F 型和 G 型管引脚识别

晶体管的引脚必须正确确认，否则，接入电路不但不能正常工作，还可能烧坏管子。

通常在知道晶体管的型号后，可以从手册中查到引脚的排列情况。若不知型号，又无法辨认三个引脚时（如国外有些塑封管与国内排列不一样），可用指针式万用表的电阻档来判别其引脚（电阻档用 $R \times 100\Omega$ 档或 $R \times 1k\Omega$ 档）。

1）基极判别：无论 pnp 型管还是 npn 型管，内部都有两个 pn 结，即集电结和发射结。根据 pn 结的单向导电性是很容易把基极判别出来的，判别方法见表 2-6。

表 2-6 晶体管的简易测试与判断法

判断内容		方法	说明
判断基极	pnp 型晶体管		可以把晶体管看成两个二极管。将红表笔接某一引脚、黑表笔分别接另外两个引脚，测量两个阻值。如测得的阻值均较小，且为 $1k\Omega$ 左右时，红表笔所接引脚即为 pnp 型晶体管基极。若两阻值一大一小或都大，则可将红表笔另接一脚再试，直到两个阻值均较小为止
			方法同上。以黑表笔为准，红表笔分别接另两个引脚，测得的阻值均较小，且为 $5k\Omega$ 左右时，则黑表笔所接引脚即为 npn 型晶体管基极

（续）

判断内容	方法	说明
判断集电极	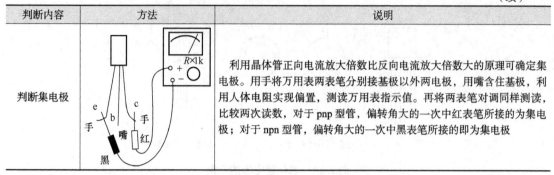	利用晶体管正向电流放大倍数比反向电流放大倍数大的原理可确定集电极。用手将万用表两表笔分别接基极以外两电极，用嘴含住基极，利用人体电阻实现偏置，测读万用表指示值。再将两表笔对调同样测读，比较两次读数，对于 pnp 型管，偏转角大的一次中红表笔所接的为集电极；对于 npn 型管，偏转角大的一次中黑表笔所接的即为集电极

2）发射极和集电极判别：当判别了基极以后，其余两个引脚即为发射极和集电极。因为晶体管在反向运用时 β 很低（即发射极当集电极，集电极当发射极），所以根据正反向运用 β 的明显差异，就可以判别哪个是发射极，哪个是集电极。

2-39 如何用指针式万用表检测晶闸管的电极和好坏？

1. 判定晶闸管的电极

小功率晶闸管的电极从外形上可以判别，一般阳极为外壳，阴极的引线要比门极引线粗而长。如果是其他形式的封装，电极引线未知时可以用指针式万用表的电阻档进行检测。方法是将指针式万用表置于 $R \times 1k\Omega$ 档（或 $R \times 100\Omega$ 档），将晶闸管其中一端假定为门极，与黑表笔相接。然后用红表笔分别接另外两端，若一次阻值较小（正向导通），另一次阻值较大（反向截止），则说明黑表笔接的是门极。在阻值较小的那次测量中，接红表笔的一端是阴极，阻值较大的那次，接红表笔的是阳极。若两次测出的阻值均很大，则说明黑表笔接的不是门极，可重新设定一端为门极，这样就可以很快判别出晶闸管的三个电极。

扫一扫，看视频

2. 晶闸管好坏的简单判别

晶闸管好坏的简易判断方法见表 2-7。

表 2-7 晶闸管好坏的简易判断

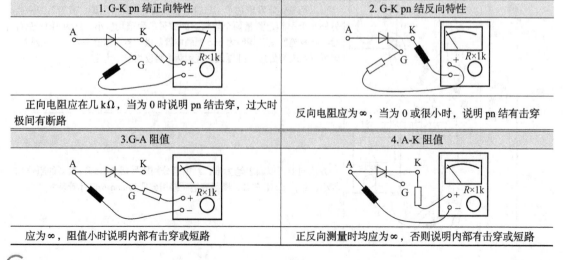

1. G-K pn 结正向特性	2. G-K pn 结反向特性
正向电阻应在几 $k\Omega$，当为 0 时说明 pn 结击穿，过大时极间有断路	反向电阻应为 ∞，当为 0 或很小时，说明 pn 结有击穿
3. G-A 阻值	4. A-K 阻值
应为 ∞，阻值小时说明内部有击穿或短路	正反向测量时均应为 ∞，否则说明内部有击穿或短路

2-40 如何用指针式万用表检测三端式集成稳压器？

检测三端稳压器的方法有两种：①测电压法，用指针式万用表直流电压档测量输出电压是否与标称值一致（允许有 ±5% 的偏差）；②测电阻法，用电阻档测量各引脚间的电阻值并与正常值作比较，以判断其好坏。

利用 MF500 型指针式万用表的 $R \times 1k\Omega$ 档分别测量 7805、7806、7812、7815、7824 正压稳压器以及 7905 负压稳压器的电阻值见表 2-8，可供参考。

扫一扫，看视频

表 2-8　测量三端稳压器的电阻值

三端稳压器	黑表笔位置	红表笔位置	正常电阻值 /kΩ	不正常电阻值
7800 系列（7805、7806、7812、7815、7824）	U_i	GND	15 ~ 45	0 或 ∞
	U_o	GND	4 ~ 12	
	GND	U_i	4 ~ 6	
	GND	U_o	4 ~ 7	
	U_i	U_o	30 ~ 50	
	U_o	U_i	4.5 ~ 5	
7905	$-U_i$	GND	4.5	0 或 ∞
	$-U_o$	GND	3	
	GND	$-U_i$	15.5	
	GND	$-U_o$	3	
	$-U_i$	$-U_o$	4.5	
	$-U_o$	$-U_i$	20	

2-41 如何用指针式万用表检测三端可调式集成稳压器？

检测三端可调式集成稳压器的方法也有两种。一种方法是参照图 2-36 进行通电试验，用指针式万用表测量输出直流电压的调节范围。另一种方法是测量各引脚的电阻值，判断其好坏。用 MF500 型指针式万用表 $R \times 1k\Omega$ 档分别测量 LM317（1.5A）、LM350（3A）、LM338（5A）各引脚间的电阻值见表 2-9，可供参考。

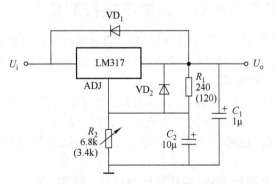

扫一扫，看视频

图 2-36　LM317 的典型应用电路

表 2-9　LM317、LM350、LM338 各引脚的电阻值

表笔位置		正常电阻值 /kΩ			不正常电阻值
黑表笔	红表笔	LM317	LM350	LM338	
U_i	ADJ	150	75 ~ 100	140	0 或 ∞
U_o	ADJ	28	26 ~ 28	29 ~ 30	
ADJ	U_i	24	7 ~ 30	28	
ADJ	U_o	500	几十至几百[①]	约 1MΩ	
U_i	U_o	7	7.5	7.2	
U_o	U_i	4	3.5 ~ 4.5	4	

①个别管子可接近于无穷大。

2-42　如何用指针式万用表对扬声器进行一般检测？

扫一扫，看视频

1. 扬声器阻抗的测量

采用指针式万用表检测扬声器也只是粗略的，主要是用 $R \times 1\Omega$ 档测量扬声器两引脚之间的直流电阻大小。

1）正常时应比铭牌上扬声器的阻抗略小一些，如一只 8Ω 的扬声器，测量的直流电阻为 7Ω 左右是正常的。并且在表笔接通瞬间能听到扬声器发出的"喀啦"响声。

2）如果测量的电阻远大于几欧姆，则说明扬声器线圈电路接触不良或开路。如果测量的电阻为 0Ω，则说明扬声器已经短路。

2. 扬声器正、负极的判定

首先将指针式万用表置于直流 0 ~ 5mA 档，两表笔分别接在扬声器的两个焊片上。再用手轻按扬声器的纸盆，同时观察指针式万用表指针的摆动方向。若指针反向偏转，则表明红表笔接的是扬声器正极、黑表笔接的是扬声器负极。反之，红表笔接负极、黑表笔接正极。

3. 扬声器性能的检测

将指针式万用表置于 $R \times 1\Omega$ 档，断续测量扬声器的音圈电阻，同时听纸盆发出的振动声。振动声越大，扬声器电声转换效率越高；振动声越清脆，扬声器音质越好。

2-43　指针式万用表如何对音频电平进行测量？

由于我国通信电路采用特性阻抗为 600Ω 的架空明线，并且通信终端设备及测量仪表的输入输出阻抗均是按 600Ω 设计的，所以指针式万用表的音频电平刻度是以交流 10V 为基准，按 600Ω 负载特性绘制而成的。

在电信工程中，往往需要在信号的传输过程中对信号的衰减或增益进行测量，而人耳对声音强度的感觉，不与其功率的大小成正比，而与功率的对数成正比。因此采用了功率比值的对数值为标准，也称作电平，一般以 dB（分贝）为单位（也有以 B 为单位的，1B=10dB）。

通常把 600Ω 负载上消耗 1mW 的功率作为 0dB，即零电平。

音频电平与功率、电压的关系式为

$$N\mathrm{dB} = 10\lg\left(P_2/P_1\right) = 20\lg\left(U_2/U_1\right)$$

式中　　P_2——输出功率或被测功率；

　　　　P_1——输入功率；

　　　　U_2——输出电压或被测电压；

　　　　U_1——输入电压。

音频电平的刻度系数按 0dB=1mW 600Ω 输送线标准设计，这时它所对应的电压为 0.775V。根据 $P_0 = U_0^2/Z$，得出

$$U_0 = \sqrt{P_0 Z} = \sqrt{0.001\mathrm{W} \times 600\Omega} = 0.775\mathrm{V}$$

MF47 型指针式万用表电平值的测量实际上与交流电压的测量原理相同，仅是将原电压示值取对数后在表盘上以 dB 值定度而已。音频电平以交流 10V 为基准刻度，当指示值大于 22dB 时，可在 50V 以上各量限测量，其示值可按表 2-10 所示值修正。

表 2-10　量限修正值

量限	按电平刻度增加值	电平的测量范围
10V		−10 ~ 22dB
50V	14dB	4 ~ 36dB
250V	28dB	18 ~ 50dB
500V	34dB	24 ~ 56dB

1）选择档拉。如果被测电平在 −10 ~ 22dB 范围内，则选用交流电压 10V 档；如果被测电平在 4 ~ 36dB 范围内，则选用交流电压 50V 档；如果被测电平在 18 ~ 50dB 范围内，则选用交流电压 250V 档；如果被测电平在 24 ~ 56dB 范围内，选用交流电压 500V 档；如果被测电平未知，则可选择交流电压最大档。

2）将指针式万用表并联接入电路中（无正负极之分）。

3）从第六条标尺刻度线（音频电平刻度线）读取数值。如果指针指在 20dB，选档为 10V 档，则读数为 20dB，不需修正。选档在交流电压 50V 以上时，读数则应按表 2-10 进行修正。例如，选择交流电压 50V 档，指针指在 20dB 时，读数为 20dB+14dB=34dB；选择交流电压 250V 档，指针指在 20dB 时，读数为 20dB+28dB=48dB；选择交流电压 500V 档，指针指在 20dB 时，读数为 20dB+34dB=54dB。

4）如被测电路中有直流电压成分，则可在 "+" 插座中串接一个 0.1μF 的隔直流电容。

2-44　指针式万用表新增的功能如何使用？

新型的 MF47B、MF47C、MF47F 型指针式万用表还增加了负载电压（稳压）、负载电流参数的测量功能和红外线遥控器数据检测功能以及通路蜂鸣提示功能。使用方法如下：

1）负载电压（稳压）LV（V）、负载电流 LI（mA）参数的测量。该档主要测量在不同电流下非线性器件电压降性能参数或反向电压降（稳压）性能参数，如发光二极管、整流二极管、稳压二极管及晶体管等，在不同电流下电压曲线或稳压二极管的稳压性能，测量方法与指针式万用表电阻档的使用方法相同，表盘刻度 LV（V），其中 0 ~ 1.5V 刻度供 $R \times 1\Omega$ ~ $R \times 1\mathrm{k}\Omega$ 档使用，0 ~ 10.5V 刻度供 $R \times 10\mathrm{k}\Omega$ 档使用（可测量 10V 以内稳压二极管）。各档满度电流见表 2-11。

表 2-11 负载电压（稳压）、负载电流各档参数

开关位置	$R \times 1\Omega$	$R \times 10\Omega$	$R \times 100\Omega$	$R \times 1k\Omega$	$R \times 10k\Omega$
满度电流 /mA	90	9	0.9	0.09	0.06
电压范围 /V	0 ~ 1.5				0 ~ 10.5

2）红外线遥控器数据检测（符号 ⌐⚡）。该档是为判别所有红外线遥控器数据传输发射工作是否正常而设置，如电视机、空调器的遥控器，笔记本电脑、手机等。将转换开关置于此档时，把红外线发射器的发射头垂直（大约在 ±15° 内）对准表盘左下方接收窗口，按下需检测功能按钮，如果表盘上的红色发光二极管闪亮，则表示该发射器工作正常。在一定距离内（1 ~ 10cm）移动发射器，还可以判断发射器输出功率状态。接收窗口和发光二极管位置如图 2-37 所示。

使用该档时应注意，发射头必须垂直于接收窗口检测，当有强烈光线直射接收窗口时，红色发光二极管会发亮，并随照射光线强度不同而变化 [此时可作光照度计（红外线）参考使用]。检测时应避开直射光使用。

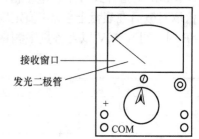

接收窗口

发光二极管

3）通路蜂鸣提示（ ⑩ BUZZ）。该档主要是为检测电路通断而设置的。首先与使用指针式万用表的电阻档一样，将红黑两表笔短接，进行仪表调零，此时蜂鸣器工作发出频率约为 2kHz 的长鸣叫声，即可进

图 2-37 接收窗口和发光二极管位置

行测量。当被测电路阻值低于 10Ω 左右时，蜂鸣器发出鸣叫声，此时不必观察表盘指针摆动情况，即可了解电路通断情况。

2-45 指针式万用表如何作为电阻箱使用？

指针式万用表的直流电流和电压档，每档都有固定的电阻。如有的指针式万用表直流电流 2.5A 档为 0.5Ω，250mA 档为 3Ω，25mA 档为 25Ω，2.5mA 档为 240Ω，直流电压 0.5V 档内阻为 10kΩ，2.5V 档为 50kΩ，10V 档为 200kΩ，50V 档为 1MΩ，250V 档为 5MΩ，500V 档为 10MΩ。

维修时，有时需要临时改变电路中某点的电位。需要抬高电位时，可以在此点与正电源之间并联电阻；需要降低电位时，可以在此点与负电源之间并联电阻。此时，阻值尚未确定，且频繁焊接颇为不便。这时，可将指针式万用表的某个档位并联上去，十分方便，需要改变阻值同样十分方便。

2-46 指针式万用表如何作为临时电流或信号源？

指针式万用表的电阻档 $R \times 1\Omega$ ~ $1k\Omega$ 档位能够提供直流电源。$R \times 1\Omega$ 档可以测量发光二极管，点亮时，黑表笔一端为二极管的正极，红表笔一端为二极管的负极，有电流流过发光二极管，如果发光二极管亮则表示管子良好。$R \times 10\Omega$ 档或 $R \times 100\Omega$ 档可以作信号源，用其强劲的干扰信号，可以方便地输入到音频或视频电路的输入端，看输出端是否有反应，是否有更强的输出，从而可以大致判断电路是否工作。

2-47 指针式万用表使用有哪些注意事项？

1）测量未知的电压或电流时，应先选择最高档位，待第一次读取数值后，方可逐渐转至合适档位以读取较准读数并避免烧坏电路。

当偶然发生因过载而烧断熔丝时，可打开表盒换上相同型号的熔丝。

2）MF47 型指针式万用表测量高电压或大电流时，为避免烧坏开关，应在切断电流的情况下变换量程。测量交、直流电压在 1000～2500V 或直流电流在 0.5～5A 时，红表笔应从 "+" 插孔中拔出，分别插到标有 "2500V" 或 "5A" 的插孔中，再将转换开关分别旋至交、直流电压 1000V 或直流电流 500mA 量程上。测量高电压时，要站在干燥绝缘板上，并一手操作，防止意外事故。

3）电阻各档用干电池应定期检查、更换，以保证测量精度。长期不用时应取出电池，以防止电液溢出腐蚀而损坏其他零件。

4）仪表应保存在室温为 0～40℃，相对湿度不超过 85%，并不含腐蚀性气体的场所。

2-48 指针式万用表的准确度等级及如何减小测量误差？

按指针式万用表的测量准确度大小所划分的级别称为指针式万用表的准确度等级。划分的依据是仪表的基本误差，该误差是在规定的正常的测量条件下所具有的误差。指针式万用表的准确度等级有 1.0 级、1.5 级、2.5 级、5.0 级，进口的指针式万用表还有 0.5 级。准确度等级的标注方法有三种，分别代表不同数值的测量误差。有的指针式万用表还标有三个精度等级，即 -2.5、~5.0、Ω2.5，其中 -2.5 表示直流量程的基本误差为 2.5%；~5.0 表示交流量程的基本误差为 5.0%，Ω2.5 表示电阻量程的基本误差为刻度弧线长的 2.5%。

人为读数误差是影响测量精度原因之一，它虽是不可避免的，但可尽量减小。主要应注意以下几点：

1）测量前要将指针式万用表水平放置，进行机械调零；

2）读数时眼睛要与指针保持垂直；

3）测电阻时，每改变一次档位都要先行调零，若调不到零，则要更换新电池；

4）测量电阻或高压时，不能用手捏住表笔的金属部分，以免增大测量误差或触电；

5）测量在路电阻时要切断电路电源，并将电容放电后再进行测量。

除人为读数误差外，指针式万用表还存在其他误差。

2-49 如何选择直流电压档的量程减小测量误差？

指针式万用表直流电压档的总内阻是随电压量程而改变的，低压档的阻值较小，高压档的较大。在测量直流电压时，电表与被测电路并联，使等效的并联电阻下降，形成分流，使测得的电压值比实际值要低。电表分流的影响和并联电阻的大小有关，因此指针式万用表总内阻越高，其测量误差就越小。用指针式万用表测量电压时，应选用内阻远大于被测电阻电阻值的档位测量，否则会产生较大的误差。

例如，一只 MF30 型指针式万用表，其准确度等级为 2.5 级，选用 100V 档和 25V 档测量 23V 标准电压。

100V 档最大绝对允许误差 $\Delta A_1 = \pm 2.5\% \times 100V = 2.5V$

25V 档最大绝对允许误差 $\Delta A_2 = \pm 2.5\% \times 25\text{V} = 0.625\text{V}$

用 100V 档测量 23V 标准电压，指针式万用表的示值在 20.5 ~ 25.5V 之间；用 25V 档测量 23V 标准电压，指针式万用表的示值在 20.375 ~ 23.625V 之间；由上面的式子，可以看出 $\Delta A_1 > \Delta A_2$，即 100V 档的测量误差比 25V 档的测量误差大得多。

因此，同一指针式万用表测量不同电压时，不同量程所产生的误差是不同的。在满足被测电量读数的情况下，应尽量选用量程小的档位，这样可以提高测量的准确度。

2-50 如何选择直流电流档的量程减小测量误差？

用指针式万用表测量直流电流时，电表必须串入被测电路。从串联电阻的观点来看，对回路电阻高的电路影响较小，也就是说在高电压、高电阻的电路内测量电流所造成的误差可忽略不计。但在测量低电压、低电阻的电路时，就要考虑此项误差。

为了减小测量误差，应尽量采用大电流量程，即低内阻档测量，必要时还可通过测量回路电阻两端的电压来间接地测定电流。

2-51 如何选择电阻档的量程减小测量误差？

理论上，电阻档的每个量程都可以测量 $0\Omega \sim \infty$ 的电阻值，电阻表的标尺刻度是非线性不均匀的倒刻度，是用标尺弧长的百分数来表示的，而且各量程的内阻等于标尺弧长的中心刻度数乘以倍率，称为中心电阻。也就是说，当被测电阻等于所选量程的中心电阻时，电流中流过的是满度电流的一半，指针指示的刻度中央，其准确度等级可用下式来表示：

$$R\% = (\Delta R / \text{中心电阻}) \times 100\%$$

例如，用同一指针式万用表测量同一电阻时，选用不同的量程产生的误差不同。

一只 MF30 型指针式万用表，其 $R \times 10\Omega$ 档的中心电阻为 250Ω；$R \times 100\Omega$ 档的中心电阻为 2.5kΩ，准确度等级为 2.5 级，现要测量一只 500Ω 的标准电阻，试问用 $R \times 10\Omega$ 档和 $R \times 10\Omega$ 档测量，哪个误差大？

解　由上式得 $R \times 10\Omega$ 档的最大绝对允许误差为

$$\Delta R(10) = \text{中心电阻} \times R\% = 250 \times (\pm 2.5)\% = \pm 6.25\ \Omega$$

用它测量 500Ω 的标准电阻，示值介于 493.75 ~ 506.25 之间，最大相对误差为 $\pm 6.25 \div 500 \times 100\% = \pm 1.25\%$。

同理，可计算出 $R \times 100\Omega$ 档最大绝对允许误差 $\Delta R(100) = \pm 62.5\Omega$，用它测量 500Ω 的标准电阻，示值介于 437.5 ~ 562.5 之间，最大相对误差为 $\pm 62.5 \div 500 \times 100\% = \pm 12.5\%$。

以上计算结果对比表明，选择不同的电阻量程，测量产生的误差相差很大，因此，在选择档位时，要尽量使被测电阻值处于量程标尺弧长的中心部位，这样测量精度会更高。

2-52 如何选择交流电压档的量程减小测量误差？

指针式万用表测量交流电压时是先将交流电压通过整流变成直流电压来测量的。因此，测量交流电压时除了直流测量的误差外，还要受到频率的影响。一般指针式万用表交流电压档适用的额定频率在 45 ～ 1000Hz，如 MF30 型指针式万用表。在测量频率更高的电压时，由于整流二极管的结电容的原因会使整流频率降低，且频率越高，影响越严重。

另外，指针式万用表输入电阻不高，且不能测量 1V 以下的交流电压，指针式万用表只适合测量波形失真小于 2% 的正弦电压。

2-53　使用指针式万用表有哪些注意事项？

指针式万用表是具有多种用途的常用电测仪表，是一种较受欢迎的普通仪表，在电气维修、电气安装中广泛应用。由于种类繁多，结构各异，使用时一定要仔细观察，认真操作，谨慎小心，否则若稍不注意，就容易造成设备事故，轻则损坏元件，重则烧毁表头或造成人身触电事故。为了测量时获得良好效果及防止由于使用不慎而使仪表损坏，现将指针式万用表在使用中应遵循的注意事项分述如下：

扫一扫，看视频

1. 正确选择表笔插孔

在未接入电路进行测量时，应按电表的要求垂直或水平放置。测量前必须注意表笔的插孔是否是所测的项目。应将红表笔插入"+"插孔，黑表笔插入"－"（或"*""COM"）插孔内，如果用 MF47 型指针式万用表测量 1000 ～ 2500V 交、直流电压或 0.5 ～ 5A 直流电流，则红表笔应从"+"插孔中拔出，分别插到标有"2500V"或"5A"的插孔中，再将转换开关分别旋至交、直流电压 1000V 或直流电流 500mA 量程上。

指针式万用表只适宜测正弦交流参数，而不能直接测非正弦量。

2. 根据被测参数合理选择转换开关档位

检查转换开关是否在所测档的位置上，如果被测的是电压，而转换开关置于电流档或电阻档，则会烧坏表头或测量电路。在使用指针式万用表测量电阻时，应先将被测电路断电，不可带电测量电阻。

3. 测量未知电量时档位要宁大勿小

在测量电流或电压时，如果对被测电压、电流大小不清楚，则应将量程置于最高档，以防止指针打弯。然后逐渐转换到合适的量程上测量，以减小测量误差，在测试时不应任意转换量程。

4. 测量直流电量时应注意极性

测量直流电压或直流电流时，应先判明被测量的极性，高电位端应接在电表的正极端。测量电流时，电表必须串联在电路中，测量电压时，必须把电表并联在电路中。

指针式万用表在测量电压时，应把指针式万用表并联接入电路中。测量电流时，应将指针式万用表串联接入电路中。

5. 测量交直流高压时必须注意安全

测量交直流高压时必须注意安全，不可触及电表上的任何金属部分，以防触电。在测量 1000V 以上的电压时，必须用专用测高压的绝缘棒和引线。测量时，先将接地测棒接在负极，然后用单手再将另一测棒接在高压测量点上。为安全起见，最好两人进行测量，其中一人监护。测量高电压时，必须养成单手操作习惯，先把黑表笔接触零电位，再用红表笔去接触被测端，以确保人身安全。

电路中有固定大电容时，应先行放电，以免过压烧坏仪表。

6. 测量电阻时应注意的问题

1）断开电源。测量电阻时，被测电阻至少有一端与电路完全断开，并切断电源。

2）量程应选择合适。电阻档的量程应选择得合适，使指针停在标度尺的中间区域，以减少读数误差。

3）注意人体电阻的影响。测低电阻时，应注意表笔与测点间的接触电阻，测高电阻时，应注意不要使手同时触及两表笔探针或被测电阻两端，以免将人体电阻并联于被测电阻两端，造成测量误差。

4）换档必须重新调零。测量电阻时，每转换一次量程，都必须将两表笔短接，然后调整零欧姆调节电位器，使指针归零。如果指针不能指零，则有可能是电池电压不足，应更换新电池。

7. 测量时注意电路电阻的影响

一般指针式万用表内阻较小，测量时分流损耗较大，所以不宜用来测高内阻电路。测高内阻电源电压时，应尽量选择较大的电压量程，因为量程越大，内阻越高，相对的误差就越小。通常测量高电阻电路时，应尽量选用内阻大的数字万用表。

测电流时，若电源及负载的内阻都很小，则应尽量选择较大的电流量程，以降低指针式万用表的内阻，进而减小对被测电路工作状态的影响。

8. 测量晶体管参数时的注意事项

1）用电阻档测量晶体管参数时，尽可能地不要使用 $R \times 1\Omega$ 档，一般选用 $R \times 100\Omega$ 档或 $R \times 1\mathrm{k}\Omega$ 档，因为 $R \times 1\Omega$ 档电池所提供的电流比较大，容易烧坏晶体管。同时应注意两表笔间有一定的电压，尤其有些指针式万用表的 $R \times 10\mathrm{k}\Omega$ 档电压可达 $10 \sim 20\mathrm{V}$，测量耐压较低的元器件时，不可用 $R \times 10\mathrm{k}\Omega$ 档，电压过高可能会将晶体管击穿。

2）测量非线性元件（如二极管）正向电阻时，应用电阻档的同一倍率。因为用不同倍率测量时，测量结果将不相同。

3）要注意表笔的正负极性与电源的极性正好相反，此时黑表笔的电位高于红表笔，判断晶体管极性时，不可搞错。

9. 不宜测毫伏与微伏级电信号

指针式万用表的交流电压档不适用于测量较高频率的信号，一般指针式万用表的频率范围在 $50\mathrm{Hz} \sim$ 几 kHz 之间，没有低于 1V 交流电压档的指针式万用表不适宜测毫伏、微伏级的信号。

10. 注意视觉误差

读数时视线应与表盘垂直，视线、指针和刻度应在一直线上，以提高读数的准确度。正确使用有效数字，应读到估计值位。

11. 注意使用安全

在每次测量之前，应严格核对测量的电量种类，检查转换开关是否拨对位置，用指针式万用表测量电压和较大电流时，必须在断电的状态下转动开关和量程旋钮，以免在触点处产生电弧，烧坏指针式万用表转换开关的触点。测量完交、直流电流时，一定先切断电源，才能撤下表笔，避免发生仪表烧毁或人身安全事故。

不允许用指针式万用表电阻档测量电池、微安表头、检流计的内阻，不可用电压档测量标准电池的电压。

12. 直流电压叠加交流信号的测量

当被测交流电压上叠加有直流电压时，应考虑转换开关的最高耐压值是否能承受交、直流电压之和，必要时在输入端串入隔直电容。

13. 测量后的保管

每次测量完毕后，应将表笔取下，转换开关拨到交流电压最高档或空档"OFF"上，以免再次测量时烧坏电表。携带指针式万用表时，避免激烈撞击和震动，以防损坏表头或其他元器件。

应将万用表存放在干燥、无尘、无强磁场、环境温度适宜且无腐蚀性气体，不受震动的场所。长期不用万用表时，应将电池取出，防止电池漏液，腐蚀表内电路和元器件。

2-54 如何分析指针式万用表的常见故障？

指针式万用表的功能多、携带方便，在电气维修和调试中使用频繁，由于使用不当或用久变质（如电阻元件变质等），发生故障的概率很高，经常会发生各种不正常现象或损坏情况。为了能够对指针式万用表的损坏情况进行处理，首先在了解和熟悉各部分原理的基础上，更进一步掌握检查指针式万用表线路的方法，然后再进行分析和调修。指针式万用表基本上都包含有直流电流、直流电压、交流电压、直流电阻的测量功能。因此，虽然指针式万用表种类繁多，结构各异，但故障现象及维修方法还是大同小异的。下面介绍指针式万用表的常见故障及维修处理方法，以帮助读者更好地使用指针式万用表。

维修万用表时应根据电路图，结合实物结构，对故障现象进行综合分析判断，而后采用相应措施。为了使维修与调试准确可靠，对各项技术要求必须清楚，性能参数也应记熟。在调修指针式万用表电路时，应具备所修表的电路图和各部分简化电路图，以方便分析维修。指针式万用表的常见故障主要包括两个方面，一方面是表头机械故障，另一方面是电路电气故障。

首先可以进行直观检查，先看外壳、指针、旋钮等部分是否有明显损坏或故障。

其次根据故障情况，拆开表壳（一般松下表背螺钉即可拆开），观察内部各元件有无烧坏或其他损坏情况，线头有无脱焊或断开等。

如果没有发现异常情况，则可进行进一步检查。

2-55 如何维修表头的机械故障？

1）将机械调零螺钉缓慢地旋转一周，观察指针是否在零位左右均衡的移动，然后再准确地调回零位。若调不到零位或移动不均衡，则可能是游丝扭乱或粘圈，或者是调零杆松动，也可能是因为指针被打弯而卡针。如果是这些情况，则均需拆开表头修理。

2）摇动表头，如果指针摆动不正常，不动或无阻尼，则要检查指针支撑部位是否卡住，游丝是否绞住，是不是机械平衡不好，查看表头是否断线或分流电阻断开。

3）将指针式万用表置于电阻档并将红黑两表笔短接，查看指针有无卡阻现象，表笔分开后指针是否回零，若出现卡阻或不能回零现象，则应拆开表头进行检查修理。

4）将指针式万用表竖立，观察指针平衡情况。如果指针偏离零位距离较大，则表明指针打弯变形，或指针失去平衡。此时应拆开表头，调好指针，或重新调整平衡锤的位置。

关于表头的常见故障、原因和维修方法见表 2-12。

表 2-12　表头常见故障、原因及维修方法

故障现象	故障产生原因	维修方法
不回零误差大	1）轴尖磨损变秃； 2）轴尖在轴尖座中松动； 3）轴承锥孔磨损； 4）轴承或轴承螺钉松动； 5）游丝太脏、粘圈； 6）游丝焊片与螺钉有摩擦； 7）可动部分平衡不好	1）磨轴尖或更换轴尖； 2）调整； 3）更换宝石轴承； 4）修理调整； 5）酒精清洗、调修； 6）调整修理； 7）调整平衡
电路通但无指示	1）游丝焊片与支架没有绝缘好，使进出线短路； 2）游丝和支架接触，使动圈短路； 3）有分流支路的测量电路，表头断路而支路完好	1）加强绝缘性能； 2）拨开接触点； 3）检查断路点，重新焊接
电路通但指示小	1）动圈局部短路； 2）分流电阻局部短路； 3）游丝与支架绝缘不好，部分电流通过支架分流	1）修理或重绕动圈； 2）更换分流电阻； 3）加强绝缘性能
电路不通无指示	1）电气测量电路断路； 2）游丝烧断或开焊； 3）动圈断路； 4）与动圈串联的附加电阻开路	1）检查断路点，重新焊好； 2）更换游丝或重焊； 3）更换动圈； 4）更换附加电阻
电路通但指示不稳定	1）转换开关脏污，接触不良； 2）电路有虚焊； 3）测量电路中有短路或碰线； 4）动圈氧化、虚焊	1）清洗开关； 2）查找虚焊点，重焊； 3）分开电路，涂绝缘漆； 4）重焊动圈线头
误差大	1）永久磁铁失磁； 2）可动部分平衡不好； 3）线路接触不良； 4）电阻的阻值改变	1）充磁； 2）调整平衡； 3）检查线路，排除不良； 4）用同阻值电阻进行更换
可动部分卡滞不灵活	1）磁气隙中有铁屑； 2）磁气隙中有纤维毛或尘埃； 3）轴尖轴承间隙过小	1）用钢针拨出铁屑； 2）用球压空气吹出纤维毛或尘埃； 3）调整轴尖轴向位置

2-56　怎样看指针式万用表的电路图？

1）先弄清各元件的实物结构及其在图上的代表符号，了解各元件的作用及分布位置。

2）在指针式万用表中起综合作用的是转换开关，应先弄清转换开关活动连接片转到某一位置时哪条电路被接通，哪些电路被断开；弄清转换开关上固定连接片的作用。如果说明书上没有转换开关的底视图，则最好根据实物具体情况绘出示意图。

3）看直流电压和电流的测量电路时，首先将转换开关转到相应的区间，然后从接线柱"+"端开始，经过有关元件再回到"-"端。看交流测量电路时，同样要将转换开关转到相应的区间，然后从它的接线柱的一端经过整流器等交流特有元件再回到另一端。看电阻测量电路时，也和上面一样，但必须经过内附电池这一电阻测量的特殊元件。

4）在查看某一部分电路时，如碰到几条支路的交点，则应分别查清各条支路，如果某一支路被开关切断走不下去，则该支路可以不考虑，凡是能走得通的支路，就应一直查下去，直到回到接线柱的另一端为止，这样的支路在分析时就应当加以考虑。

2-57　如何对指针式万用表进行通电检查及检修?

通电检查一般从直流电流部分开始,因为它的电路比较简单,而且是指针式万用表其他各部分电路的基础。在这一部分调好之后,再依次检查直流电压、交流电压、电阻测量各部分。下面就按这一顺序进行介绍。

1. 测量直流电流部分的检查与调修

在检查指针式万用表电流各档时可用图 2-38 所示电路。标准表可用毫安表或其他好的指针式万用表 mA 档。

将被校指针式万用表旋到最小 mA 档,合上开关 K,并逐渐减小电阻 R,观察指针式万用表指示情况。然后改变指针式万用表 mA 档量程。对检查结果进行分析,便可判断指针式万用表的这一部分电路是否正常或有哪些故障。

直流电流部分常见故障及原因分析见表 2-13。根据表中所列举的可能产生的原因,

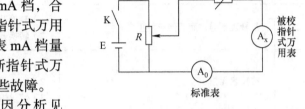

图 2-38　检查指针式万用表直流电流各档的电路

进一步检查(直接观察或用指针式万用表测量电阻值等),便可找出故障点,然后进行修理,例如调整表头特性及更换好的电阻等。更换电阻时,电阻值一般可根据说明书或电路图中标明的阻值进行调换。如果查不到,则可用一个可调电阻箱代替已损坏的电阻,然后校准指针式万用表读数,便可从电阻箱的数值得出所需调配的电阻值。

表 2-13　测量直流电流部分常见故障及原因分析

序号	常见故障	可能产生的原因
1	在同一量程内误差率不一致	表头本身特性改变
2	各档量程值偏高	1)与表头串联的电阻值变小 2)分流电阻值偏高 3)表头灵敏度偏高
3	各档量程值偏低	1)表头串联电阻值增大 2)表头灵敏度偏低
4	被校表无指示,而标准表有指示	1)表头线圈脱焊或动圈短路 2)表头被短路 3)与表头串联的电阻损坏或脱焊 4)转换开关接触不良 5)二极管击穿或熔丝管熔断
5	被校表在小量程时,指示很快,但在较大量程时,又无指示	分流电阻烧断或脱焊
6	两者均无指示	转换开关不通,或公共线路断开
7	各档均为正误差	1)与表头串联的电阻短路或阻值变小 2)分流电阻某一档焊接不良,电阻值偏大 3)表头灵敏度偏高
8	各档均为负误差	1)表头灵敏度降低 2)表头串联电阻阻值增大 3)分流电阻减小或分流电阻某一档因烧坏而短路

2. 测量直流电压部分的检查与调修

当指针式万用表直流电流部分调好之后，便可进行直流电压部分的检查。直流电压常见故障见表 2-14。

表 2-14   测量直流电压部分常见故障及原因分析

序号	常见故障	可能产生的原因
1	某一量程误差很大，而后各量程误差逐渐减小	1）该量程附加电阻变质或短路 2）该量程附加电阻额定容量太小，过载时阻值变大
2	某量程不通，而其他量程正常	1）转换开关与该档接触不好或烧坏触点 2）转换开关触点连接线与附加电阻脱焊或断线
3	被校表无指示	1）转换开关电压部分公用接点脱焊 2）最小量程档附加电阻断路或损坏 3）熔丝熔断
4	某一量程以后，被校表无指示	开始出现不通时的那一个量程的某一附加电阻断路或脱焊

3. 测量交流电压部分的检查与调修

当直流电压部分调修正常以后，便可进行交流电压部分检查。检查指针式万用表交流电压部分的电路如图 2-39 所示，交流电压部分常见故障及原因分析见表 2-15。

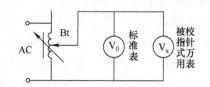

图 2-39   检查指针式万用表交流电压部分的电路

表 2-15   测量交流电压部分常见故障及原因分析

序号	常见故障	可能产生的原因
1	被校表误差很大，有时偏低 50%	全波整流器中，有一支二极管被击穿
2	被校表读数很小，或指针只有轻微摆动	1）整流器被击穿 2）转换开关接触不良
3	小量程误差大，量程增大时误差减小	可变电阻活动触点接触不良，或最小量程档附加电阻值增大
4	各量程指示偏低	整流器损坏，反向电阻减小
5	某量程档不通，其他量程正常	1）转换开关与该档接触不良或烧坏 2）转换开关与该档附加电阻脱焊

一般完好的整流元件正、反向电阻之比应在 1:40 以上，若比值过小，则说明整流元件已被击穿，必须更换。若比值稍低，经过调节最小量程档的电阻值后，可以消除误差，则整流元件仍可应用。

4. 测量电阻部分的检查与调修

测量电阻的电路是在测量直流电流电路的基础上增加了几个电阻及干电池等元件而组成的。所以当测量电流、电压各部分均已调修正常后，电阻部分故障是比较容易找出的。电阻部分常见故障及原因分析见表 2-16。

表 2-16　测量电阻部分常见故障及原因分析

序号	常见故障	可能产生的原因
1	两测试表笔短接时，指针调节不到零位	1）干电池容量不足 2）串联的电阻阻值变大 3）转换开关接触不良，电阻增大
2	短接调零时，指针无指示	1）转换开关公共接触点断路 2）可调电阻接触点脱焊 3）干电池无电压输出或断路 4）串联电阻断路
3	移动零欧姆调整器时，指针跳跃不定	欧姆调零电位器接触不良或过脏，阻值太大
4	个别量程误差很大	1）该档分流电阻变质或烧坏 2）该量程转换开关接触不良
5	个别量程不通	1）该量程的串联电阻开路 2）转换开关接触不良 3）该量程与表头部分并联的专用电阻烧断

　　以上只是给出了指针式万用表常见的一些故障，并不是所有的故障，目的是给读者提供一个维修思路。在实际调修指针式万用表时，必须首先弄清它的原理电路，仔细观察和分析各种异常现象，做出正确的判断，然后采取适当的措施，将故障排除，使仪表能恢复正常工作。前面介绍的表 2-12 ~ 表 2-16 都只是提供了一些参考线索，有时可能几种故障同时存在，这时应按照相应的测量电路，结合实际电路进行综合分析，参照上述分析和检查方法逐点排除，达到举一反三，灵活应用的目的。

2-58　如何判定 MF47 型指针式万用表的故障？

1. 表头没有任何反应
表头没有任何反应可能存在以下故障：

1）表头或表笔损坏；

2）接线错误；

3）熔丝没有安装或损坏；

4）电池极板装错，如果将两种电池极板位置装反，则电池两极无法与电池极板接触，电阻档就无法工作；

5）电刷装错。

2. 电压指针反偏
这种情况一般是表头引线极性接反引起的。如果 DC（A）、DC（V）正常，AC（V）指针反偏，则为二极管 VD_1 接反。

3. 测电压示值不准
这种情况一般是焊接有问题，应对被怀疑的焊点重新处理。

第 3 章
数字万用表的功能与使用

3-1 数字万用表的优点有哪些？

通常，把传统的指针式万用表称为模拟万用表，而把数字化的万用表称为数字万用表。广泛采用新技术与新工艺并由大规模集成电路构成的数字仪表是近十几年发展起来的一种新型仪表，它具有测量精度高、灵敏度高、速度快及数字显示等特点。进入 20 世纪 80 年代后，随着单片 CMOS A-D 转换器的广泛使用，新型袖珍式数字万用表也迅速得到普及，尤其现代电子设备普遍应用计算机作为中央控制系统，因此，除在测试过程中特殊指明者外，不能用指针式电阻表测试计算机和传感器，以免计算机或传感器受损。通常应使用高阻抗的数字万用表（内阻在 10MΩ 以上）。

数字万用表与指针式万用表在使用方面有许多优点。

1）指针式万用表在使用中很容易读错直流电压和交流电压的刻度线，这种情况在电压量程不同时也经常发生，而数字万用表就不会发生这种情况。

2）指针式万用表电阻阻值的刻度，从左到右的刻度密度逐渐变稀，也就是说它的刻度是非线性的；相对而言，数字万用表显示则是线性的。

3）与指针式万用表的内阻相比，数字万用表的内阻非常高，所以在进行电压测量时，后者更接近理想的测量条件。

4）在测量直流电压时，指针式万用表如果正、负极接反，则表头指针的偏转方向也随之相反，而使用数字万用表时，它能自动判断并且显示出电压的极性，所以不用考虑接错正负极的问题。可见，数字万用表有许多指针式万用表无法比拟的优点。近年来，随着我国电子工业的发展，数字万用表以其测量精度高、显示直观、速度快、功能全、可靠性好、小巧轻便、耗电省、便于操作等优点，受到人们的普遍欢迎，它已成为电子、电工测量以及电子设备维修等部门的必备仪表。

3-2 数字万用表的类型有哪些？

1. 按照量程转换方式分类

（1）手动量程　这种仪表的价格较低，但操作比较复杂，量程选择得不合适时很容易使仪表过载。

（2）自动量程　自动量程式数字万用表可大大简化操作，有效地避免过载并能使仪表处于最佳量程，从而提高了测量准确度与分辨力，此类仪表的价格较高。

2. 按照用途及功能分类

（1）低档数字万用表　它属于 3½ 位普及型仪表，功能比较简单，价格与指针式万用表相当。典型产品有 M810、DT820B、DT830B、DT830C、DT830D、DT840D、M3900、DT5803、DT9201A 等型号。

（2）中档数字万用表

1）多功能型数字万用表。此类仪表一般设置了电容档、测温档、频率档，有的还增加了高电阻档和电导档。典型产品有 DT890C+、DT890C+TM、DT890F、DT890G、DT9208、VC9808 型 $3\frac{1}{2}$ 位数字万用表。

2）准确度较高数字万用表。其准确度较高，功能较全，适合实验室测量用。典型产品有 DT930F+、VC94、DT980A、DT1000、M1000、DT9203A、DT9204A、UT123D 型、VC9807A 型。

3）语音数字万用表。内含语音合成电路，显示数字的同时还能用语音播报测量结果。典型产品有 VC93 型 $3\frac{1}{2}$ 位数字万用表。

（3）智能数字万用表

1）中档智能数字万用表。这类仪表一般采用 4 位单片机，带 RS-232 接口。典型产品有 BY1941A 型 $4\frac{1}{2}$ 位数字万用表。

2）高档智能数字万用表。内含 8 ～ 16 位单片机，具有数据处理、自动校准、故障自检等多种功能。典型产品有 HP3458A、7181 型 $8\frac{1}{2}$ 位台式数字万用表。

（4）双显示及多重显示数字万用表　双显示仪表的特点是在 $3\frac{1}{2}$ 位数显的基础上增加了模拟条图显示器，后者能迅速反映被测量的变化过程及变化趋势，典型产品有 DT960T、EDM81B、VC97 型数字万用表。多重显示仪表是在双显示仪表的基础上发展而成的，它能同时显示三组或三组以上的数据（例如最大值、最小值、即时值、平均值），典型产品有国产 VC97 型数字万用表，Fluke 公司生产的 87、88 型数字万用表。

（5）专用数字仪表　例如 VC6013 型数字电容表，DM4070D、ADM6243、LC6243 型数字电感电容表，DM6801A、DM6902 型数字温度计，3001C、SW508、CTH-2 型数字温湿度计，HT-602 智能露点仪，LX101 型数字照度计，DM6234P 型光电式数字转速表，AM-4202 型数字风速表，VC3212 型数字钳形表，DT266FT 型钳形数字万用表，CM6100、PG14A 型数字功率表。

3-3　数字万用表由哪些部分组成？

常见的数字万用表类型有 MS8215 型、UT123D 型、VC890C+ 型等，如图 3-1 所示。

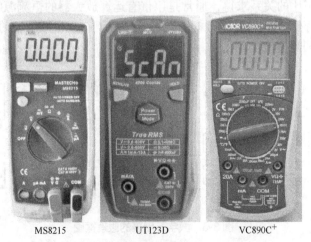

MS8215　　　　UT123D　　　　VC890C+

图 3-1　常见的数字万用表实物外形

数字万用表主要由模拟电路、数字电路两部分构成。模拟电路包括输入电路、A-D 转换器；数字电路包括计数器、逻辑控制电路、时钟发生器、显示屏，如图 3-2 所示。

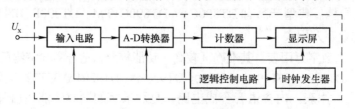

图 3-2 数字万用表的构成方框图

A-D 转换器的作用是将模拟直流电压转换成数字量脉冲输出。例如，输入为 500mV，则输出为 500 个脉冲，计数器的任务是计量这些脉冲数，而显示器则以数字形式显示输入电压的值。这一过程就构成了最基本的数字直流电压表（DCM）。

在数字直流电压表的输入端配以不同的转换器就构成了基本的数字万用表，这些转换器的作用可以归结为以下四项变化过程，从而使数字万用表不仅可以测量直流电压，还可以测量直流电流、交流电流、交流电压、电阻等各种参数。

这四项变换是：

1）把直流电流 I 变换成直流电压 U，简称 I-U 变换。

2）把交流电压 u 变换成直流电压 U，简称 u-U 变换。

3）把交流电流 i 变换成直流电压 U，简称 i-U 变换。

4）把电阻阻值 R 变换成直流电压 U，简称 R-U 变换。

实际中，I-U 变换是利用欧姆定律的原理，使被测的直流电流 I_x 通过标准电阻 R_x，以 R_x 上的直流压降 U_x 来表示 I_x 的大小，即

$$U_x = I_x R_x$$

u-U 变换是采用二极管整流的方法，为克服二极管整流的非线性，利用运算放大器来改善这种非线性引起的失真。

i-U 变换是先把交流电流变换成交流电压 u，然后进行 u-U 变换。

R-U 变换是采用一种恒流法转换原理，即利用恒定电流 I_x 流经被测电阻 R_x 时，R_x 两端的电压 U_x 与 R_x 成正比的关系求得，通常是用带有运算放大器的恒流源电路来实现的。

综上所述，数字万用表的原理方框图就不难理解了，数字万用表的总体方框图如图 3-3 所示（图中接线为测量直流电压）。

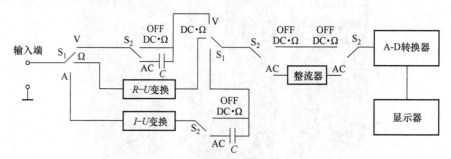

图 3-3 数字万用表的原理框图

3-4　数字万用表的测量方式有哪些?

数字万用表按 A-D 转换器的不同可分为逐次逼近比较式、双积分式和复合式三种。下面分别介绍它们的测量原理。

1. 逐次逼近比较式

典型的逐次逼近比较式数字万用表由比较器、A-D 转换器、基准源（基准电压发生器）、脉冲分配器、时钟脉冲发生器（振荡器）、数码寄存器、显示屏等构成，如图 3-4 所示。

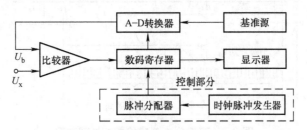

图 3-4　典型的逐次逼近比较式数字万用表构成方框图

此类万用表测量时，需要通过多次比较才能完成检测信号的识别和处理，比如，测量 1.893V 电压时，它的比较程序如图 3-5 所示。

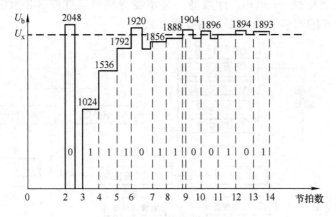

图 3-5　逐次逼近比较过程

2. 双积分式

典型的双积分式数字万用表由积分器、零比较器、量程开关、控制逻辑（CPU）、闸门、计数器、时钟脉冲（振荡器）、寄存器、译码器、显示器等构成，如图 3-6 所示。

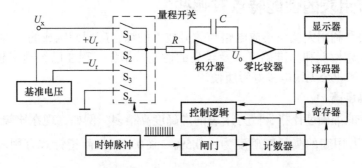

图 3-6　典型的双积分式数字万用表构成方框图

此类万用表测量时，需要通过准备阶段、采样阶段、比较阶段才能完成检测信号的识别和处理，它的信号处理原理如图 3-7 所示。

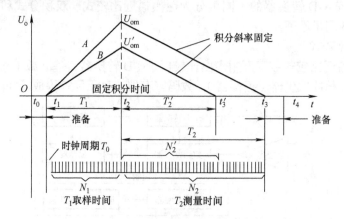

图 3-7　双积分 A-D 转换器的处理过程

3. 复合式

典型的复合式数字万用表由信号调节器、A-D 转换器、DC-DC 变换器、时钟振荡器、量程开关、逻辑控制电路（CPU）、计数器、显示器等构成，如图 3-8 所示。由于此类万用表的功能齐全，目前的数字万用表多采用此类方式。

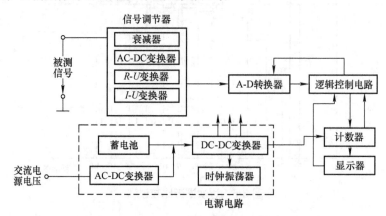

图 3-8　典型的复合式数字万用表构成方框图

3-5　数字万用表的性能特点有哪些？

数字万用表是利用大规模集成电路与数显技术的综合应用而制成的一种电工测量仪表，由于它的诸多优越性能和高准确度以及较高的性能价格比，现在已经越来越多地被广大专业电气工程人员和业余无线电爱好者所使用。

1. 测量准确度高

数字万用表的准确度比指针式万用表的准确度高很多，例如，现在比较普遍使用的 $3\frac{1}{2}$ 位或 $4\frac{1}{2}$ 位数字万用表的测量准确度为 $\pm 0.5\% \sim \pm 0.03\%$，而指针式万用表其准确度只有 $\pm 2.5\%$。

2. 分辨力高

数字万用表由功能选择开关把各种输入信号分别通过相应的功能变换，变成直流电压，再经 A-D 转换器直接用数字显示被测量的大小，其分辨率大大提高。数字万用表在最低电压量程上末位 1 个字所对应的电压值，称作仪表的分辨力，它反映出仪表灵敏度的高低。数字仪表的分辨力随着显示位数的增加而提高，不同位数的数字万用表所能达到的最高分辨力是不同的。

数字万用表的分辨力也可用分辨率来表示，分辨率是指所能显示的最小数字与最大数字之比，一般用百分数表示。例如，$3\frac{1}{2}$ 位数字万用表可显示的最小数字（不包括零）为 1，最大数字为 1999，故分辨率为 1/1999 ≈ 0.05%。同理，可知 $3\frac{3}{4}$ 位数字万用表的分辨率是 1/3999 ≈ 0.025%。

但需要指出的是，分辨力与分辨率是有区别的，例如，$3\frac{1}{2}$ 位、$3\frac{2}{3}$ 位、$3\frac{3}{4}$ 位仪表的分辨力相同，都是 100μV，但三者的分辨率却是不同的，分别为 0.05%、0.033%、0.025%。

另外，还要指出的是分辨力与准确度是两个不同的概念。分辨力表征的是仪表对微小电压的识别能力，即其灵敏性，而准确度则反映测量的准确性，即测量结果与真值的一致程度。两者之间无必然联系，不能混为一谈。分辨力只与仪表显示的位数有关，而准确度则取决于 A-D 转换器、功能转换器的误差以及量化误差等。在实际应用中，并不是准确度和分辨力越高越好，要根据被测对象和测量要求而定。当不需要特别高的准确度时，采用准确度很高的仪表进行测量，实际上也是一种浪费。

3. 输入阻抗高

数字万用表的输入阻抗是指它的交直流电压档在工作状态下从输入端看进去的等效阻抗。由于仪表的输入阻抗为有限值，因此它总要从被测电路中吸取电流而影响被测电路的工作状态，使测量结果产生误差。这一误差的大小不仅与仪表的输入阻抗有关，而且还与被测电路的等效输入电阻有关。

在测量电压时，仪表的输入阻抗越大，在测量过程中从被测电路中吸取的电流越小，对被测电路的影响也越小，因而测量误差也就越小。$3\frac{1}{2}$ 位数字万用表的直流电压档输入阻抗一般为 10MΩ，$5\frac{1}{2}$ ~ $8\frac{1}{2}$ 位智能数字万用表的输入阻抗可大于 10000MΩ。交流电压档受输入电容的影响，其输入阻抗一般低于直流电压档（$3\frac{1}{2}$ 位数字万用表的阻抗不小于 2.5MΩ），只适于测量中、低频电压，如果测量高频电压需使用高频探头，则它可将仪表的频率响应扩展到 20kHz ~ 700MHz。

4. 测量速率快

测量速率是指数字万用表单位时间（1s）内对被测量的次数，也就是仪表每秒钟内给出显示值的次数，单位是次 /s。

测量速率的快慢主要取决于 A-D 转换器的转换速率。不同类型 A-D 转换器的转换速率也不同。$3\frac{1}{2}$ ~ $4\frac{1}{2}$ 位数字万用表的测量速率一般是 2 ~ 5 次 /s，$5\frac{1}{2}$ ~ $7\frac{1}{2}$ 位数字万用表的测量速率一般可达几十次 /s。有的数字万用表用测量周期来表示测量的快慢。测量周期就是完成一次测量过程所需的时间，显然测量周期越短，测量速率就越高，两者互为倒数关系。

但是，测量速率与准确度高低存在着矛盾，通常是准确度越高，测量速率越低，两者难以兼顾。为此，有些厂家在有些数字万用表中专门增设了快速测量档。做快速测量时测量速率可提高几倍，同时显示位数会减少一位，准确度也随之降低。有些表还设有低速（S）、中速（M）、快速（F）三档，可满足不同用户的需要。

5. 抗干扰能力强

数字万用表测量时受到的干扰一般有内部和外部干扰两个方面，内部干扰有漂移和各种噪声，外部干扰有共模和串模干扰之分。对用户来说，重要的是测量仪表对外部干扰的抑制作用。串模干扰是干扰电压与被测信号串联后加至仪表的输入端，如 50Hz 交流信号及其谐波叠加在直流信号上。共模干扰是指干扰电压同时加在仪表的两个输入端。这种干扰电压可能是直流，也可能是工频或高频交流电压。衡量仪表抗干扰能力的技术指标有两个，一个是串模抑制比（SMRR），另一个是共模抑制比（CMRR）。

由于数字万用表内部的 A-D 转换器大多采用双积分式，因此它对 50Hz 工频一类的交流信号产生的串模干扰有很强的抑制能力，同时对共模干扰也有较强的抑制能力，一般共模抑制比可达 86~120dB。

6. 测量功能多

数字万用表除了具有指针式万用表的功能外，还具有其他一些功能，如测量温度（T）、电导（G）、频率（f）、低功率法测电阻档（LO Ω）。

新型数字万用表大多还增加了读数保持（HOLD）、逻辑测试（LOGIC）、真有效值测量（TRMS）、相对值测量（REL $\triangle$）、自动关机（AUTO OFF POWER）、脉冲宽度测量（Pulse Duration）、占空比测量（Duty Factor）的功能。新型智能数字万用表还开发了更先进的功能，如液晶条图显示（LCD Bargraph）、多重显示、最小值 / 最大值存储（Min/Max Mode）、峰值保持（PK HOLD）、数据存储（MER）、数据输出（COMM）、复位（RST）等功能。

三重显示可编程智能数字万用表能同时显示三种不同参数值（例如最大值 Max、最小值 Min、实时值），并能预置测量范围的上、下限，为测量工作带来极大的方便。

另外，数字万用表插入"+"插孔的红表笔在测量电阻档时是高电位端，这一点与普通万用表完全相反，在使用中必须注意。

3-6　MS8215 型数字万用表使用有哪些安全规则和注意事项?

数字万用表的使用现以 MS8215 型数字万用表使用为例，介绍它的使用方法。

1. 安全规则

MS8215 型数字万用表使用前，应仔细阅读使用说明书并注意有关安全工作准则。必须遵守以下标准的安全规则：

1）通用的防电击保护的电路；

2）防止错误使用仪表。为保证人身安全，请使用随表提供的测试笔。在使用前必须检查并确保它们是完好的。

2. 使用注意事项

当仪表或表笔外观破损时，请勿使用。

1）若未按照说明书的指示使用仪表，仪表提供的安全功能可能会失效。

2）在裸露的导体或母线周围工作时，必须极其小心。切勿在爆炸性的气体、蒸汽或灰尘附近使用本仪表。

3）用仪表测量已知的电压，确认仪表正常工作。若仪表工作异常，请勿使用，因为保护设施可能已遭到损坏。使用仪表测量时，要确定测试笔和功能开关位于正确的位置。在不能确定被测量信号的大小范围时，将量程开关置于最大量程位置或尽可能选择自动量程方式。切勿超过每个量程所规定的输入极限值，以防损坏仪表。

4）当仪表已连接到被测电路时，切勿触摸没有使用的输入端。当被测电压超过 60V 直流或 30V 交流有效值时，请小心操作以防电击。使用测试笔测量时，应将手指放在测试笔的护环后面。

5）连接时，先连接公共测试笔，然后再连接带电的测试笔；断开连接时，先断开带电的测试笔，然后再断开公共测试笔。在转换量程之前，必须保证测试笔没有连接到任何被测电路。对于所有的直流功能，包括手动或自动量程，为避免由于可能的不正确读数而导致电击的危险，请先使用交流功能来确认是否有任何交流电压的存在。然后，选择一个等于或大于交流量程的直流电压量程。

6）在进行电阻、二极管、电容测量或通断测试前，必须先切断电源，并将所有的高压电容放电，不可在带电的电路上测量电阻或进行通断测试。在进行电流测量前，应先检查仪表的熔丝，把仪表连接到被测电路之前，应先将被测电路的电源关闭。

7）该表使用三节 7#（AAA）电池供电，电池必须正确地安装在仪表的电池盒内。当电池指示符号"▯±▮"出现时，应马上更换电池。电池电量不足会使仪表读数错误，从而导致电击或人身伤害。

8）在进行测量类别 II 电压测量时不可超过 1000V，进行测量类别 III 电压测量时不可超过 600V。

9）仪表的外壳（或外壳的一部分）被拆下时，切勿使用仪表。

3-7　MS8215 型数字万用表有哪些安全符号？

仪表表面及使用说明书中的安全符号如下：

⚠——重要的安全信息，使用前应参阅使用说明书
~　——AC（交流电）
⎓ ——DC（直流电）
≂ ——交流电或直流电
⏚ ——大地
▣ ——双重绝缘保护
⎓⎓——熔丝
（Ｅ——符合欧洲工会（European Union）指令

3-8　MS8215 型数字万用表有哪些安全保养措施？

1）不要轻易打开仪表外壳进行维修和校验，只能由完全了解仪表及电击危险的工程技术人员执行。打开仪表外壳或拆下电池盖时，应先拔出测试笔。在打开仪表前，必须断开一切有关的电源，同时也必须确保操作人员不带静电以免损坏仪表的元器件。打开仪表外壳时，必须注意仪表内的一些电容在仪表关闭电源以后还存储着危险的电压。

2）维修仪表时，必须使用工厂指定的更换零部件。如果观察到有任何异常，该仪表应立即停止使用并送维修。

3）当长时间不用时，请将电池取下，并避免存放于高温高湿的地方。

3-9　MS8215 型数字万用表有哪些保护措施?

本仪表具有足够的保护措施:

1) 在 VΩ 输入插座,对超过 1000V 的瞬间电压利用压敏电阻进行限制。

2) 在进行电阻、电容、温度、通断和二极管测量时,利用热敏电阻来限制和承受超过 1000V 的持久电压。

3) 在进行电流测量时,通过相应的熔丝进行保护。

4) 本仪表具有防止表笔误插的机械保护设施。

红色测试笔插入的输入插座会按测量功能和量程的转换相应的开启和阻挡。当转动旋转开关感到不能转动时,应立即停止转动旋转开关,这表明所要选择的档位和当前红色测试笔插入的输入插孔位置不符。应拔出红色测试笔插头,再转动旋转开关至所需的档位。

3-10　MS8215 型数字万用表外观是怎样的?

数字万用表的外观如图 3-9 所示。

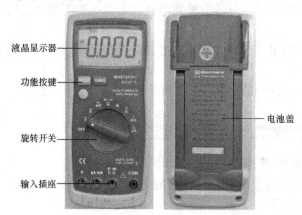

图 3-9　数字万用表的外观

3-11　MS8215 型数字万用表液晶显示器的符号含义是什么?

数字万用表显示器的面板如图 3-10 所示。

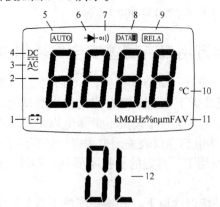

图 3-10　数字万用表显示器的面板

显示器面板的符号说明见表 3-1。

表 3-1　显示器面板的符号说明

号码	符号	含义
1	$\boxminus\!\div$	电池电量低。为避免错误的读数而导致遭受到电击或人身伤害，本电池符号显示出现时，应尽快更换电池
2	—	负输入极性指示
3	$\underset{\sim}{AC}$	交流输入指示。交流电压或电流是以输入的绝对值的平均值来显示，并校准至显示一个正弦波的等效均方根值
4	$\underset{---}{DC}$	直流输入指示
5	AUTO	仪表在自动量程模式下，它会自动选择具有最佳分辨率的量程
6	▶▏	仪表在二极管测试模式下
7	o))	仪表在通断测试模式下
8	DATA-H	仪表在读数保持模式下
9	REL △（仅限 MS8217）	仪表在相对测量模式下
10	℃（仅限 MS8217）	℃：摄氏度，温度的单位
11	V、mV	V：伏特（电压的单位） mV：毫伏（1×10^{-3} 或 0.001V）
	A、mA、µA	A：安培（电流的单位） mA：毫安（1×10^{-3} 或 0.001A） µA：微安（1×10^{-6} 或 0.000001A）
	Ω、kΩ、MΩ	Ω：欧姆（电阻的单位） kΩ：千欧（1×10^{3} 或 1000Ω） MΩ：1×10^{6} 或 1000000Ω
	%（仅限 MS8217）	%：百分比，使用于占空系数测量
	Hz、kHz、MHz（仅限 MS8217）	Hz：赫兹[频率的单位（周期/秒）] kHz：千赫（1×10^{3} 或 1000Hz） MHz：兆赫（1×10^{6} 或 1000000Hz）
	F、µF、nF	F：法拉（电容的单位） µF：微法（1×10^{-6} 或 0.000001F） nF：纳法（1×10^{-9} 或 0.000000001F）
12	OL	对所选择的量程来说，输入过高

3-12　MS8215 型数字万用表功能按键如何操作？

功能按键操作说明见表 3-2。

表 3-2　功能按键操作说明

按键	功能	操作介绍
O（黄色）	Ω ▶⊦ ∘)) A、mA 和 µA 开机通电时按住	选择电阻测量、二极管测试或通断测试 选择直流或交流电流 取消电池节能功能
HOLD	任何档位	按 HOLD 键进入或退出读数保持模式
RANGE	V~、V ⎓、Ω、A、 mA 和 µA	1）按 RANGE 键进入手动量程模式 2）按 RANGE 键可以逐步选择适当的量程（对所选择的功能档） 3）持续按住 RANGE 键超过 2s 会回到自动量程模式
REL（仅限 MS8217）	任何档位	按 REL 键进入或退出相对测量模式
Hz%（仅限 MS8217）	V~、A、mA 和 µA	1）按 Hz% 键启动频率计数器 2）再按一次进入占空系数（负载因数）模式 3）再按一次退出频率计数器模式

3-13　MS8215 型数字万用表旋转开关档位如何操作?

旋转开关档位的操作说明见表 3-3。

表 3-3　旋转开关档位的操作说明

旋转开关档位	功能
V~	交流电压测量
V ⎓	直流电压测量
mV ⎓	直流毫伏电压测量
Ω ▶⊦ ∘))	Ω 电阻测量 / ▶⊦二极管测试 /∘))通断测试
⊣⊦	电容测量
A ≋	0.01~10.00A 的直流或交流电流测量
mA ≋	0.01~400mA 的直流或交流电流测量
µA ≋	0.1~4000µA 的直流或交流电流测量
℃（仅限 MS8217）	温度测量

3-14　MS8215 型数字万用表输入插座如何使用?

输入插座的使用说明见表 3-4。

表 3-4　输入插座的使用说明

输入插座	描述
COM	所有测量的公共输入端（与黑色测试笔相连）
⊣⊦ ▶⊦ V Ω ℃	电压、电阻、电容、温度（仅限 MS8217）、频率（仅限 MS8217）、二极管测量及蜂鸣通断测试的正输入端（与红色测试笔相连）
µA/mA	电流 µA 及 mA 和频率（仅限 MS8217）的正输入端（与红色测试笔相连）
A	电流 4A 及 10A 和频率（仅限 MS8217）的正输入端（与红色测试笔相连）

3-15　MS8215 型数字万用表如何使用？

1. 读数保持模式

扫一扫，看视频

读数保持模式可以将目前的读数保持在显示器上。在自动量程模式下启动读数保持功能将使仪表切换到手动量程模式，但原有量程维持不变。通过改变测量功能档位、按"RANGE"键或再按一次"HOLD"键都可以退出读数保持模式。

要进入和退出读数保持模式：

1）按一下"HOLD"键，读数将被保持且"DATA-H"符号同时显示在液晶显示器上；

2）再按一下"HOLD"键将使仪表恢复到正常测量状态。

2. 手动量程和自动量程模式

本仪表有手动和自动量程两个选择。在自动量程模式内，仪表会为检测到的输入选择最佳量程，转换测试点时无需重置量程。在手动量程模式内，需要自己选择所需的量程，这可以取代自动量程并把仪表锁定在指定的量程下。

对具有超过一个量程的测量功能档，仪表会将自动量程模式作为其默认模式。当仪表在自动量程模式时，显示器会显示"AUTO"符号。

要进入和退出手动量程模式：

1）按"RANGE"键。仪表进入手动量程模式。"AUTO"符号消失。每按一次"RANGE"键，量程会增加一档。到最高档的时候，仪表会循环回到最低的一档。

> **注意：** 当进入读数保持模式后，如果以手动方式改变量程，则仪表会退出该模式。

2）要退出手动量程模式，持续按住"RANGE"键 2s，仪表将回到自动量程模式且显示器显示"AUTO"符号。

3. 电池节能功能

若开启但 30min 未使用仪表，则仪表将进入休眠状态并使显示屏空白。按 HOLD 键或转动旋转开关可唤醒仪表。

在开启仪表的同时按下黄色功能键，将取消仪表的电池节电功能。

4. 相对测量模式（仅限 MS8217）

除频率测量功能以外的所有测量功能都可以进入相对测量模式。要进入和退出相对测量模式：

1）将仪表设在所要的功能，把测试表笔连接到以后要进行比较测量的电路上。

2）按"REL"键，仪表将会把当前的测量读数储存为参考值，同时进入相对测量模式，此时仪表显示参考值和后续读数间的差值。

3）持续按"REL"键超过 2s，仪表退出相对测量模式，恢复正常测量状态。

3-16　MS8215 型数字万用表有哪些技术指标？

1. 综合指标

使用环境条件：600V CAT. Ⅲ 及 1000V CAT. Ⅱ。

污染等级：2。

海拔高度＜ 2000m。

工作环境温湿度：$0 \sim 40$℃（$< 80\%$RH，< 10℃时不考虑）。

储存环境温湿度：$-10 \sim 60$℃（$< 70\%$RH，取掉电池）。

温度系数：$0.1 \times$ 准确度 /℃（< 18℃或 > 28℃）。

测量端和大地之间允许的最大电压：1000V 直流或交流有效值。

熔丝保护：μA 和 mA 档，F 500mA/250V ϕ 5×20，A 档，F 10A/250V ϕ 6.3×32。

采样速率：约 3 次 /s。

显示器：3¾位液晶显示器显示。按照测量功能档位自动显示单位符号。

量程切换方式：自动和手动。

超量程指示：液晶显示器将显示"OL"。

电池低压指示：当电池电压低于正常工作电压时，"▭±"将显示在液晶显示器上。

输入极性指示：自动显示"–"号。

电源：直流 4.5V ⎓。

电池类型：AAA　1.5V。

外形尺寸：185（L）×87（W）×53（H）mm。

重量：约 360g（含电池）。

2. 精度指标

准确度：±（% 读数 + 字），保证期一年。

基准条件：环境温度 $18 \sim 28$℃，相对湿度不大于 80%。

（1）电压　电压档各类指标见表 3-5。

表 3-5　电压档各类指标

功能	量程	分辨率	准确度	输入阻抗（标称）	共模抑制比
直流毫伏电压（mV ⎓）	400mV	0.1mV	±（1.0% 读数 +10 字）		
直流电压（V ⎓）	4V	1mV	±（0.5% 读数 +3 字）	>10MΩ<100pF	在>50或60Hz时，直流 >100dB
	40V	10mV			
	400V	100mV			
	1000V	1V			
交流电压[①②]（V～）	400mV[③]	0.1mV	±（3.0% 读数 +3 字）	>5MΩ<100pF	在>50或60Hz时，直流 >60dB
	4V	1mV	±（1.0% 读数 +3 字）		
	40V	10mV			
	400V	100mV			
	1000V	1V			

过载保护：1000V 直流或交流有效值

① 频率范围：$40 \sim 500$Hz；

② 频率响应：正弦波有效值（平均值响应）；

③ 仅限手动量程。

（2）频率（仅限 MS8217）　频率档的各类指标见表 3-6。

表 3-6　频率档的各类指标

功能	量程	分辨率	准确度
频率 /Hz （10Hz~100kHz）	50Hz	0.01Hz	±（0.1% 读数 +3 字）
	500Hz	0.1Hz	
	5kHz	0.001kHz	
	50kHz	0.01kHz	
	100kHz	0.1kHz	

过载保护：1000V 直流或交流有效值

（3）电阻　电阻档的各类指标见表 3-7。

表 3-7　电阻档的各类指标

功能	量程	分辨率	准确度
电阻 /Ω	400Ω	0.1Ω	±（0.5% 读数 +3 字）
	4kΩ	1Ω	±（0.5% 读数 +2 字）
	40kΩ	10Ω	
	400kΩ	100Ω	
	4MΩ	1kΩ	
	40MΩ	10kΩ	±（1.5% 读数 +3 字）

过载保护：1000V 直流或交流有效值

（4）二极管　二极管档的各类指标见表 3-8。

表 3-8　二极管档的各类指标

功能	量程	分辨率	测试环境
二极管测试 ▶⊢	1V	0.001V	正向直流电流：约 1mA；反向直流电压：约 1.5V； 显示器显示二极管正向压降的近似值

过载保护：1000V 直流或交流有效值

（5）蜂鸣通断　蜂鸣档的各类指标见表 3-9。

表 3-9　蜂鸣档的各类指标

功能	量程	分辨率	说明	测试环境
⁖)))	400Ω	0.1Ω	当内置蜂鸣器发声时，被测电阻不大于 75Ω	开路电压：约 500mV

过载保护：1000V 直流或交流有效值

（6）电容　电容档的各类指标见表 3-10。

表 3-10　电容档的各类指标

功能	量程	分辨率	准确度
电容 ⊣⊢	50nF	10pF	< 10nF：±[5.0%（读数 −50 字）+10 字] ±（3.0% 读数 +10 字）
	500nF	100pF	±（3.0% 读数 +5 字）
	5μF	1nF	
	50μF	10nF	
	100μF	100nF	

过载保护：1000V 直流或交流有效值

（7）温度（仅限 MS8217） 温度档的各类指标见表 3-11。

表 3-11 温度档的各类指标

功能	量程	分辨率	准确度
摄氏度[1]/℃	−55 ~ 0℃	0.1℃	±（9.0% 读数 +2℃）
	1 ~ 400℃		±（2.0% 读数 +1℃）
	401 ~ 1000℃	1℃	±2.0% 读数

过载保护：1000V 直流或交流有效值

① 温度指标不包含热电偶误差。

（8）电流 电流档的各类指标见表 3-12。

表 3-12 电流档的各类指标

功能	量程	分辨率	准确度
直流电流（μA ⎓）	400μA	0.1μA	±（1.5% 读数 +3 字）
	4000μA	1μA	
直流电流（mA ⎓）	40mA	0.01mA	±（1.5% 读数 +3 字）
	400mA	0.1mA	
直流电流（A ⎓）	4A	1mA	±（1.5% 读数 +3 字）
	10A	10mA	
交流电流[1][2]（μA~）	400μA	0.1μA	±（1.5% 读数 +3 字）
	4000μA	1μA	
交流电流[1][2]（mA~）	40mA	0.01mA	±（1.5% 读数 +3 字）
	400mA	0.1mA	
交流电流[1][2]（A~）	4A	1mA	±（1.5% 读数 +3 字）
	10A	10mA	

过载保护：A 档：F 10A/250V 熔丝；μA 和 mA 档：F500mA/250V 熔丝
最大输入电流：μA 和 mA 档：400mA 直流或交流有效值；A 档：10A 直流或交流有效值
当测量电流大于 5A 时，连续测量时间不长于 4min，测量后须停止电流测量 10 min

① 频率范围：40~200Hz；
② 频率响应：正弦波有效值（平均值响应）。

3-17 MS8215 型数字万用表如何测量交流和直流电压？

1. 测量电压

注意： 不可测量任何高于 1000V 直流或交流有效值的电压，以防遭到电击和损坏仪表。不可在公共端和大地间施加超过 1000V 直流或交流有效值电压，以防遭到电击和损坏仪表。

电压是两点之间的电位差。图 3-11 所示为实际测量交流电压 220V 和实际测量直流电压 1.5V 干电池的图，注意它们所选择测量电压的档位不同。

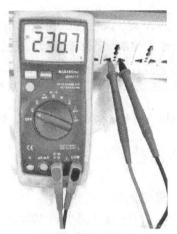
a) 测量交流220V电压

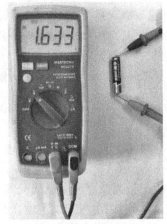
b) 测量干电池1.5V直流电压

图 3-11　实际测量交流和直流电压图

交流电压的极性随时间而变化，而直流电压的极性不会随时间而变化。

本仪表的电压量程为：400mV、4V、40V、400V 和 1000V（交流电压 400mV 量程只存在于手动量程模式内）。

测量交流或直流电压（请按照图 3-11 设定和连接仪表）：

1）将旋转开关旋至 DC（V）、AC（V）或 DC（mV）档。

2）分别把黑色测试笔和红色测试笔连接到 COM 输入插座和 V 输入插座。

3）用测试笔另两端测量待测电路的电压值。（与待测电路并联）

4）由液晶显示器读取测量电压值。在测量直流电压时，显示器会同时显示红色表笔所连接的电压极性。

> 注意：在 400mV 量程，即使没有输入或连接测试笔，仪表也会有若干显示，在这种情况下，短路一下"V-Ω"和"COM"端，使仪表显示回零。

测量交流电压的直流偏压时，为得到更佳的精度，应先测量交流电压。记下测量交流电压的量程，而后以手动方式选择和该交流电压相同或更高的直流电压量程。这样可以确保输入保护电路没有被用上，从而改善直流测量的精度。

2. 市电火线和零线的检测

市电火线（相线）和零线（中性线）的判断通常采用测电笔，在手头没有测电笔的情况下，也可以用数字万用表来判断。

市电火线和零线的检测采用交流电压 20V 档。检测时，将档位选择开关置于交流电压 20V 档，让黑表笔悬空，然后将红表笔分别接市电的两根导线，同时观察显示屏显示的数字，结果会发现显示屏显示的数字一次大、一次小，以测量大的那次为准，红表笔接的导线为火线。

扫一扫，看视频

3-18　MS8215 型数字万用表如何测量电流？

> **注意：** 当开路电压对地之间的电压超过 250V 时，切勿尝试在电路上进行电流测量。如果测量时熔丝被烧断，则可能会损坏仪表或伤害到自己。为避免仪表或被测设备的损坏，进行电流测量之前，应先检查仪表的熔丝。测量时，应使用正确的输入插座、功能档和量程。当测试笔被插在电流输入插座上时，切勿把测试笔另一端并联跨接到任何电路上。

MS8215 型数字万用表的电流量程为 400.0μA、4000μA、40.00mA、400.0mA、4.000A 和 10.00A。

1）切断被测电路的电源。将全部高压电容放电。

2）将旋转开关转至 μA、mA 或 A 档位。

3）按黄色功能按钮选择直流电流或交流电流测量方式。

4）把黑色测试笔连接到 "COM" 输入插座。当被测电流小于 400mA 时将红色测试笔连接到 mA 输入插座；若被测电流在 400mA~10A 间，则将红色测试笔连接到 A 输入插座。

5）断开待测的电路。把黑色测试笔连接到被断开的电路（其电压比较低）的一端，把红色测试笔连接到被断开的电路（其电压比较高）的一端（把测试笔反过来连接会使读数变为负数，但不会损坏仪表）。

6）接上电路的电源，然后读出显示的读数。如果显示器只显示 "OL"，这表示输入超过所选量程，旋转开关应置于更高量程。

7）切断被测电路的电源。将全部高压电容放电。拆下仪表的连接并把电路恢复原状。

图 3-12 所示为实际测量电流图，其中图 3-12a 所示为测量大电流时档位和插孔位置，图 3-12b 所示测量小电流时档位和插孔位置。

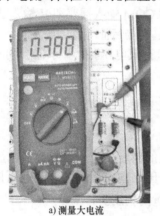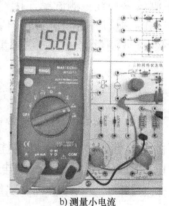

a)测量大电流　　b)测量小电流

图 3-12　实际测量电流图

3-19　MS8215 型数字万用表如何进行蜂鸣通断测试？

> **注意：** 为避免仪表或被测设备的损坏，在蜂鸣通断测试以前，应切断被测电路的所有电源，并将所有高压电容放电。

如果被测试电路是完整的，则内置蜂鸣器会发出蜂鸣声。进行以下通断测试（按照图 3-13 设定和连接仪表）：

1）将旋转开关转至"Ω ━┼╴∘))"档位。

2）按黄色功能键两次，切换到通断测试状态。

3）分别把黑色测试笔和红色测试笔连接到 COM 输入插座和 Ω 输入插座。

4）把测试笔另两端测量被测电路的电阻。

5）在通断测试时，当被测电路电阻不大于约 75Ω 时，蜂鸣器将会发出连续响声。

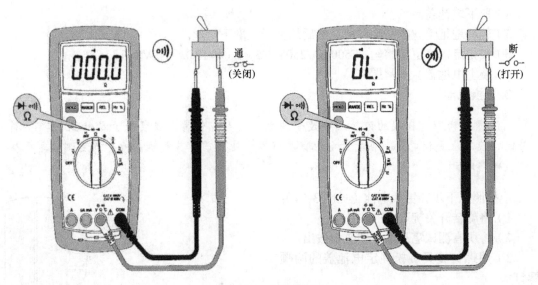

图 3-13 通断测试

3-20 MS8215 型数字万用表如何进行维护？

万用表的维修与保养需具有维修经验的专业人员完成，而且应具有相关的校准、性能测试以及维修资料，否则不要尝试去拆解与维修万用表。

1. 一般维护

注意：为避免受到电击或损坏仪表，不可弄湿仪表内部。在打开外壳或电池盖前，必须把测试笔和输入信号的连接线拆除。

定期使用湿布和少量洗涤剂清洁仪表外壳，请勿用研磨剂或化学溶剂。输入插座如果弄脏或潮湿则可能会影响读数。

清洁输入插座时需注意：

1）关闭仪表，并将所有测试笔从输入插座中拔出。

2）清除插座上的所有脏污。

3）用新的棉花球沾上清洁剂或润滑剂（例如 WD-40）。

4）用棉花球清理每个插座，润滑剂能防止和湿气有关的插座污染。

2. 更换熔丝

> **注意**：为避免受到电击或人身伤害，更换熔丝以前，必须断开测试笔与被测电路的连接，并且只能使用仪表指定规格的熔丝更换。

请按照以下步骤更换仪表的熔丝（见图 3-14）：

1）将旋转开关旋至 OFF 档位。

2）将所有测试笔从输入插座中拔出。

3）用螺钉旋具旋松固定电池盖的两颗螺钉。

4）取下电池盖。

5）轻轻地把熔丝的一端撬起，然后从夹子上取下熔丝。

6）按指定规格更换熔丝：F500mA/250V φ5×20 和 F10A/250V φ6.3×32。

7）装上电池盖，上紧螺钉。

3. 更换电池

> **注意**：为避免错误的读数而导致受到电击或人身伤害，仪表显示器出现"⊟⊞"符号时，应马上更换电池。在打开电池盖更换新电池之前，应关机并检查确定测试笔已从测量电路断开。

应按照以下步骤更换电池（见图 3-14）：

1）将旋转开关旋至 OFF 档位。

2）将所有测试笔从输入插座中拔出。

3）用螺钉旋具旋松固定电池盖的两颗螺钉。

4）取下电池盖。

5）拿走旧电池。

6）换上三节新的 7#（AAA）1.5V 电池。

7）装上电池盖，上紧螺钉。

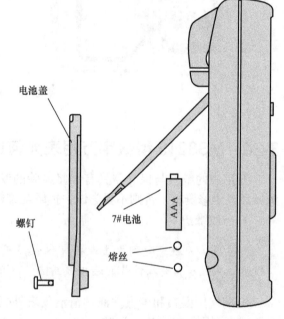

图 3-14　电池和熔丝的更换

3-21　MS8215 型数字万用表使用注意事项有哪些？

扫一扫，看视频

正确使用好数字万用表，是保证测量准确、安全、延长万用表使用寿命的前提。为此有以下几点注意事项，提醒读者在使用时予以注意：

1）在新购买数字万用表后，首先应仔细阅读其使用说明书，了解其技术性能和使用条件。数字万用表的测量准确度只有在满足测量条件（如环境温度）时才能达到，否则测量误差会增大。实际使用时尽量不超出规定的使用条件。

2）使用前应了解数字万用表的面板布置情况，弄懂各种文字和图形符号的意义，熟悉电源开关、转换开关、各种插孔的位置及作用，清楚测量不同物理量时应把表笔插在哪个插孔中，了解显示屏显示的内容和符号意义。

3）测量前，应对表笔及表笔线进行检查，表笔及表笔线应绝缘良好，无破损现象。应检查表笔位置是否插对，转换开关的位置是否正确，以确保仪表和测量人员的安全，防止发生安全事故。

4）数字万用表大多都有过载、短路保护，但也要操作正确，尽量避免误操作，以免损坏万用表。表笔插孔处标有"⚠"符号的，表示输入电压或电流不得超过所示极限值，否则将损坏仪表内部电路元件。有的表在插孔旁还标有"⚡"，提示操作者注意安全，防止触电。

5）对于有自动关机功能的数字万用表，当仪表停止使用或在某一档位停留超过一定时间（约为 15min）后，仪表将自动切断电源，进入低功耗的备用状态。此时液晶显示屏消隐，仪表不能测量。如果需要继续测量，则需按动两次电源开关才能恢复正常。

6）新型万用表还设有读数保持功能（HOLD），测量时，按下读数保持键，即可将显示的测量值保持下来，以便读取或记录。若发现刚开机时显示屏就显示某一固定数值且不随被测量变化，则有可能是误将读数保持键按下所致，此时只要松开此键即可进行正常测量。

7）测量时，如果出现只在最高位显示"1"其他位均消隐的情况，则说明仪表出现溢出现象。原因是量程选择不合适，应选择更高的量程进行测量。

8）每次测量使用完毕，应将转换开关置于 OFF 档或交流电压最高档，有电源开关的应关闭开关，以免浪费电能。保存时应将表存放在干燥、无尘、无强磁场、温度适宜的场所。避免高温、潮湿、低温、震动环境。长期不用时应取出电池，防止电池漏液腐蚀电路，损坏仪表。

3-22　MS8217 型数字万用表如何测量频率和占空系数？

> **注意：** 不可测量任何高于 1000V 直流或交流有效值的电压频率，以防遭到电击或损坏仪表。

频率是一个电压或电流信号 1s 完成的周期数。

仪表在进行交流电压或交流电流测量时可以测量频率或占空系数（负载因数）。

测量频率或占空系数步骤如下：

1）将仪表设在所需的功能（交流电压或交流电流），按"Hz%"键。

2）由液晶显示器读取交流电信号的频率值。

3）要测量占空系数，再按一下"Hz%"键。

4）由液晶显示器读取交流电信号的占空系数。

> **注意：** 在嘈杂环境里，测量小信号最好能使用屏蔽测试线进行测量。

3-23　MS8217 型数字万用表如何测量温度？

> **注意：** 不可在公共端和℃端施加 1000V 直流或交流有效值的电压，以防遭到电击或损坏仪表；不要测量带电超过 60V 直流或 24V 交流有效值的物体表面，以防遭到电击；不要在微波炉内测量温度，以防着火或损坏仪表。

测量温度步骤如下：

1）将旋转开关转至℃档位，液晶显示器将同时显示环境温度。

2）将 K 型热电偶按照正确极性插入到 COM 输入插座和℃输入插座里（也可通过多功能测试座插到插座里）。

3）用热电偶的测量端去测量待测物的表面或内部。

4）由液晶显示器读取测量值。

3-24 VC890C⁺ 型数字万用表如何使用？

扫一扫，看视频

下面说明 VC890C⁺ 型数字万用表的性能和使用方法。

VC890C⁺ 数字万用表设计先进、结构精良、功能齐全、精度高，可测量交直流电压、电流、电阻、电容、晶体管的 h_{FE} 参数、二极管等，并且具有自动极性显示和溢出显示，该表使用 CMOS 技术，具有过载保护功能。

VC890C⁺ 型数字万用表的面板如图 3-15 所示，该表前后面板主要包括液晶显示器、电源 OFF 开关、量程选择开关、h_{FE} 插口、输入插孔及在后盖板下的电池盒。

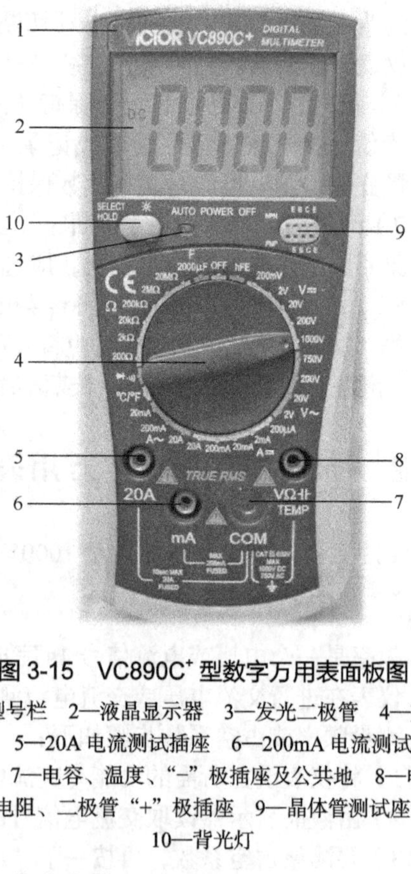

液晶显示器采用 FE 型大字号 12mm 高清晰度 LCD 液晶显示器，最大显示值为 1999 或 −1999，仪表具有自动调零和自动显示极性功能，即当被测电压或电流的极性错误时，不必改换表笔接线，而会在显示值前面出现负号 "−"，也就是说此时红表笔指低电位，黑表笔接高电位。

当叠层电池的电压较低时，显示屏的左上方显示低电压指示符号"⊞"，超量程时显示 "OL"，小数点由量程开关进行同步控制，使小数点左移或右移。

图 3-15 VC890C⁺ 型数字万用表面板图

1—型号栏 2—液晶显示器 3—发光二极管 4—旋钮开关 5—20A 电流测试插座 6—200mA 电流测试插座正端 7—电容、温度、"−"极插座及公共地 8—电压、电阻、二极管"+"极插座 9—晶体管测试座 10—背光灯

使用仪表时，搬到相应档位即可测量。测量完毕将开关恢复到原位（即 "OFF" 状态）以免空耗电池。

量程转换开关周围不同的黄、白颜色和分界线标出不同测量种类和量限。量程开关分为 28 个基本档和两个附加档，其中蜂鸣器和二极管测量为公用档，h_{FE}（晶体管放大倍数）采用八芯插座，分 PNP 和 NPN 两组。测试时，将晶体管的三个引脚插入相应的 E、B、C 孔内即可。

压电陶瓷蜂鸣片装在电池盒下面，当被检查的电路接通时，能同时发出声、光指示，面板上的半导体发光二极管发出红光。

输入插孔共有 4 个，分别标有 "20A" "mA" "V/Ω" 和 "COM"，在 "V/Ω" 与 "COM" 之间标有 "MAX 750V（AC），1000V（DC）"的字样，表示从这两个孔输入的交

流电压不超过 750V（有效值），直流电压不得超过 1000V，即测量电压、电阻时表笔插入这两个插孔。测电阻时插入"V/Ω"插孔表笔为电源高压端；插入"COM"端插孔的表笔为电源负端。测直流电压时，当"V/Ω"插孔引出的红表笔接被测端高电位时，显示测量数字为正，反之为负，另外在"mA"与"COM"之间标有"MAX 200mA"，表示输入的交、直流电流最大不超过200mA，若超过200mA小于20A，则可用"20A"与"COM"两插孔，其绝缘柱可耐受 1.5～3kV 高压。

仪表背面有电池盒盖板，可按指定方向拉出活动抽板，即可更换电池。为检修方便，表内装 0.2A 快速熔丝管。

3-25　VC890C⁺ 型数字万用表有哪些主要技术指标?

VC890C⁺ 型数字万用表的主要技术指标见表 3-13。

表 3-13　VC890C⁺ 型数字万用表的主要技术指标

测量项目	量程	分辨力	准确度（23±5）℃	满度压降或开路电压	输入电阻	过载保护
DC（V）（直流电压测量）	200mV	100μV	±（0.5%+3）		5MΩ	250VDC 或 AC 峰值，15s
	2V	1mV			10MΩ	1000V，DC 或 AC 峰值
	20V	10mV				
	200V	100mV				
	1000V	1V	±（0.8%+10）			
AC（V）（交流电压测量）（40~1kHz）	2V	1mV	±（0.8%+5）		10MΩ	1000V，DC 或 AC 峰值
	20V	10 mV				
	200V	100mV				
	750V	1V	±（1.2%+10）			
DC（A）（直流电流测量）	20μA	0.01μA	±（0.8%+10）	200mV		0.2A/250V 熔丝
	200μA	0.1μA				
	2mA	1μA				
	20mA	10μA				
	200mA	100μA	±（1.2%+8）			
	20A	10mA	±（2%+5）			20A/250V
AC（A）（交流电流测量）（40~1kHz）	20mA	10μA	±（1.0%+15）	200mV		0.2A/250V 熔丝
	200mA	100μA	±（2.0%+5）			
	20A	10mA	±（3.0%+10）			20A/250V
Ω	200Ω	0.1Ω	±（0.8%+5）	<700mV		250V，DC 或 AC 有效值
	2kΩ	1Ω	±（0.8%+3）			
	20kΩ	10Ω				
	200kΩ	100Ω				
	2MΩ	1kΩ				
	20MΩ	10kΩ	±（1%+25）			
C	2nF	1pF	±（5.0%+40）	测试信号频率为400Hz		36V 直流或交流峰值
	20nF/200nF	10pF/100pF	±（2.5%+20）			
	2 /20 /200（μF）	100nF				
	2000μF	1μF	±（5.0%+10）			
T	−20～1000℃	1℃	< 400℃ ±（1.0%+5） ≥ 400℃ ±（1.5%+15）			

另外，还有检查二极管及电路通断（蜂鸣器）、h_{FE} 测量等。

VC890C⁺ 采用 9V 叠层电池供电，整机功耗 30～40mW。

3-26　VC890C⁺ 型数字万用表如何测量交流和直流电压？

扫一扫，看视频

VC890C⁺ 型数字万用表使用时，检查电池电压，如果液晶显示屏上显示"⊞"，则说明电池电压过低，需要换新电池；如无，则可以测量操作。将黑表笔插入"COM"插孔，红表笔视测量不同参量，可插入"V/Ω"或"mA"及"20A"插孔，电池电压正常时可进行测试。

（1）DC 电压测量　①将黑表笔插入"COM"插孔，红表笔插入 V/Ω 插孔；② 将量程开关转至相应的 DC（V）量程上，然后将测试表笔跨接在被测电路上，红表笔所接的该点电压与极性显示在屏幕上。

> **注意：**①如果事先对被测电压范围没有概念，则应将量程开关转到最高的档位，然后根据显示值转至相应档位上；②如屏幕显示"OL"，则表明已超过量程范围，必须将量程开关转至较高档位上。

（2）AC 电压测量　①将黑表笔插入"COM"插孔，红表笔插入 V/Ω 插孔；②将量程开关转至相应的 AC（V）量程上，然后将测试表笔跨接在被测电路上。

> **注意：**①如果事先对被测电压范围没有概念，则应将量程开关转到最高的档位，然后根据显示值转至相应档位上；②如屏幕显示"OL"，则表明已超过量程范围，必须将量程开关转至较高档位上。

（3）DC 电流测量　①将黑表笔插入"COM"插孔，红表笔插入"mA"插孔中（最大为 200mA），或红表笔插入"20A"插孔中（最大为 20A）；②将量程开关转至相应 DC（A）档位上，然后将仪表的表笔串联接入被测电路中，被测电流值及红色表笔点的电流极性将同时显示在屏幕上。数字万用表测量直流电流过程中如果正、负表笔接反，则将显示测量结果为"-"。数字万用表使得测量直流电流时可不考虑电流的方向，这在电流方向不明确的情况下很方便，测量电流大小的同时也知道了电流的方向。

> **注意：**①如果事先对被测电流范围没有概念，则应将量程开关转至较高档位，然后按显示值转至相应档上；②如屏幕显示"OL"，则表明已超过量程范围，必须将量程开关转至较高档位上；③在测量 20A 时要注意测试时间不要超过 10s，连续测量大电流将会使电路发热，影响测量精度甚至损坏仪表。

（4）AC 电流测量　①将黑表笔插入"COM"插孔，红表笔插入"mA"插孔中（最大为 200mA），或红表笔插入"20A"插孔中（最大为 20A）；②将量程开关转至相应 AC（A）档位上，然后将仪表的表笔串联接入被测电路中。

> **注意：**①如果事先对被测电流范围没有概念，则应将量程开关转到最高的档位，然后按显示值转至相应档上；②如屏幕显示"OL"，则表明已超过量程范围，必须将量程开关转至较高的档位上；③在测量 20A 时要注意测试时间不要超过 10s，连续测量大电流将会使电路发热，影响测量精度甚至损坏仪表。在测量过程中转换量程开关时，应先将表笔脱出被测体后，再改变量程开关，然后继续测量，以免造成仪表损坏。

（5）电阻测量 ①将黑表笔插入"COM"插孔，红表笔插入"V/Ω"插孔；②将量程开关转至相应的电阻量程上，然后将两表笔跨接在被测电阻上。

注意：①如果电阻值超过所选的量程值，则会显示"OL"，这时应将开关转至较高档位上；当测量电阻值超过1MΩ以上时，读数需几秒时间才能稳定，这在测量高电阻时是正常的；②当输入端开路时，显示过载情形；③测量在线电阻时，要确认被测电路所有电源已关断及所有电容都已完全放电后才可进行；④不允许在通电回路中进行在线测量，测量前应将回路断电并使回路中大电容放电。

（6）电容测量 ①将红表笔插入"V/Ω"插孔，黑表笔插入"COM"插孔；②将量程开关转至相应之电容量程上，表笔对应极性（注意红表笔极性为"+"极）接入被测电容。

注意：①如果事先对被测电容范围没有概念，则应将量程开关转到最高的档位，然后根据显示值转至相应档位上；②如屏幕显示"OL"，则表明已超过量程范围，必须将量程开关转至较高的档位上；③在测试电容前，屏幕显示值可能尚未回到零，残留读数会逐渐减小，但可以不予理会，它不会影响测量的准确度；④大电容档测量严重漏电或击穿电容时，将显示一些数值且不稳定；⑤在测试电容容量之前，必须对电容充分地短路放电，以防止损坏仪表或测量不准。

（7）二极管及通断测量 二极管及电路通断检测用同一个档位。①测二极管时，红表笔插入"V/Ω"孔，接二极管正极，黑表笔插入"COM"孔，将量程开关转至"➤•))) "档，如果屏幕显示是"Ω"，则需要按一下"HOLD"键。使屏幕显示有二极管符号"➤"，红表笔接二极管正极，黑表笔接二极管负极，则测出数值为其正向压降；②将表笔连接到待测线路的两点，如果两点之间电阻值低于约30Ω，则内置蜂鸣器发声。

（8）温度测量 测量温度时，将热电偶传感器的冷端（自由端）负极插入"COM"插座，正极插入"V/Ω"插座中，热电偶的工作端（测温端）置于待测物上面或内部，可直接从屏幕上读取温度值，读数为摄氏度。

（9）三极管h_{FE}测量 ①量程置h_{FE}档；②按NPN或PNP管发射极、基极、集电极分类正确插入测试插座，万用表即可显示被测晶体管的h_{FE}值。

（10）自动断电锁存及背光开启 开机后，LCD屏有"AP0"符号出现，表示仪表处于自动关机状态，用户在15min内转动拨盘或仪表，百位及千位在15min内一直有数字在变动，仪表处于不关机状态，按住"HOLD"键开机，无"AP0"符号，仪表将处于不关机状态，循环短按"HOLD"键，打开或关闭"HOLD"功能，循环长按"HOLD"键，打开或关闭背光灯。

3-27 VC890C⁺型数字万用表使用时有哪些注意事项？

1）数字万用表不宜在高温高湿、易燃易爆和强磁场的环境下存放、使用仪表。注意防水、防尘、防摔。

2）使用湿布和温和的清洁剂清洁仪表外表，不要使用研磨剂及酒精等烈性溶剂。

3）数字万用表的交流电压档只能直接测量低频正弦波信号电压。

4）测量晶体管h_{FE}时，未考虑U_{be}的影响，因此测量值偏高，只能是近似值。

5）虽然数字万用表中有保护电路，但仍应绝对避免输入过载。

6）测量前，应确认测量项目、测量档等开关的位置是否正确。每次测量时，应确认量程是否正确。

7）更换电池或熔丝时，应切断电源开关，且注意熔丝应与原配熔丝相同。

8）如果长时间不使用，则应取出电池，防止电池漏液腐蚀仪表。

注意 9V 电池使用情况，当屏幕显示出"⊞"符号时，应更换电池，步骤如下：第一步，取下防震套，退出电池门；第二步，取下 9V 电池，换上一个新的电池，虽然任何标准 9V 电池都可使用，但为加长使用时间，最好用碱性电池；第三步，装上电池门。

3-28　VC890C⁺型数字万用表的故障如何排除？

当仪表不能正常工作时，表 3-14 可以帮助快速解决一般问题。

表 3-14　数字万用表的故障排除

故障现象	检查部位及方法
没显示	电源未接通； 换电池
⊞ 符号出现	换电池
显示误差大	换电池
电流档无指示	换熔丝

3-29　UT123D 型智能数字万用表的特点（外部结构）是什么？

UT123D 是一款智能型数字万用表，可根据输入信号自动识别功能档位及量程，有效降低了操作难度并提高了工作效率。EBTN 屏显示可使用户在最大角度获得清晰读数，产品符合安全标准，全功能防烧保护装置，确保用户在 CAT Ⅲ 600V 使用环境内安全操作。产品具备独特的外观设计和功能配置，是入门级人士或家庭用户适用的测量工具。

UT123D 智能型数字万用表的主要特点有以下几点：

1）开机瞬间自动供电电量检测，仪表顶部的 LED 亮绿色灯为正常状态；红色灯为超低电量，并发出声光提示。

2）开机后，可自动识别输入信号的测量界面（如电阻档、交 / 直流电压、电流等功能）。

3）在任意功能模式下，表笔插入电流输入孔均可自动切换进入电流功能测量。

4）NCV 通过智能 LED 色灯显示感应强弱，以绿色灯区分弱电场，红色灯区分超强电场。

5）进入 LIVE 模式，可快速识别工频网电的中性线、相线，并有声光提示。

6）其他功能误测保护，最大可承受 600V（30kVA）的能量冲击，并设置过电压、过电流报警提示。

7）配置大电容（4mF）测量功能。

8）大屏 EBTN LCD 读数显示，清晰度高，核心采用智能 ADC/ 模数转换器（3 次 /s）。

万用表中常用的电气符号如下：

⚡	高压警示	∼	AC 交流电压或电流
⏚	接地	⎓	DC 直流电压或电流
▣	双重绝缘	⚠	警告提示

3-30　UT123D 型智能数字万用表有哪些综合特性和按键功能?

1. 综合特性

LCD 显示:最大显示至 4099;

极性显示:自动正负极性显示;

过载显示:以"OL"或"-OL"显示;

耐撞击强度:可承受 1m 高度落地撞击;

电源供给:两节 AAA 1.5V 电池;

尺寸:130mm × 65mm × 28mm;

重量:约 137g(包括电池);

海拔高度:2000m;

操作温湿度:0 ~ 30℃(不大于 80%RH),30 ~ 40℃(不大于 75%RH),40 ~ 50℃(不大于 45%RH);

储存温湿度:-20 ~ +60℃(不大于 80%RH);

电磁兼容性:在 1V/m 的射频场下,总精度 = 指定精度 + 量程的 5%,超过 1V/m 以上的射频场没有指定指标。

2. 表盘结构

表盘结构如图 3-16 所示。

(1)LCD 显示区　测量数据及功能符号显示。

(2)功能按键

1)"NCV/LIVE"键:按下"NCV/LIVE"键可以在相应 NCV 和 LIVE 功能之间切换;长按此键或按一次"MODE"键可退出 NCV 和 LIVE 测量功能。

2)"Power/Mode"键:短按一次,进入手动选择量程功能;长按此键(约 2s)开机或者关机。

3)"HOLD"键:短按一次,进入读数保持测量模式,再按一次,退出读数保持测量模式。

(3)量程开关　测量功能档位的选择。

(4)VΩ　电压、电阻测量信号输入端口。

(5)mA/A　电流测量信号输入端口。

(6)公共端输入　公共端测量输入端口(COM)。

图 3-16　UT123D 型智能数字万用表表盘

1—LCD 显示区　2—功能按键　3—量程开关
4—"VΩ"输入端　5—"mA/A"输入端
6—公共端输入

扫一扫,看视频

3-31 UT123D 型智能数字万用表如何测量交流和直流电压？

1）将红表笔插入"VΩ"插孔，黑表笔插入"COM"插孔。

2）将功能量程开关置于交 / 直流电压测量档或智能量程档，并将表笔并联到待测电源或负载上，如图 3-17 所示。

3）从显示屏上读取测试结果。

a) 交流电压测量　　　　　　　　b) 直流电压测量

图 3-17　交 / 直流电压测量

注意：

1）不要输入高于 AC 600V 的电压。测量更高的电压是有可能的，但有损坏仪表的危险。

2）在测量高电压时，要特别注意避免触电。

3）被测电压 ≥ 30V 时，本仪表 LCD 显示高压警告提示符"⚡"，当测量电压 ≥ AC 600V 时仪表会自动发出报警声且高压报警提示符"⚡"会自动闪烁。

3-32 UT123D 型智能数字万用表 如何测量电阻？

1）将红表笔插入"VΩ"插孔，黑表笔插入"COM"孔。

2）将功能开关置于"Ω"测量档或智能量程档，并将表笔并联到被测电阻两端上。

3）从显示屏上读取测试结果，如图 3-18 所示。

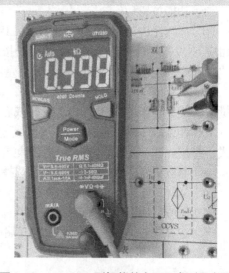

图 3-18　UT123D 型智能数字万用表测量电阻

注意：

1）当被测电阻开路或阻值超过仪表最大量程时，显示器将显示"OL"。

2）当测量在线电阻时，在测量前必须先将被测电路内所有电源关断，并将所有电容器放尽残余电荷，才能保证测量正确。

3）当表笔短路时的电阻值不小于 0.5Ω 时，应检查表笔是否有松脱现象或其他原因。

4）不要输入高于直流或交流 30V 以上的电压，避免伤及人身安全。

3-33　UT123D 型智能数字万用表如何进行导通检测？

1）将红表笔插入"VΩ"插孔 . 黑表笔插入"COM"插孔。

2）可设置在 ScAn 智能识别状态，如想手动模式，则选"Power/Mode"功能开关置于"$\circ$))"测量档，并将表笔并联到被测电路负载的两端。如果被测两端之间电阻 $< 30\Omega$，如图 3-19a 所示，则认为电路导通，蜂鸣器连续声响，电阻 $\geqslant 50\Omega$，蜂鸣器不发音。

扫一扫，看视频

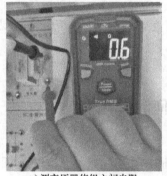 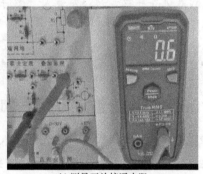

a) 测变压器绕组之间电阻　　　　b) 测量开关接通电阻

图 3-19　电阻为 0.6Ω 蜂鸣器响

注意：

1）当检查在线电路通断时，在测量前必须先将被测电路内所有电源关断，并将所有电容器放尽残余电荷。

2）不要输入高于直流或交流 30V 以上的电压，避免伤及人身安全。

测量开关触点间的接触电阻的方法是用数字万用表的电阻档，一支表笔接其开关的刀触点引脚，另一支表笔接其他触点引脚，让开关处于接通状态，如图 3-19b 所示，测阻值应在 0.6Ω 左右，如大于此值，则表明触点之间有接触不良的故障。

3-34　UT123D 型智能数字万用表如何测量二极管？

1）将红表笔插入"VΩ"插孔，黑表笔插入"COM"插孔。红表笔极性为"＋"，黑表笔极性为"－"。

2）将功能开关置于"$\rightarrow\mid$"测量档，从显示器上直接读取被测二极管的近似正向 pn 结结电压。对硅 pn 结而言，$500\sim 800$mV 确认为正常值。

3）从显示屏上读取测试结果，如图 3-20 所示。

扫一扫，看视频

a) 红表笔接"–"，黑表笔接"+"　　　　　　b) 红表笔接"+"，黑表笔接"–"

图 3-20　智能数字万用表测量二极管

注意：

1）当被测二极管开路或极性反接时，显示"OL"。

2）当测量在线二极管时，在测量前必须首先将被测电路内所有电源关断，并将所有电容器放尽残余电荷。

3）不要输入高于直流或交流 30V 以上的电压，避免伤及人身安全。

3-35　UT123D 型智能数字万用表如何测量电容？

1）将红表笔插入"VΩ"插孔，黑表笔插入"COM"插孔。

2）将功能置于"⊣⊢"档位，并将表笔并联到被测电容二端上，从显示屏上读取测试结果，如图 3-21 所示。

扫一扫，看视频

图 3-21　UT123D 型智能数字万用表测量电容

注意：

1）当被测电容短路或容值超过仪表的最大量程时，显示器将显示"OL"。

2）对于大于 400μF 电容的测量，需要一定的读数稳定时间，便于正确读数。

3）为了确保测量精度，建议电容在测试前将电容全部放尽残余电荷后再输入仪表进行测量，对带有高电压的电容更为重要，避免损坏仪表和伤及人身安全。

3-36　UT123D 型智能数字万用表如何测量交流和直流电流？

1）当将红表笔插入"mA/A"插孔时，自动识别交 / 直流电流档。

2）将红表笔插入"mA/A"插孔，黑表笔插入"COM"插孔，并将表笔串联到待测量的电源或者电路中，如图 3-22 所示。

3）从显示屏上读出测试结果。

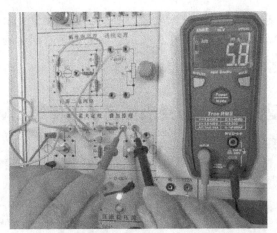

扫一扫，看视频

图 3-22　表笔串联到待测支路测量直流电流

注意：

1）在仪表串联到待测回路之前，必须先将回路中的电源关闭，并认真检查输入端子及其量程开关位置是否正确，确认无误后方可通电测量。

2）"mA/A"输入插孔输入过载或误操作时，会将内置熔丝熔断，须按规格更换熔丝。

3）电流档测试时，切勿把表笔并联到任何电压电路上，避免损坏仪表和危及人身安全。

4）当测量电流大于 5A 时，每次测量时间应小于 10s，时间间隔应大于 5min。

3-37　UT123D 型智能数字万用表如何对非接触交流电压感测 NCV？

NCV 感测端靠近插座或绝缘导线等带电电场时，LCD 显示"–"或"– –"横段，蜂鸣器发出滴滴声，同时绿色 LED 闪烁，如图 3-23 所示。随着测量电场强度的增大，LCD 显示的横段"– – – –"增多。蜂鸣器发声频率和绿色 LED 发光闪烁频率越高。

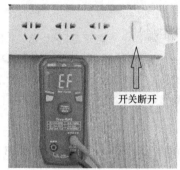

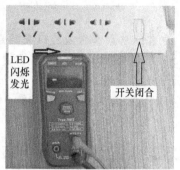

a) 开关断开无电场　　　　　　b) 开关闭合有电场

图 3-23　智能数字万用表电场感测

注意：

1）应采用 NCV 感测端点接近被测电场，否则会影响测量灵敏度。

2）当被测电场 ≥ 100V AC 以上电压时，应注意观察所测电场的导体是否绝缘，以避免伤及人身安全。

3-38　UT123D 型智能数字万用表如何检测相线 LIVE？

1）将功能量程切换到 LIVE 档位上。

2）将红表笔插入"VΩ"插孔，黑表笔拔离插孔（悬空），红表笔触及插座或裸线，区分相线或中性线，如图 3-24 所示。

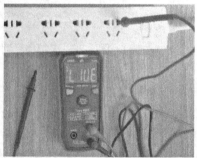

a) 检测中性线显示"－－－－"　　　　　b) 感测相线显示"LIVE"有声光 LED 提示

图 3-24　检测相线 LIVE

3）当检测中性线或无带电物体时，显示"－－－－"状态不变。

4）当感测到 >70V 的 AC 相线时，LCD 显示"LIVE"状态，并伴有声光 LED 提示。

注意：

1）在测量 LIVE 功能时，为避免 COM 输入端干扰电场对区分相线 / 中性线的准确性，请将黑表笔拔离 COM 端。

2）如遇密集的高压强电时，产品判断相线的准确度可能存在不稳定，应以 LCD 显示和结合对比发声频率来判断。

3-39　UT123D 型智能数字万用表有哪些其他功能？

1）自动关机：在测量过程中量程开关约在 15min 内均无拨动或功能按键按下时，仪表会自动关机以节能。在自动关机状态下，按下长按"Power/Mode"键重新开机。

2）关机状态下按住"HOLD"键后再上电开机，自动关机功能被取消，关机后重开则恢复自动关机功能。

3）蜂鸣器：按任何按键时，如果该功能按键有效，则蜂鸣器会发"Beep"一声（约 0.25s）。在测量电压或电流时，蜂鸣器也会间断性发出"Beep"声，以示超量程警示。

4）低电压检测：供电时检测电池电压，当低于约 2.5V 时，LCD 显示"▭"电池欠压符号。

3-40　UT123D 型智能数字万用表有哪些测试技术指标？

准确度：±（% 读数 + 字数），校准期为一年。

环境温湿度：$23 \pm 5℃$；$\leqslant 80\%RH$。

温度系数：准确度温度条件 $18\sim28℃$，环境温度波动范围稳定在 $\pm 1℃$ 内。当温度 $<18℃$ 或 $>28℃$ 时，附加温度系数误差 $0.1 \times$（指定准确度）$/℃$。

（1）直流电压　直流电压测试技术指标见表 3-15。

表 3-15　直流电压测试技术指标

量程	分辨率	准确度	过载保护
4V	0.001V	±（0.5% + 3）	600Vrms
40V	0.01V		
400V	0.1V		
600V	1V		

注：1. 输入阻抗 $\geqslant 10M\Omega$。

　　2. 最小识别电压约为 0.5V。

　　3. 准确度保证范围：1% ~ 100% 量程（手动选档模式下）。

（2）交流电压　交流电压测试技术指标见表 3-16。

表 3-16　交流电压测试技术指标

量程	分辨率	准确度	过载保护
4V	0.001V	±（1.0% + 5）	600Vrms
40V	0.01V	±（0.8% + 3）	
400V	0.1V		
600V	1V		

注：1. 输入阻抗 $\geqslant 10M\Omega$。

　　2. 最小识别电压约为 0.4V。

　　3. 电压频响：40 ~ 400Hz 显示真有效值。

　　4. 准确度保证范围：5% ~ 100% 量程（手动选档模式下）。

　　5. 交流波峰因素，非正弦波的交流波峰因素按以下增加误差：

　　　1）Add 3% 在波峰因素为 1 ~ 2；

　　　2）Add 5% 在波峰因素为 2 ~ 2.5；

　　　3）Add 7% 在波峰因素为 2.5 ~ 3。

（3）交流电流　交流电流测试技术指标见表 3-17。

表 3-17　交流电流测试技术指标

量程	分辨率	准确度	过载保护
999.9mA	0.1mA	±（1.2% + 3）	Fused
9.999A	0.001A		Fused

注：1. 最小识别电流约为 2mA。

　　2. 正弦波有效值，交流电流频响 40～400Hz。

　　3. 准确度保证范围：5%～100% 量程（手动选档模式下）。

　　4. 交流波峰因素，非正弦波的交流波峰因素按如下增加误差：

　　　1）Add3% 在波峰因素为 1～2；

　　　2）Add5% 在波峰因素为 2～2.5；

　　　3）Add7% 在波峰因素为 2.5～3。

（4）直流电流　直流电流测试技术指标见表 3-18。

表 3-18　直流电流测试技术指标

量程	分辨率	准确度	过载保护
999.9mA	0.1mA	±（1.0% + 3）	Fused
9.999A	0.001A		Fused

注：1. 最小识别电流约为 1mA。

　　2. 准确度保证范围：5%～100% 量程。

（5）导通测试　导通测试技术指标见表 3-19。

表 3-19　导通测试技术指标

量程	分辨率	准确度	过载保护
400Ω	0.1Ω	≤ 30Ω 蜂鸣器发声，≥ 50Ω 蜂鸣器不发声；开路电压约为 2.0V	600Vrms

（6）电阻　电阻测试技术指标见表 3-20。

表 3-20　电阻测试技术指标

量程	分辨率	准确度	过载保护
400Ω	0.1Ω	±（1.0% + 2）	
4kΩ	0.001kΩ		
40kΩ	0.01kΩ	±（0.8% + 2）	600Vrms
400kΩ	0.1kΩ		
4MΩ	1kΩ	±（1.5% + 3）	
40MΩ	10kΩ	±（2.0% + 5）	

注：1. 准确度保证范围：1%～100% 量程。

　　2. 400Ω 量程：被测值 = 测量显示值 – 表笔短路值。

　　3. 开路电压约 0.5V。

（7）二极管测试　二极管测试技术指标见表 3-21。

表 3-21 二极管测试技术指标

量程	分辨率	准确度	过载保护
4V	0.001V	开路电压约 3.9V, 可测量 PN 结的正向压降值。硅 PN 结正常电压值约为 0.5~0.8V 或 1.2V 左右	600Vrms

（8）电容 电容测试技术指标见表 3-22。

表 3-22 电容测试技术指标

量程	分辨率	准确度	过载保护
4nF	0.001nF	±（4.0% + 10）	
40nF	0.01nF		
400nF	0.1nF		
4μF	0.001μF	±（4.0% + 5）	600Vrms
40μF	0.01μF		
400μF	0.1μF		
4000μF	1μF	±（10%）	

注：电容测量档在开路状态下，可能有若干残余读数（最大不超 10 个字），测量读数值减去此值即可。

（9）NCV NCV 测试技术指标见表 3-23。

表 3-23 NCV 测试技术指标

量程	准确度
NCV	1）紧贴导线感测大于 50V 电压时，LCD 显示 "−" 并伴随绿色灯亮和声光提示； 2）紧贴导线感测大于 120V 电压时，LCD 显示 "− − −"，并伴随红色灯亮和声光提示 注：不同类型的插座设计或不同的市电线绝缘厚度可能会影响产品的测试结果。
绿色指示	LCD 显示 "−" 或 "− −"，绿灯闪烁，蜂鸣器发声
红色指示	LCD 显示 "− − −" 或 "− − − −"，红灯闪烁，蜂鸣器发声

（10）LIVE 功能 LIVE 测试技术指标见表 3-24。

表 3-24 LIVE 测试技术指标

量程	火线测量	准确度
LIVE	插座或相线触发电压 ≥ 70V AC（50Hz/60Hz）	1）开机前无检测显示状态，显示 "− − − −" 和 "AC" 符号； 2）当被测物体为中性线时，显示 "− − − −" 不变； 3）当感测到相线时，LCD 显示 "LIVE" 和 ⚠ 符号，并根据感应强度改变发声和 LED 发光闪烁频率，提示火线电压的强弱。
红色指示		LCD 显示 "LIVE" 红灯闪烁并伴随蜂鸣器发声

3-41 UT123D 型智能数字万用表如何进行保养和维护？

注意：在打开底盖前为避免电击，应移开测试表笔。

1）当仪表不使用时，应尽量关机，避免电池能量持续消耗。

2）一般维护：

① 本仪表的维修与服务必须由有资格的专业维修人员或指定的维修部门完成；

② 定期使用干布去清洁外壳，但不得使用含有研磨剂或溶剂成分的清洁剂。

3）电池更换或熔丝更换（见图3-25）。

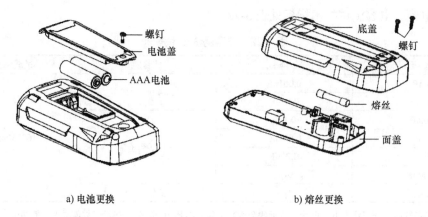

| 螺钉 |
| 电池盖 |
| AAA电池 |

底盖
螺钉
熔丝
面盖

a) 电池更换   b) 熔丝更换

图3-25 电池与熔丝更换

该万用表的电源为两节 AAA 1.5V 电池，应按下列顺序安装或更换电池；

1）关机并移开位于输入端之测试表笔。

2）将本产品面板朝下，并旋开电池盒螺钉，拔下电池盖，取出电池，按照极性指示安装新电池。

3）安装新的电池后，装上电池盖，并锁上螺钉即可。

4）如需更换熔丝，则直接将底壳螺丝打开，换上相同规格的熔丝 10A/600V 快熔式瓷管（Φ6×25）mm。

3-42 数字万用表检修时有哪些注意事项？

数字万用表的电路比较复杂，元器件数量和品种也比较多，检修前必须理解仪表电路原理，并看懂安装图、原理图与元器件实物之间的联系，以防对元器件的检测不当引发新的故障。

1. 详细了解故障产生原因

一般来讲，正常地使用数字万用表很少发生故障。故障多数是由于使用者的误操作，仪表在运输中受到剧烈振动，温度和湿度不符合仪表的范围等原因而引起的。了解故障相关情况对分析故障和寻找故障部位有重要作用，特别是对故障产生时仪表所处工作情况的详细了解更有必要。

除此以外，应了解该仪表是否曾经有过修理，曾发生过什么故障，更换过哪些元器件，电路是否被改动等，这对迅速判定故障部位也相当有利。

2. 切忌盲目拆卸

当发现数字万用表存在故障时，切忌盲目拆卸，应当认真细致地观察故障现象，必要时需改变量程转换开关。在不同工作状态下全面了解故障特征，以便做到对故障现象基本上有把握时，再进行拆卸检查。

3. 合理使用检修工具

1）注意焊接前应断开数字万用表的电源，以免因带电焊接损坏线路中的集成电路。

2）为避免电烙铁漏电损坏 CMOS 器件，电烙铁应有可靠的接地线，最好是电烙铁烧热之后拔掉电源，利用其余热进行焊接。

3）凡由交流电网供电的测试仪表，必须有良好的接地。

4）使用示波器时，探头的地端应与线路的公共地端相接，严防与非地端接触，以免造成短路故障。

4. 根据故障现象循序查找故障位置

1）直观检查。认真细致地观察是否有腐蚀、脱焊、断线或导线与元件之间相碰短路等现象，应排除此类机械性故障之后才进行下一步检查。

2）直觉检查。万用表通电后用手触摸元器件，检查有无过热现象。例如电源线过热，说明肯定有短路故障，问题主要是在电源回路中。另外，通过手的触觉也可用来检查有无松动、假焊或开路状态的元器件。

3）通过仪表测量检查。电路大致可分为电源部分、模拟电路部分、数字电路部分、显示部分等，再根据故障现象由大至小、由部分电路至具体元器件的工作点，以及输入输出波形等逐点测试寻找，将测量值与正常值进行比较，直至最后找到具体的故障点为止。

4）用替换法检查。对可疑的元器件进行更换，可以缩小故障范围。更换前必须代替元器件进行严格的测量，符合质量指标的元器件才可代入。另外，还应检测电源电压是否正常，负载是否短路，以免再次损坏替换的元器件。

3-43 数字万用表的常见故障如何检修？

数字万用表的常见故障分析及维修见表 3-25。

表 3-25 数字万用表常见故障分析及维修

故障部位	故障现象	故障检测	维修方法
显示屏	打开电源开关后无显示	1）检查 9V 叠层电池的引线是否失效损坏，电压是否太低；检查电池扣是否插好，有无接触不良或锈蚀现象； 2）检查 9V 叠层电池的引线是否断路，与印制电路板连接处的焊点是否脱焊； 3）检查电源开关是否损坏或接触不良； 4）检查 A-D 转换器（例如 ICL7106）引脚是否接触不良；管座焊点是否脱焊。另外，当与 A-D 转换器相连的印制电路板的敷铜板断裂时，也会引起不显示数字的故障，应根据具体电路进行仔细的检查，接通 A-D 转换器电路； 5）检查液晶显示器背电极是否有接触不良的现象； 6）检查液晶器老化时，通常表现为表面发黑	修复叠层电池供电电路，处理接触不良短路或漏电故障，更换损坏的液晶显示器等部件
	显示笔画不全	1）检查液晶显示器是否局部损坏； 2）检查 A-D 转换器是否损坏，可通过用示波器观察相应引脚的信号波形进行鉴别判断； 3）检查 A-D 转换器与显示器之间的引线是否断路	更换损坏的部件电路

（续）

故障部位	故障现象	故障检测	维修方法
显示屏	不显示小数点，即故障表现为仅小数点不能显示，而其他笔段均能正常显示	1）检查转换开关是否有接触不良的现象； 2）检查控制小数点显示的或非门电路是否损坏	排除故障的方法是更换损坏部件
	将两支表笔短路时显示器不为零，而且还跳字	1）分别检查两支表笔引线是否断路； 2）检查仪表测量输入端是否断路或锈蚀引起接触不良； 3）检查内置9V叠层电池的电压是否太低； 4）检查仪表使用场地的周围是否存在较强的干扰源	修复断路或接触不良部位，消除干扰信号或采取屏蔽措施，更换新电池
	低电压指示符号显示不正常	当换上新电池后，低电压符仍显示，或者在旧电池电压降至7V时，低压指示符仍不显示。此类故障大多是由控制低压指示符的"异或非"电路损坏，或是与其输入端相接的晶体管损坏，电阻严重变值、脱焊等原因引起	更换损坏元件
直流电压档和直流电流档	直流电压档失效	1）检查转换开关是否接触不良或开路； 2）检查直流电压输入回路所串联的电阻是否开路失效	修整转换开关触点，更换或接通串联电路
	直流电压测量显示值误差增大	造成这种故障的原因主要有两个：一是分压电阻的阻值变大或变小，偏离了标称值；二是转换开关有串档现象。应重点对这两个部位进行检查：①检查分压电阻的阻值是否与标称值相符；②检查转换开关是否有串档现象	清理或更换分压电阻，修复转换开关及其触点
	直流电流档失效	1）检查表内熔断管是否烧断； 2）检查限幅二极管是否击穿短路； 3）检查转换开关是否接触不良	通过更换同规格熔断管、二极管，清洗或更换转换开关
	直流电流测量显示误差增大	1）检查分流电阻的阻值是否变值； 2）检查转换开关是否有串档现象	更换同规格的分流电阻或修复转换开关
交流电压档	交流电压档失效	1）检查转换开关是否接触不良； 2）检查交流电压测量电路中的集成运算放大器是否损坏； 3）检查整流输出端的串联电阻是否有脱焊开路、阻值变大的现象； 4）检查整流输出端滤波电容是否击穿短路	清洗修复转换开关、重焊、更换元器件
	交流电压测量显示值跳字无法读数	1）检查后盖板屏蔽层的接地（COM端）引线是否断线或脱焊； 2）检查整流输出端的滤波电容是否脱焊开路或电容量消失； 3）检查交流电压测量电路的集成运算放大器是否损坏、性能变差。当该集成电路失调电压增大时，会引起严重跳字现象； 4）检查交流电压测量电路中的可调电阻是否损坏。当该可调电阻的活动触点接触不良时，会出现时通时断的故障，最终造成乱跳字而不能读数	恢复屏蔽层接地，接通或更换滤波电容器，更换损坏的运算放大器或更换电阻
	交流电压测量显示值误差增大	1）检查交流电压测量电路中的可调电阻是否变值； 2）检查AC/DC变换器电路中的整流元件是否损坏或性能变差	查明故障元件后，可进行更换、更新调整可调电阻

（续）

故障部位	故障现象	故障检测	维修方法
电阻档	电阻档失效	1）检查转换开关是否接触不良，这是引起电阻档失效的常见原因； 2）检查热敏电阻是否开路失效或阻值变大； 3）检查标准电阻是否开路失效或阻值变大； 4）检查过电压保护晶体管 c-e 极之间并联的电容（0.1pF）是否击穿短路或严重漏电； 5）检查与基准电压输出端串联的电阻是否断路或脱焊	修复或更换转换开关、热敏电阻、标准电阻、过电压保护电容器及基准电压输出电路串联的电阻
	电阻测量显示值误差增大	1）检查标准电阻的阻值是否变值； 2）检查测量输入电路部分是否有接触不良的现象； 3）检查测量转换开关是否接触不良	更换标准电阻、修理接触不良触点
二极管档及蜂鸣器档	二极管档失效	1）检查保护电路中的二极管及电阻是否损坏； 2）检查热敏电阻是否损坏； 3）检查分压电阻是否脱焊开路或失效； 4）检查转换开关是否接触不良	更换损坏的二极管、热敏电阻，更换或修复分压电阻、转换开关
	测量二极管时所显示的正向压降不正确	如果被测二极管良好，而仪表所显示值比正常值大很多，则说明二极管档出现了较大的测量误差。产生这一故障的原因一般是由于分压电阻超差变值、引脚与电路板焊点接触不良所致。应着重检查分压电阻是否失效，引脚焊点是否有虚焊现象	更换分压电阻，重焊虚焊点
	两表笔短接时蜂鸣器无声	1）检查压电蜂鸣器片是否有脱焊或损坏现象； 2）检查 200Ω 电阻档是否有故障（对蜂鸣器档与 200Ω 电阻档合用一个档的数字万用表而言）； 3）检查蜂鸣器振荡电路中是否有损坏的元件或有脱焊现象； 4）检查构成蜂鸣振荡器的集成电路是否损坏； 5）检查电压比较器（运算放大器）正向输入端所并联电阻是否有短路现象	更换损坏点元件，重焊脱焊点，处理电路短路点
h_{FE} 档	h_{FE} 档失效	1）检查 h_{FE} 插孔内部接线是否有断路现象； 2）检查 h_{FE} 插孔内是否有接触不良的现象 若 h_{FE} 插孔内部积聚灰尘，久而久之便形成一层氧化膜，最终便造成接触不良故障	清除 h_{FE} 插孔内的异物或接通内部断路点
	测量 h_{FE} 挡显示结果不正常	产生此故障的原因通常是由于设定基极电流的电阻（其一端接基极，另一端接电源）变值而引起的	根据仪表电路图所标参数更换合格的电阻，或者重新调整，使基极电流等于 10μA
自动关机电路	仪表不能自动关机	1）电解电容 C_1 开路或电容量消失； 2）单运放 T1061 损坏或性能不良； 3）电源开关或量程开关接触不良，有脱焊现象； 4）晶体管 VT_1、VT_2 损坏或性能不良	更换损坏的部件，修理接触不良的开关触点
	自动关机电路的供电时间过短（远小于 15min）	1）电解电容 C_1 严重漏电或电容量减小； 2）电阻 R_1 阻值变小。该电阻阻值变小后，会使 C_1 上的电荷很快放掉； 3）安装电阻 R_1（10MΩ）处的印制板存在漏电，使其放电时间大为缩短	更换性能不良元件或消除漏电现象
	自动关机电路的连续时间过长（远大于 15min）	这种故障大多是 R_1 阻值变大或接触不良造成的。当 R_1 阻值变大或接触不良时，C_1 的电荷只能缓慢地泄放，故连续供电时间大为延长	更换或重焊电阻 R_1

第4章
数字万用表检测电子元器件

4-1 怎样用数字万用表测量电阻？

扫一扫，看视频

电阻在使用前必须逐个检查，应先检查一下外观有无损坏、引线是否生锈、端帽是否松动。尤其是组装较复杂的电子装置时，由于电阻多，极易搞错。要检查电阻的型号、标称阻值、功率、误差等，还要从外观上检查一下引脚是否受伤，漆皮是否变色。最好用万用表测量一下阻值，将数字万用表的红表笔插入"VΩ"插孔，黑表笔插入"COM"插孔，之后将量程开关置于电阻档，再将红表笔与黑表笔分别与被测电阻的两个引脚相接，显示屏上便能显示出被测电阻的阻值，如图4-1所示，所测阻值为3.447 kΩ。显然，阻值比指针式万用表更为精确。测好后分别记下，并把它顺序插到一个纸板盒上，这样用时就不会搞错了。测量电阻时，注意手不要同时搭在电阻的两引脚上，以免造成测量误差。

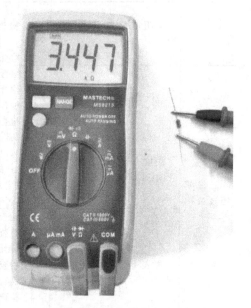

图4-1　用万用表测量电阻的方法

如果测得的结果为阻值无穷大，则数字万用表显示屏左端显示"1"（OL）或者"-1"，这时应选择稍大量程进行测试。必须指出，用数字万用表测量电阻时无需调零。

4-2 怎样用数字万用表在路测试电阻？

在路测试电阻的方法如图4-2所示。采用此方法测量印制电路板上电阻的阻值时，印制电路板不得带电（即断电测试），而且还应对电容等储能元件进行放电。通常，需对电路进行详细分析，估计某一电阻有可能损坏时，才能进行测试，此方法常用于维修中。

例如，怀疑印制电路板上的某一只阻值为10kΩ的电阻烧坏时，可以采用此方法。将数字万用表的量程开关拨至电阻档，在排除该电阻没有并联大容量的电容或电感等元件的情况下，把万用表的红、黑表笔并联在10kΩ电阻的两个焊点上，若指针指示值接近（通常是略低一点）10kΩ，如图4-2所示测量值为9.85kΩ，则可

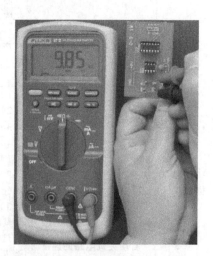

图4-2　万用表在路测试电阻

排除该电阻出现故障的可能性；若指示的阻值与 10kΩ 相差较大，则该电阻有可能已经损坏。为了证实，可将这只电阻的一个引脚从焊点上焊脱，再进行开路测试，以判断其好坏。

4-3　怎样用数字万用表测试光敏电阻？

扫一扫，看视频

1.万用表对光敏电阻暗阻的测试

光敏电阻可分为可见光光敏电阻、红外光光敏电阻、紫外光光敏电阻。常见的几种硫化镉光敏电阻如图 4-3a 所示，对光敏电阻暗阻测试方法如图 4-3b 所示。

暗阻是光敏电阻在一定外加电压下无光照时的电阻值。光敏电阻的暗阻阻值很大，通常为数 MΩ。因光敏电阻无极性，所以不必考虑表笔的极性，但需注意在测试时不可用手接触光敏电阻的引脚，以免减小阻值，造成测试误差。

为严密遮住光敏电阻，不让光线照射其入射窗口，可制作一个遮光筒，也可用黑布将光敏电阻盖严。如图 4-3b 所示，万用表测出的读数即为被测光敏电阻的暗阻阻值。

图 4-4 所示为用数字万用表检测光敏电阻暗阻的示意图，图中将光敏电阻放入黑色屏蔽布内，实测光敏电阻暗阻为 3.237MΩ。

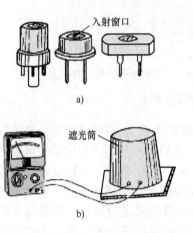

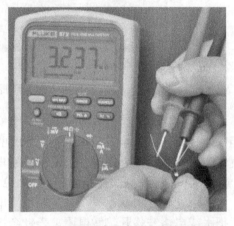

图 4-3　万用表对光敏电阻暗阻的测试　　　　图 4-4　数字万用表对光敏电阻暗阻的测试

2.万用表对光敏电阻亮阻的粗测

光敏电阻的亮阻是光敏电阻在一定外加电压和一定光照强度下的阻值。光敏电阻的亮阻阻值较小，常为几 kΩ 或几十 kΩ。万用表对光敏电阻亮阻的测试方法如图 4-5 所示，图中显示光敏电阻的亮阻为 17.96kΩ。

测试时，将光敏电阻的引脚与万用表表笔接牢，然后用灯光照射光敏电阻，此时万用表的读数即为光敏电阻的亮阻阻值。不同的光源照射时，被测光敏电阻的亮阻阻值不同。因此，此阻值仅是一个粗测值。如果将灯光移开，则光敏电阻的阻值将变大，但小于其暗阻阻值。由此也可判断出被测光敏电阻性能的好坏。

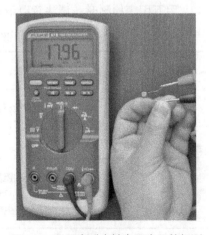

图 4-5　万用表对光敏电阻亮阻的粗测

4-4 怎样用数字万用表测试热敏电阻？

在选用热敏电阻时，应该挑选外表面光滑、引线不发黄锈的热敏电阻。对热敏电阻简易测试时，通常对它的几个比较重要的参数必须进行测试。

一般来说，由于热敏电阻对温度的敏感性高，所以不宜用指针式万用表来测量它的阻值，因为指针式万用表的工作电流比较大，流过热敏电阻时会因发热而使阻值改变。对电子爱好者来说，可以用数字万用表来检测，方法如图 4-6 所示。

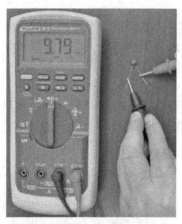 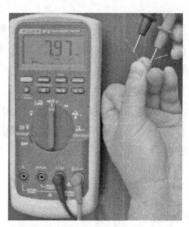

a) 负温度系数加热前阻值为9.79kΩ　　　　b) 负温度系数加热后阻值为7.97kΩ

图 4-6　用万用表粗测热敏电阻示意图

将数字万用表的档位开关拨到电阻档（视标称电阻定档位），用测试表笔分别连接热敏电阻的两只脚，如图 4-6a 所示，记下此时的阻值为 9.79kΩ。然后用手捏住热敏电阻，使它温度慢慢升高，观察万用表，会看到热敏电阻在逐渐减小。减小到一定数值时，指针停下来，如图 4-6b 所示，此时的阻值为 7.97kΩ，说明热敏电阻是负温度系数的。若气温接近体温，那么用这种方法就不灵了，这时可用电烙铁靠近热敏电阻进行加热，其阻值会明显下降。把手或电烙铁移开热敏电阻，表针会慢慢上升，最后回到原来的位置，这就可以证明此热敏电阻是好的。

用万用表检测时，请注意以下几点，见表 4-1。

表 4-1　万用表检测注意事项

万用表检测注意事项	如果用指针式万用表，那么电池必须是新换不久的，而且在测量前应调好欧姆零点
	一般用数字万用表检测。由于指针式万用表的电阻档刻度为非线性的，为减少误差，读数方法正确与否很重要。读数时，视线必须正对着表针，若表盘上有反射镜，则眼睛看到的表针应与镜里的影子重合
	热敏电阻上所标出的阻值叫标称阻值，它常常与万用表测出的读数不相等。这是因为热敏电阻的标称电阻值是在温度为 25℃ 的条件下，用专用的测量仪器测得的。而用万用表来测量，则有一定的电流通过热敏电阻产生热量，况且环境温度不可能正好是 25℃，所以不可避免产生误差

4-5 怎样用数字万用表对 NTC 功率热敏电阻进行测试？

NTC 功率热敏电阻是一种负温度系数热敏元件。为了避免电子电路中在开机的瞬间产生的浪涌电流，在电源电路中串接一只 NTC 功率热敏电阻，能有效地抑制开机时的浪涌电流，并且在完成抑制浪涌电流作用以后，由于通过其电流的持续作用，NTC 功率热敏电阻的电阻值将下降到非常小的程度，它消耗的功率可以忽略不计，不会对正常的工作电流造成影响，所以在电源回路中使用 NTC 功率热敏电阻是抑制开机时的浪涌，以保证电子设备免遭破坏的最为简便而有效的措施。MF72 型 NTC 功率热敏电阻的实物图如图 4-7 所示。MF11、MF12 补偿型 NTC 热敏电阻如图 4-8 所示，用于一般精度的温度测量和计量设备、电路中的温度补偿。

扫一扫，看视频

图 4-7 MF72 型 NTC 功率热敏电阻

图 4-8 MF11、MF12 补偿型 NTC 热敏电阻

家用电器由于开机电流冲击而导致的故障较多，为解决这一问题，在家用电器中常用一种软起动元件 NTC 功率热敏电阻，它是一种负温度系数热敏元件，一般可以通过 1~10A 的电流。图 4-9a 所示为负温度系数加热前阻值测试方法示意图。将数字万用表量程开关拨至电阻档，测出它的阻值，从图中可见阻值为 5.7Ω。

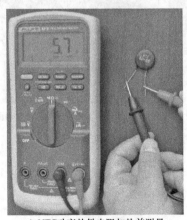

a) NTC 功率热敏电阻加热前测量

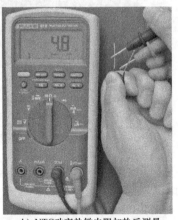

b) NTC功率热敏电阻加热后测量

图 4-9 NTC 功率热敏电阻测试方法

然后用手捏着 NTC 热敏电阻，测量加温以后的阻值为 4.8Ω，如图 4-9b 所示。说明 NTC 功率热敏电阻是一种负温度系数热敏元件。根据其型号对照所测阻值是否在规定范围

内。若阻值很大，则是有开路故障；若阻值为 0，则是有短路故障。

为了证实判断是否正确，可将 NTC 功率热敏电阻如图 4-10 所示搭接在一个灯泡电路中，正常时接通电源后，灯泡由暗变亮。

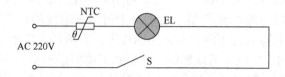

图 4-10　NTC 功率热敏电阻在电路中的测试

4-6　怎样用数字万用表对 PTC 功率热敏电阻进行测试?

PTC 功率热敏电阻是一种正温度系数热敏元件，常作为无触点开关元件，普遍应用于电冰箱的起动电路中，具有起动时无接触电弧、无噪声、起动性能可靠等优点。但是若 PTC 功率热敏电阻出现故障，就有可能烧毁压缩机的主绕组，或是主、副绕组同时烧坏。用数字万用表对 PTC 功率热敏电阻的测试方法如图 4-11 所示。

将数字万用表的量程开关拨至电阻档，室温接近 25℃时最好。红、黑表笔分别与 PTC 功率热敏电阻的两个引脚相接（因 PTC 功率热敏电阻无极性，所以可任意连接），其阻值为 238.4Ω，如图 4-11a 所示。将万用表的读数与热敏电阻的标称值进行做比较，若误差不超过 20%，则此热敏电阻是正常的。

扫一扫，看视频

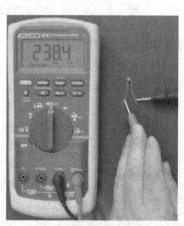

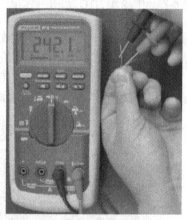

a) PTC 功率热敏电阻加热前测量　　　　b) PTC 功率热敏电阻加热后测量

图 4-11　万用表对 PTC 功率热敏电阻的测试

然后用手捏着 PTC 热敏电阻，测量加温以后的阻值为 242.1Ω，如图 4-11b 所示，说明 PTC 功率热敏电阻是一种正温度系数热敏元件。

4-7　怎样用数字万用表对电位器进行测试?

用数字万用表测试电位器时，首先测量电位器的两端，即 1-3 端，如图 4-12a 所示，测量的电位器数据是 97.6Ω（标称值 100Ω）。再用表笔测量 1 端和中心抽头 2 端，阻值为 53.1Ω，如图 4-12b 所示。然后测量 2 端和 3 端，阻值为 46.8Ω，如图 4-12c 所示。

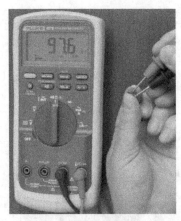

a) 测量电位器的两端

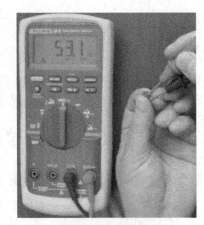

b) 测量1-2端，阻值为53.1Ω

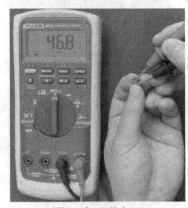

c) 测量2-3端，阻值为46.8Ω

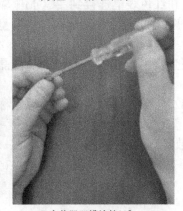

d) 电位器凹槽旋转90°

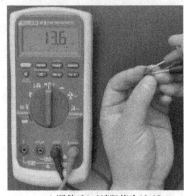

e) 调整后1-2端阻值为13.6Ω

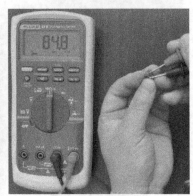

f) 调整后2-3端阻值为84.8Ω

扫一扫，看视频

图 4-12 电位器及其测试方法

用螺钉旋具旋转电位器凹槽 90°，如图 4-12d 所示。此时再分别测量 1-2 端阻值为 13.6Ω（见图 4-12e），2-3 端阻值为 84.8Ω（见图 4-12f），说明电位器是好的。

4-8 怎样用数字万用表对小容量电容进行测试?

> **注意:** 为避免仪表或被测设备的损坏,在测量电容以前,应切断被测电路的所有电源并将所有高压电容放电,用直流电压功能档确定电容均已被放电。

电容是元件储存电荷的能力。电容的单位是法拉(F),大部分电容的值是在纳法(nF)到微法(μF)之间。MS8215 数字万用表是通过对电容的充电(用已知的电流和时间),然后测量电压,再计算电容值。每一个量程的测量大约需要 1s 的时间。电容的充电可达 1.2V。

MS8215 数字万用表测量电容时,请按以下步骤进行:

1)将旋转开关转至"⊣⊢"档位。

2)分别把黑色表笔和红色表笔连接到"COM"输入插座和"⊣⊢"输入插座(也可使用多功能测试座测量电容)。

3)用表笔另两端测量待测电容的电容值并从液晶显示器读取测量值。

图 4-13 所示为 MS8215 数字万用表实际测量标称值为 47nF 无极性电容示意图。

另外,FLUKE87V 数字万用表测量电阻和电容在一个档位,测量电容时,需按下黄色按键,如图 4-14 所示。

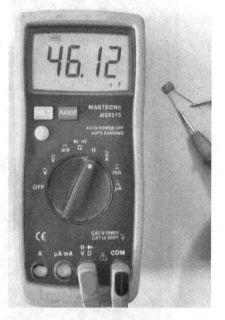

图 4-13 MS8215 数字万用表实际测量无极性电容图

扫一扫,看视频

a)转换前在电阻档

b)按下黄色键后在电容档

图 4-14 FLUKE87V 数字万用表电阻和电容转换按键

档位转换后在电容档就可以测量电容了，如图 4-15 所示。

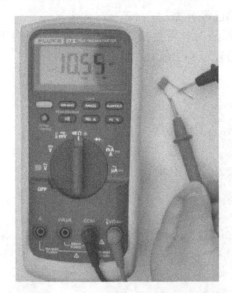

图 4-15　FLUKE87V 数字万用表测量电容

4-9　怎样用数字万用表检测电解电容？

用数字万用表检测电解电容的方法与普通固定电容一样，如图 4-16 所示。具体操作方法是将数字万用表调至测量电容档，将待测电容直接连接到红、黑两个表笔进行测量，注意被测电容的正极接红表笔、负极接黑表笔。从液晶显示屏上直接读出所测电容的读数，即为所测电容的容量值，图中测量的电容值为 21.4μF。一般数字万用表只能检测 0.02 ~ 100μF 之间的电解电容。

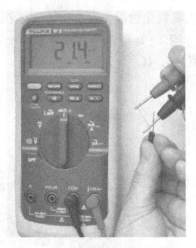

扫一扫，看视频

图 4-16　测电解电容的电路图

4-10　如何用数字万用表对电感的好坏进行测试？

在家用电器的维修中，如果怀疑某个电感有问题，通常是用简单的测试方法来判断它的好坏，图 4-17 所示为磁环电感通断测试，可通过数字万用表来进行，从图中看出磁环电感的电阻值为 0.4Ω。首先要将数字万用表的量程开关拨至电阻档"通断蜂鸣"符号处，用红、黑表笔接触电感器两端，如果阻值较小，表内蜂鸣器则会鸣叫，表明该电感可以正常使用。

当怀疑电感在印制电路板上开路或短路时，在断电的状态下，可利用万用表测量电感 L_x 两端的阻值。一般高频电感的直流内阻在零点几到几欧姆之间；低频电感的内阻在几百欧姆至几千欧姆之间；中频电感的内阻在几欧姆到几十欧姆之间。测试时要注意，有的电感圈数少或线径粗，直流电阻很小，这属于正常现象（可用数字万用表测量），当阻值很大或为无穷大时，表明该电感已经开路。

当确定某只电感确实断路时，可更换新的同型号电感。由于电感长时间不用，引脚有可能被氧化，这时可用小刀轻轻刮去氧化物，如图 4-18 所示。

扫一扫，看视频

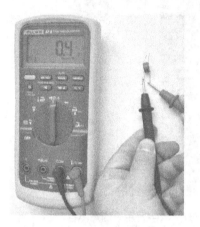

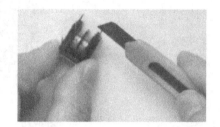

图 4-17　万用表对磁环电感好坏的测试　　　图 4-18　小刀轻轻刮去引脚氧化物

刮去电感引脚氧化物后，用数字万用表测量电感直流电阻阻值，观察是否符合要求，如图 4-19 所示，图 4-19a 所示为测量电感一次线圈阻值为 112.4Ω，图 4-19b 所示为测量电感二次线圈阻值为 1.0Ω。

扫一扫，看视频

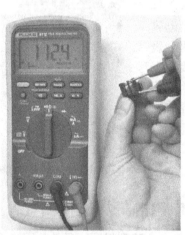

a) 测量电感一次线圈阻值为112.4Ω　　　　b) 测量电感二次线圈阻值为1.0Ω

图 4-19　用数字万用表测量电感

4-11　如何用数字万用表检测变压器的绝缘性能？

电源变压器的绝缘性能可用万用表的电阻档或用兆欧表（摇表）来测量。电源变压器在正常时,其一次绕组与二次绕组之间、铁心与各绕组之间的电阻值均为无穷大∞,检测绕组与铁心之间的绝缘电阻时,一支表笔接变压器外壳,另一支表笔接触各线圈的一根引线,如图 4-20 所示。若测出两绕组之间或铁心与绕组之间的电阻值小于 10MΩ,则说明该电源变压器的绝缘性能不良,尤其是阻值小于几百欧时表明绕组间有短路故障。

扫一扫,看视频

图 4-20 测量绝缘电阻示意图

4-12 如何用数字万用表检测变压器的绕组阻值?

检测变压器绕组阻值主要包括对一次绕组、二次绕组自身阻值的检测、绕组与绕组之间绝缘电阻的检测、绕组与铁心或外壳之间绝缘电阻的检测三个方面,在检测变压器绕组阻值之前,应首先区分待测变压器的绕组引脚,将万用表的量程旋钮调至电阻档,红、黑表笔分别搭在待测变压器的一次侧绕组两引脚上,如图 4-21a 所示。然后将红、黑表笔分别搭在待测变压器的二次侧绕组两引脚上,如图 4-21b 所示。观察万用表显示屏,在正常情况下一次和二次绕组都应有一个固定值。若实测阻值为无穷大,则说明所测绕组存在断路现象。如实测阻值为零,则说明所测绕组存在短路现象。

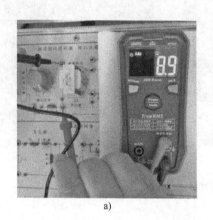

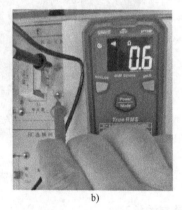

扫一扫,看视频

a)   b)

图 4-21 变压器绕组阻值的检测方法

4-13 如何用数字万用表对扬声器进行检测?

1. 扬声器阻抗的测量

采用万用表检测扬声器也只是粗略的,主要是用 $R \times 1\Omega$ 档测量扬声器两引脚之间的直流电阻大小。

1)正常时应比铭牌上扬声器的阻抗略小一些,如一只 8Ω 的扬声器,测量的直流电阻为 7Ω 左右是正常的,并且在表棒接通瞬间能听到扬声器发出的"喀啦"响声。

2)如果测量的电阻远大于几欧姆,则说明扬声器已经开路。如果测量的电阻为零欧姆,则说明扬声器已经短路。

2. 扬声器正、负极的判定

首先将万用表置于直流 0～5mA 档，两表笔分别接在扬声器的两个焊片上。再用手轻按扬声器的纸盆，同时观察万用表指针的摆动方向。若指针反向偏转，则表明红表笔接的是扬声器正极、黑表笔接的是扬声器负极。反之，红表笔接负极、黑表笔接正极。

3. 扬声器性能的检测

将万用表置于 $R \times 1\Omega$ 档，断续测量扬声器的音圈电阻，同时听纸盆发出的振动声。振动声越大，则扬声器电声转换效率越高；振动声越清脆，扬声器音质越好。

4-14 如何用数字万用表对传声器进行检测?

1. 双声道传声器好坏的检测

将万用表置于电阻档，表笔一端分别接传声器输出端的左声道（信号输出线）或右声道，另一端表笔接传声器输出端的屏蔽网金属部分，测得阻值均为 $1.46k\Omega$，如图 4-22 所示。此时万用表应显示 $500\Omega \sim 3k\Omega$ 的阻值。若阻值为 0 或接近 0，则说明传声器有短路故障，若测得的阻值为 ∞，则说明有开路故障，如测得的阻值超出上面所述范围，则表明传声器的性能变差，或已经不能使用。

扫一扫，看视频

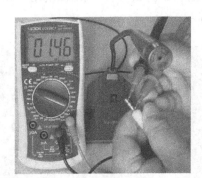
a) 左声道

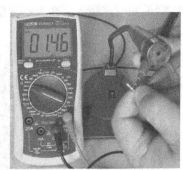
b) 右声道

图 4-22　传声器好坏的检测

2. 传声器灵敏度的检测

如图 4-23 所示，将万用表置于电阻档，表笔一端接传声器的信号输出端（芯线），表笔另一端接传声器的公共端（传声器屏蔽线），接好电路后，此时万用表有一个阻值，然后对着传声器讲话，或向传声器吹一口气，给传声器一个声压，此声压信号经放大后，阻值有明显的摆动，其摆动范围越大，说明传声器灵敏度越高，若阻值摆动较小，则表明传声器灵敏度较低。若对着传声器讲话时阻值无反应，则表明传声器不能使用。

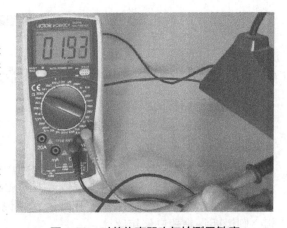

图 4-23　对着传声器吹气检测灵敏度

4-15　如何用数字万用表对耳机进行检测？

1. 单声道耳机的检测

单声道耳机有两个引出点，检测单声道耳机（耳塞机）时，可将万用表置电阻档，两支表笔分别断续接耳机引线插头的地线和芯线，此时，若能听到耳机发出"喀喀"声，则表明耳机良好。如果表笔断续触碰耳机输出端引线时耳机无声，听不到"喀喀"声，则表明耳机不能使用，有开路故障或性能不良。当对两侧或两副以上耳机同时进行同种方法的检测时，其声音较大者灵敏度较高，在检测中如果出现有失真的声音，则表明有音圈不正或音膜损坏变形的故障。

2. 双声道耳机的检测

双声道耳机有三个引出点，插头顶端是公共点，中间的两个接触点分别接左、右声道触点。用万用表电阻档测量耳机音圈的直流电阻，将万用表的任一表笔接触插头的公共端（地线），另一表笔分别接触耳机插头的两个芯线，正常时，相应的左声道或右声道耳机会发出较清脆的"喀喀"声，且两声道耳机的阻值应对称。

若测量时耳机无声，则说明相应的耳机有音圈开路或连接引线断裂、耳机内部脱焊等故障。若万用表指示阻值正常，但耳机发声较轻，则说明该耳机性能不良。

4-16　如何用数字万用表测量整流二极管？

用数字万用表测量二极管实例如图 4-24 所示。将数字万用表置于二极管档位，黑色测试笔和红色测试笔分别连接到被测二极管的负极和正极，数字万用表显示被测二极管的正向偏压为 0.5779V。如果测试笔极性反接，则仪表将显示"1"，表示不通。

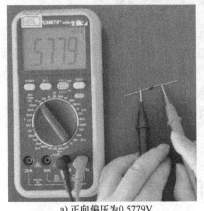
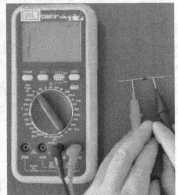

a) 正向偏压为 0.5779V　　　　b) 反向偏置显示"1"

图 4-24　实际测试二极管

4-17　如何用数字万用表对硅整流桥进行检测？

在整流电路中，经常会使用一些由多只二极管组合而成的桥堆，如半桥硅整流堆与全桥硅整流堆，如图 4-25 所示。

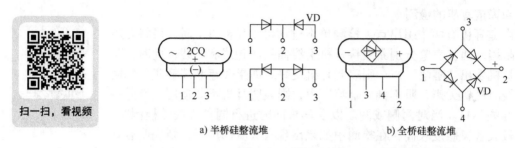

a) 半桥硅整流堆   b) 全桥硅整流堆

图 4-25　半桥硅整流堆与全桥硅整流堆

　　硅整流桥也称为全波桥式整流器，它是将 4 只硅整流二极管接成桥路形式，再用塑料封装而成的半导体器件。它具有体积小、使用方便、各整流管参数的一致性好等优点，可广泛用于单相桥式整流电路。整流桥有 4 个引出端，其中交流输入端、直流输出端各两个。部分全波桥式整流器（硅整流桥）的实物图如图 4-26 所示。

图 4-26　全波桥式整流器（硅整流桥）的实物图

　　图 4-27a 所示为进口 PM104M 型 1A/400V 整流桥的外形，图 4-27b 和 c 分别是国产 QSZ2A/50V、MB25A/800V 整流桥的外形。以 QSZ2A/50V 为例，该器件在环境温度 T_A = 25℃的条件下，最大整流电流的平均值为 2A，最高反向工作电压为 50V。小功率整流桥可直接焊在印制板上，大、中功率整流桥需用螺钉固定，并且要加散热器。

　　整流桥的内部电路如图 4-28 所示，可仿照检测半导体二极管的方法来判断其好坏。

图 4-27　几种整流桥的外形   图 4-28　整流桥的内部电路

　　实例：将 MF30 型万用表拨至 $R \times 1k\Omega$ 档，依次测量 QSZ2A/50V 整流桥 a、b、c、d 端之间的正、反向电阻，数据见表 4-2。因为测出的正向电阻较小而反向电阻均很大，证明被测整流桥的质量良好。

表 4-2　测量整流桥的数据

测量端	正向电阻 /kΩ	反向电阻
a～c	10	∞
a～d	10	∞
b～c	9.5	∞
b～d	11	∞

4-18　如何用数字万用表测量发光二极管？

　　首先，将数字万用表置于"二极管"档，把红表笔接发光二极管的正极，黑表笔接负极，此时不仅显示屏显示 1.655V 左右的数值，而且发光管可以发出较弱的光，此时，调换表笔后发光管不能发光，万用表的显示屏显示的数值为"OL"，即反向截止阻值变为无穷大，说明被测的发光管是正常的，如图 4-29 所示。若阻值异常或发光管不能发光，则说明该发光二极管已损坏。

扫一扫，看视频

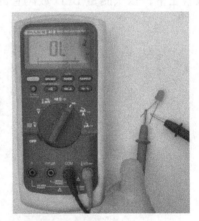

图 4-29　数字万用表测量发光二极管

4-19　如何用数字万用表检测 LED 数码管？

　　LED 数码管正常发光时，每段工作电流为 5～10mA，每段极限工作电流 20mA，全部笔画点亮时的电流为 35～70mA，正向电压 U_F < 2V。LED 数码管的发光颜色大多为红色，也有绿色、橙色的。

　　测量方法一：图 4-30 所示为利用数字万用表的 h_{FE} 插口检查 LED 数码管的方法示意图。将数字万用表的选择开关拨到 NPN 档，这时其 C 孔带正电，E 孔带负电。例如，检查共阴极 LED 数码管，从数字万用表的 E 孔插进一根单股导线，与 LED 数码管的⊖极相接；再从 C 孔引出一根导线，依次接触 LED 数码管的各笔画引脚，便可分别显示出所对应的数码笔画。如图 4-30 所示，将 1、4、5、6、7 脚短接后，再与 C 孔的引出线接通，则显示"2"字。把 A～G 全部接正电源，就可显示出全部笔画，构成一个数字"8"。若是发光暗淡，则说明 LED 数码管已经老化，发光效率低；如果显示的笔画残缺不齐，则表明器件局部损坏。

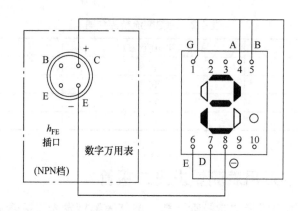

图 4-30　数字万用表检测 LED 数码管法一

测量方法二：将数字万用表置于"二极管"档，如图 4-31 所示。把红表笔接在发光二极管正极一端，黑表笔接在负极的一端，若万用表的显示屏显示 1.8V 左右的数值，并且数码管相应的笔段发光，即图 4-31a 中 B 段发光，图 4-31b 中 G 段发光，说明被测数码管笔段内的发光二极管正常，依次测量 LED 数码管的各笔段引脚。否则，说明该笔段内的发光二极管已损坏。

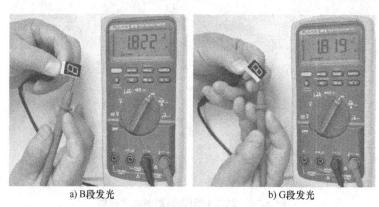

a) B段发光　　　　　　　　　　　b) G段发光

图 4-31　数字万用表检测 LED 数码管法二

值得一提的是，不允许用电池去直接检查 LED 数码管的发光情况，这是因为在没有限流措施的情况下，极易造成 LED 数码管损坏。

4-20　如何用数字万用表判定晶体管的类型？

晶体管类型有 npn 型和 pnp 型，晶体管的类型检测使用二极管测量档。检测时，将档位选择开关置于二极管测量档，然后红、黑表笔分别接晶体管任意两个引脚，同时观察每次测量时显示屏显示的数据，以某次出现显示 0.7V 左右内的数字为准，红表笔接的为 p，黑表笔接的为 n。

实际测量过程一：首先将档位选择开关拨至二极管测量档。其次将红表笔接晶体管中间的引脚，黑表笔接晶体管下边的引脚，观察显示屏显示的数据为 0.699V，该检测过程如图 4-32a 所示。

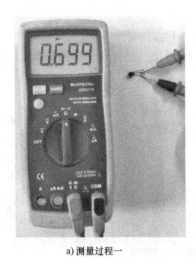 

扫一扫，看视频

a) 测量过程一　　　　　　　　　　b) 测量过程二

图 4-32　晶体管类型的检测

实际测量过程二：红表笔不动，将黑表笔接晶体管上边的引脚，观察显示屏显示的数据为 0.698V，则现黑表笔接的引脚为 n，该晶体管为 npn 型晶体管，红表笔接的为基极，该检测过程如图 4-32b 所示。如果显示屏显示溢出符号"1"，则现黑表笔接的引脚为 p，被测晶体管为 pnp 型三极管，黑表笔第一次接的引脚为基极。

4-21　如何用数字万用表检测晶体管的好坏?

晶体管好坏检测主要有以下几步：

检测晶体管集电结和发射结（为两个 pn 结）是否正常。晶体管中任何一个 pn 结损坏都不能使用，所以晶体管检测先要检测两个 pn 结是否正常。

检测时，档位选择开关置于二极管测量档，分别检测晶体管的两个 pn 结，每个 pn 结正、反各测一次，如果正常，则正向检测每个 pn 结（红表笔接 p、黑表笔接 n）时，显示屏显示 0.7V 左右内的数字，反向检测每个 pn 结时，显示屏显示溢出符号"1"或"OL"。

实际测量 npn 型晶体管两个 pn 结如图 4-33 所示。图 4-33a 所示为检测晶体管集电结正、

a) 检测晶体管集电结正、反情况的示意图

图 4-33　检测晶体管两个 pn 结正、反情况的示意图

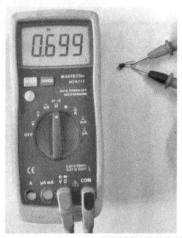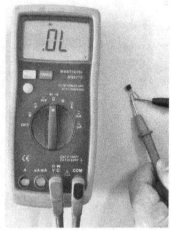

b) 检测晶体管发射结正、反情况的示意图

图 4-33　检测晶体管两个 pn 结正、反情况的示意图（续）

反情况的示意图。图 4-33b 所示为检测晶体管发射结正、反情况的示意图。由图中检测显示可以看出，此晶体管是好的。

4-22　如何用数字万用表测量晶体管直流放大系数？

数字万用表测量晶体管直流放大系数时，不用接表笔，转动测量选择开关至"h_{FE}"档位，将被测晶体管插入晶体管插孔，LCD 显示屏即可显示出被测晶体管的直流放大系数。

将 npn 型晶体管插入对应的 E、B、C 三个插孔，如图 4-34 所示。图 4-34a 是用 DT9205 型数字万用表测量晶体管直流放大系数的示意图，图 4-34b 是 DT9205 型数字万用表档位选择示意图。

扫一扫，看视频

扫一扫，看视频

a) 晶体管直流放大系数

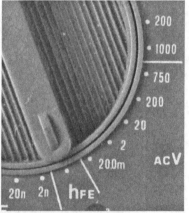

b) 档位选择示意图

图 4-34　用 DT9205 型数字万用表测量晶体管直流放大系数

由于半导体材料具有热敏性，所以在测量晶体管直流放大系数时注意要将手离开晶体管，否则会影响测量的准确性。

4-23　如何用数字万用表检测达林顿晶体管？

由于达林顿管的 b、c 极间仅有一个 pn 结，所以 b、c 极间应为单向导电性，而 be 结上有两个 pn 结，因此可以通过这些特性很快确认引脚功能。

参见图 4-35，首先假设 TIP127 的一个引脚为基极，随后将万用表置于二极管档，用黑表笔接在假设的基极上，再用红表笔分别接另外两个引脚。若显示屏显示数值分别为 0.887、0.632，则说明假设的引脚就是基极，并且数值小时红表笔接的引脚为集电极，数值大时红表笔所接的引脚为发射极，同时还可以确认该管为 pnp 型达林顿管。如果将红表笔在假设 TIP127 的基极上连接，而黑表笔分别接另外两个引脚，则测量的结果均为"OL"不通，说明此管是好的。

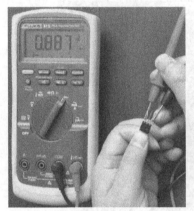
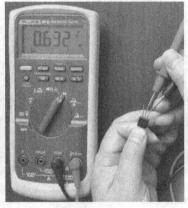

扫一扫，看视频

　　a) be结正向电压　　　　　　　　　　b) bc结正向电压

图 4-35　达林顿管管型及引脚的判别

4-24　如何用数字万用表检测双向晶闸管？

用数字万用表检测双向晶闸管的好坏时，将万用表置于电阻档，用两表笔测量 G、T_1 极间的正、反向电阻，应均较小，测量其他各极时应不通。

BT136 600 型双向晶闸管字符面对自己引脚朝下，从左到右依次是 T_1、T_2、G，如图 4-36 所示。通过交换红、黑笔，正反依次测量 6 次，只要 $T_1 \sim G$ 相互之间在 $100 \sim 200\Omega$ 就可以判断是好的，如图 4-37 所示。

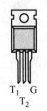
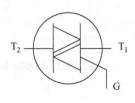

扫一扫，看视频

T_1　G
T_2

T_2　　　　T_1

G

图 4-36　BT136 600 型双向晶闸管引脚与符号

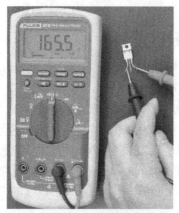
a) 红表笔接G极、黑表笔接T₁极

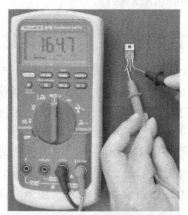
b) 红表笔接T₁极、黑表笔接G极

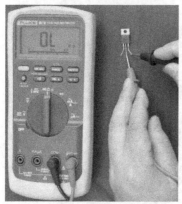
c) 红表笔接T₂极、黑表笔接G极

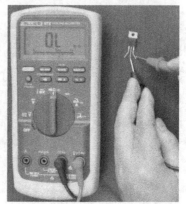
d) 红表笔接G极、黑表笔接T₂极

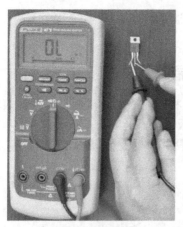
e) 红表笔接T₂极、黑表笔接T₁极

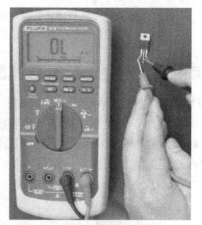
f) 红表笔接T₁极、黑表笔接T₂极

图 4-37   BT136 600 型双向晶闸管的测量

4-25　如何用数字万用表检测电磁继电器吸合与释放的电压和电流？

电磁继电器（EMR）简称继电器，它是由控制电流通过线圈所产生的电磁吸力驱动磁路中的可动部分而实现触点开、闭或功能转换的。灵敏继电器是其中常见的一类，由于它的灵敏度高、驱动电流小、耗电省、体积小、控制能力强，因此被广泛用于磁控、光控、温控等领域。灵敏继电器又分微型继电器、超小型继电器和小型继电器三种，它们的最长边尺寸依次为 $l < 10mm$、$25mm > l > 10mm$、$50mm > l > 25mm$。典型产品有 JRW、JRC、JRX、JQX、HH52P、HH53P、HH54 等系列，额定直流电压分 3V、6V、9V、12V、15V、18V、24V、27V、36V、48V 等规格。

1. 指针式万用表 MF30 测量 JQX-4 型继电器

（1）测量直流电阻　JQX-4 型的直流电阻 $R_J = 450\Omega \pm 10\%$，用 $R \times 10\Omega$ 档测得 $R_J = 460\Omega$，符合要求。

（2）测量吸合电流及吸合电压　JQX-4 型的吸合电流 $I_X \leqslant 20mA$。测量时使用 24V 直流电源，万用表拨至 50mA 档，电路如图 4-38 所示。调节电位器 RP 可以改变电路中电流的大小，R 是保护电阻。逐步减小 RP 的电阻值，当继电器从释放状态刚刚转入吸合状态时的电流值，就是吸合电流，实测吸合电流 $I_X = 17mA$。

测量吸合电压的方法有两种，一种是在继电器线圈两端并联直流电压表测量，另一种是按公式 $U_X = I_X R_J$ 进行计算。这里选择第一种方法，用 MF30 型 25V 档实测为 7.8V。若按下列公式计算：

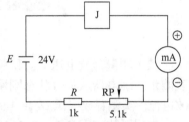

图 4-38　测量吸合电流

$$U_X = I_X R_J = 17 \times 10^{-3} \times 460 = 7.82V$$

可见两种方法的结果相同。

（3）测量释放电压 U_{SH} 和释放电流 I_{SH}　电路与图 4-38 基本相同。区别只是电位阻值需从小往大调，并增加一块直流电压表。继电器从吸合状态刚刚转入释放状态时的电压即为释放电压，所对应的电流为释放电流。实测 $U_{SH} = 2.3V$，$I_{SH} = 5mA$。

（4）确定额定电压与额定电流

依公式

$$U_{JN} = 1.5I_X R_J = 1.5U_X$$
$$I_{JN} = 1.5I_X$$

将前面测出的 $U_X = 7.8V$ 和 $I_X = 17mA$ 分别代入上述二式得到 $U_{JN} = 11.7V$，取整数为 12V（JQX-4 型的额定电压就规定为 12V），同时求得 $I_{JN} = 25.5mA$。

继电器的绝缘电阻需用兆欧表测量，测试时间为 1min。继电器的吸合时间或释放时间可用数字频率计的周期档测量；也可用长余辉示波器来观察，示波器应具有外触发以及时标功能。

2. 数字万用表 MS8215 测量 HH52P 型继电器

HH52P 型小型电磁继电器，其中 HH5 表示型号，2 表示两组触头，P 表示拔插型。继电器 HH52P 是当输入量（激励量）的变化达到规定要求时，在输出回路中使被控量发生预定的阶跃变化的一种电磁中间继电器。它具有控制系统（又称输入回路）和被控系统（又称输出回路）之间的互动关系，通常应用于自动化的控制电路中。它实际上是用小电流去控制大电流动作的一种"自动开关"，故在电路中起着自动调节、安全保护、转换电路等作用。

（1）测量直流电阻　HH52P 型继电器的直流电阻测出约 $R_J = 161.5\Omega$，符合要求，如图 4-39 所示。

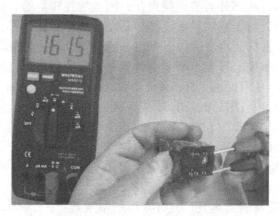

图 4-39　继电器直流电阻的测量

（2）测量释放电压 U_{SH} 和释放电流 I_{SH}　调节直流稳压电源从大往小调，并用直流电压表测量。继电器从吸合状态刚刚转入释放状态时的电压即为释放电压，所对应的电流为释放电流。实测释放电压 $U_{SH} = 1.9V$，释放电流 $I_{SH} = 12.36mA$，如图 4-40 所示。

根据释放电压 DC：$\geq 10\% \times 12V$（额定电压）$= 1.2V$，测量的 $U_{SH} = 1.9V$，大于 1.2V，符合要求。

a) 释放电压1.9V　　　　　　　　b) 释放电流12.36mA

图 4-40　测量释放电压 U_{SH} 和释放电流 I_{SH}

（3）测量吸合电压及吸合电流　逐步增大 HH52P 型继电器的电压值，继电器从释放状态刚刚转入吸合状态时的电流值就是吸合电流。实测吸合电流 $I_X = 55.7mA$，如图 4-41a 所示。

测量吸合电压的方法有两种，一种是在继电器线圈两端并联直流电压表测量，另一种是按公式 $U_X = I_X R_J$ 进行计算。若选择第一种方法，则用数字万用表实测 U_X 约为 9V，如图 4-41b 所示，根据吸合电压 DC：$\leq 75\% \times 12V$（额定电压）$= 9V$，测量的 $U_X = 9V$，符合要求。

按公式法可计算如下：

$$U_X = I_X R_J = 55.7 \times 10^{-3} \times 161.5 = 8.98V \approx 9V$$

a) 吸合电流55.7mA   b) 吸合电压9V

图 4-41 测量吸合电流与吸合电压

可见两种方法的结果相同。

4-26 如何用数字万用表检测继电器线圈通断？

扫一扫，看视频

1. 继电器线圈通断测量

（1）目测法 目测法就是先从外观上检查，一要看继电器引脚有无断线、开路、生锈；二要看线圈有无松动、发霉、烧焦等现象；三要看常开、常闭触点是否正常。带有铁心的继电器还要看它的铁心有无松动和破损。如有上述现象，则说明继电器的质量存在问题，需用万用表测量。

（2）用数字万用表检测 对继电器通电线圈进行通断检测的具体方法是：两支表笔接继电器通电线圈的两个引脚，所测电阻值由继电器通电线圈的匝数和线径决定。匝数多、线径细的线圈电阻值就大一些，反之相反。若测得的阻值为无穷大，则说明继电器通电线圈已经开路；若测得的阻值等于零，则说明继电器通电线圈已经短路。另外，测量时要注意继电器通电线圈局部短路、断路的问题，线圈局部短路时阻值比正常值小一些。

2. 数字万用表对继电器常开、常闭触点的检测

用数字万用表检测继电器常开、常闭触点的方法是：万用表的两支表笔测量常开触点，若测得的电阻值为无穷大，则说明常开触点正常；如果测量的阻值不是无穷大，则说明常开触点没有断开，已损坏。再测量常闭触点，若测得的电阻值为零，则说明常闭触点正常。如果测量的阻值不是零，则说明常闭触点没有闭合，接触不良或已损坏。

4-27 如何用数字万用表检测开关？

扫一扫，看视频

开关的检测有以下几个方面。

1）检测观察开关的手柄。直观检测观察开关的手柄是否能活动自如，或是否有松动现象，能否转换到位。观察引脚是否有折断、紧固螺钉是否有松动等现象。

2）测量触点间的接触电阻。测量方法是用数字万用表的电阻档，一支表笔接其开关的刀触点引脚，另一支表笔接其他触点引脚，让开关处于接通状态，所测阻值应在 $0.1 \sim 0.5\,\Omega$ 以下，如大于此值，则表明触点之间有接触不良的故障。

3）测量开关的断开电阻。测量方法是用数字万用表的电阻档，一支表笔接开关的刀触

点引脚，另一支表笔接其他触点的引脚，让开关处于断开状态，此时所测的电阻值应大于几百 kΩ。如小于几百 kΩ，则表明开关触点之间有漏电现象。

4）测量各触点间电阻。用数字万用表的电阻档测量各组独立触点间的电阻值，均应为∞，各触点与外壳之间的电阻值也应为∞。若测出一定的阻值则表明有漏电现象。

5）开关的故障。开关的故障率比较高，其主要故障是接触不良、不能接通、触点间有漏电、工作状态无法转换等。其中接触不良的故障较为多见，表现为时通时断，且造成的原因有多种。其中有触点氧化，触点打火而损坏，触点表面脏污等，此类故障可通过无水酒精清洗触点的方法得以解决。

第 5 章
其他常用电工指示仪表的功能与使用

5-1 什么是磁电式仪表?

磁电式仪表广泛地应用于直流电压和电流的测量,如与各种变换器配合,在交流及高频测量中也得到较广泛的应用,因此在电气测量指示仪表中占有极为重要的地位。磁电式仪表如图 5-1 所示。

a) 磁电式直流电流表正面

b) 磁电式直流电流表内部结构

c) 磁电式直流电流表背面

d) 整流式交流电压表

图 5-1 磁电式仪表

5-2 磁电式仪表是由哪几部分构成的？

磁电式仪表是由固定的磁路系统和可动部分组成的，其结构如图 5-2 所示。仪表的磁路系统是在永久磁铁 1 的两极，固定着极掌 2，两极掌之间是圆柱形铁心 3。圆柱形铁心固定在仪表的支架上，用来减小磁阻，并在极掌和铁心之间的气隙中形成沿圆柱形表面均匀辐射的磁场，其磁感应强度处处相等，方向与圆柱形表面垂直。处在这个磁场中的可动线圈 4 是用很细的漆包线绕制在铝框架上的。框架的两端分别固定着半轴，半轴上的另一端通过轴尖支承于轴承中，指针 6 安装在前半轴上。当可动线圈 4 通入电流时，在磁场的作用下便产生转动力矩，使指针随着线圈一起转动。线圈中通过的电流越大，产生的转动力矩也越大，因此指针转动的角度也大。

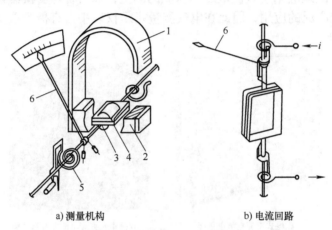

a) 测量机构   b) 电流回路

图 5-2 磁电式仪表的结构

1—永久磁铁 2—极掌 3—圆柱形铁心 4—可动线圈 5—游丝 6—指针

反作用力矩可以由游丝、张丝或悬丝产生。当采用游丝时，还同时用它来导入和导出电流如图 5-2b 所示。因此装设了两个游丝，它们的螺旋方向相反。仪表的阻尼力矩则由铝框产生。高灵敏度仪表为减轻可动部分的重量，通常采用无框架动圈，并在动线圈中加短路线圈，以产生阻尼作用。

磁电式仪表按磁路形式又分为内磁式、外磁式和内外磁式三种，如图 5-3 所示。内磁式的结构是永久磁铁在可动线圈的内部；外磁式的结构是永久磁铁在可动线圈的外部；内外磁式的结构是在可动线圈的内外都有永久磁铁，磁场较强，可使仪表的结构尺寸更为紧凑。

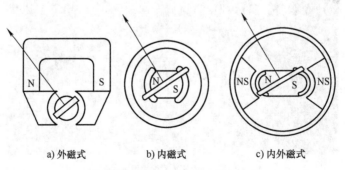

a) 外磁式   b) 内磁式   c) 内外磁式

图 5-3 磁电式仪表的磁路

5-3　磁电式仪表有哪些特点？

磁电式仪表的结构与原理决定了它有下列主要特点：

1）主要适用于直流。因为永久磁铁产生的磁场是不能改变方向的，只有通入直流电流才能使可动部分产生稳定的偏转。若磁电式仪表测量交流电，则磁电式测量机构需要与整流器配合，其特点是可以测量交流及音频电流，消耗功率较小，但是交流测量一般精度不高。

2）灵敏度高。由于永久磁铁形成的均匀磁场可以很强，动圈中流过的电流很小，所以会产生足够大的转动力矩。从 $S_I = \dfrac{BNS}{D}$ 中可知，磁感应强度 B 的数值越大，测量机构的灵敏度 S_I 越高。在指示仪表中可以达到 $1\mu A/$ 格以上，而在采用张丝结构及灯光指示的检流计中可达 $10^{-10}A/$ 格，甚至更高。

3）准确度高。由于磁电式仪表的永久磁铁具有很强的磁场，而且工作气隙比较小，所以气隙中的磁感应强度较高，可以在很小的电流下产生较大的转矩，因此可以削弱由于摩擦、温度及外磁场的影响，提高仪表的准确度。磁电式仪表的准确度能够达到 0.05～0.1 级。

4）仪表本身功率消耗低。由于磁电式仪表永久磁铁的磁场很强，动圈通过很小的电流就能产生很大的力矩，因此仪表本身所消耗的功率很低，接入电路时对被测量的影响较小。

5）具有良好的刻度特性。由于电磁式仪表测量机构指针的偏转角与被测电流的大小成正比，所以磁电式仪表具有刻度均匀、读数准确、调整误差方便等优点。当采用偏置动圈结构时，还可以得到很长的线性标尺。

6）阻尼强。运用动圈内金属框架里的涡流，可以得到相当好的阻尼作用。

7）过载能力小。因为被测电流是通过游丝导入和导出的，又加上动圈的导线很细，所以过载时很容易因过热而引起游丝产生弹性疲劳和烧毁线圈。

磁电式仪表主要用在直流电路中测量电压和电流，在直流标准仪表和安装式仪表中均得到广泛的应用。当利用磁电式仪表测量交流电量时，应加一个变换器，构成具有磁电式测量机构并带有整流器的整流式仪表，万用表就属于这种仪表。所以，磁电式仪表的测量机构应用广泛，在电工仪表中占有重要的位置。

5-4　磁电式仪表具有哪些应用？

磁电式仪表具有良好的技术特性，不仅在直流测量中获得广泛的应用，而且在交流及高频测量中磁电式仪表配合各种变换器也得到了广泛的应用，常用附有变换器的仪表如下：

（1）整流式仪表　由磁电式测量机构与整流器配合，其特点是可以测量交流及音频电流，消耗功率小。受温度及波形的影响，一般测量精度不高。

（2）热电式仪表　由磁电式测量机构与热电变换器组合而成，其应用特点是可测量直流、交流及高频电流，频率可达 100MHz。其缺点是不能承受过载、寿命较短、测量精度不高、受温度的影响较大。

（3）光电式仪表　磁电式测量机构与光电管电路的配合，可构成高灵敏度的光电放大器，如 UJ-8 型半自动电位差计的光电补偿装置等。

磁电式测量机构一般用于直流测量，在直流标准表、便携式和安装式仪表中也都得到较广泛的应用。

5-5 磁电式测量机构如何测量大电流？

磁电式仪表用作测量电流时，只要被测电流不超过仪表所允许的电流值，便可以将磁电式仪表直接与负载相串联进行测量。但是，由于测量机构的动圈和游丝不允许通过较大的电流（一般在几十 μA 到几十 mA 之间），因此当测量较大的电流时，就必须在动圈电路上并联分流电阻来扩大电流的量程，测量电路如图 5-4 所示。

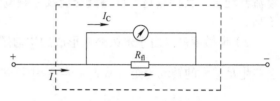

图 5-4　电流表扩大量程分流法

磁电式电流表扩大量程，常采用分流法，即在测量机构上并联一个分流电阻 R_{fl}，使流经测量机构上的电流 I_C 只是被测电流 I 的一部分。分流电阻 R_{fl} 的阻值按下式计算：

$$R_{fl} = \frac{R_C}{n-1}$$

式中　R_C——测量机构的内阻；

　　　R_{fl}——分流电阻；

　　　n——仪表量程扩大的倍数（即 $n = \dfrac{I}{I_C}$）。

公式说明，若想把磁电式电流表的量程扩大 n 倍，则分流电阻 R_{fl} 应该为该仪表内阻 R_C 的 $\dfrac{1}{n-1}$ 倍。可见，如果能在测量机构中更换不同数值的分流电阻，就可做成多量程的电流表。

例　有一个磁电式仪表，其最大量程 $I_C = 200\mu A$，内阻 $R_C = 300\Omega$，要把它制成量程为 5A 的电流表，问应该并联多大的分流电阻？

解　首先计算扩大量程的倍数

因为 5A = 5000000μA

则　　n = 5000000/200 = 25000

将 n 代入计算公式得分流电阻值

$$R_{fl} = \frac{R_C}{n-1} = \frac{300}{25000-1} = 0.12\Omega$$

计算结果表明，要把这个磁电式电流表的量程扩大为 5A，则应该并联一个 0.12Ω 的分流电阻。

5-6 磁电式电流表测大电流时为什么要用外附分流器？

在实际测量工作中，当被测电流大于 50A 时，由于分流电阻发热严重，将影响测量机构的正常工作；同时又由于分流电阻的体积大，也不便在表内组装。分流电阻通常用锰铜合金制成，有内附、外附之分。为此，往往把分流电阻做成单独的装置称作外附分流器，如图 5-5 所示。

外附分流器有两对接线端钮，其中粗的一对称作电流端子，串联在被测的大电流电路中；细的一对称作电压端子，与磁电式仪表并联。

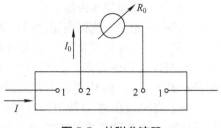

图 5-5 外附分流器

1—电流端子 2—电压端子

分流器又分为定值、有限互换和专用三种。定值分流器是指具有独立的额定值和准确度，可与相同额定值的任一仪表连接使用。专用分流器只能与指定的某只仪表相连接使用。有限互换式分流器具有独立的额定值和准确度，可与相同额定值和相同型号的任一仪表连接使用。

通常，分流器上面标有额定电流和额定电压值，而不标其电阻数值。分流器的额定电压多为 75mV 或 45mV。在选配分流器时，应注意选用额定电压值与测量机构的电压量程（即内阻与电流最大量程之积）相等的那种分流器。在这种配用情况下，电流表的最大量程就等于分流器的额定电流值。例如，一只标明需配用 75mV 分流器、满刻度为 100A 的直流电流表，当配用 75mV、100A 的分流器时，其指示值即为被测电流值；而当配用 75mV、300A 的分流器时，则电流表的最大量程为 300A，因此需将读数乘 3，才是被测电流的实际值。

多量程电流表扩大量程一般采用并联分流（开路切换）和环流（闭路切换）两种电路来实现。

5-7 磁电式电流表扩大量程时为什么要采用温度补偿电路？

当仪表采用分流的方法扩大量程时，只有分流电阻和测量机构内阻保持不变时，测量才是准确的，而实际上则不可能。因为分流器的材料为锰铜合金，测量机构的动圈为铜线，游丝又为磷青铜或锡锌青铜，它们电阻的温度系数相差较大。当温度变化时，被测电流在动圈和分流器中的分配关系也随之改变，其结果导致仪表误差增大。为了减小这种误差，常常采用各种温度补偿电路，其中最简单的是串联补偿电阻 R_t，电路如图 5-6 所示。R_t 多是温度系数极小的锰铜电阻，与 R_C 串联后，由于总阻值（$R_C + R_t$）的加大，使 R_C 的变化量所占的比例明显减小，因而提高了仪表对温度变化的适应能力。

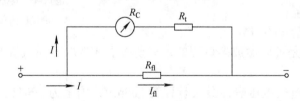

图 5-6 串联温度补偿电阻

R_C—测量机构内阻 R_{fl}—分流电阻 R_t—温度补偿电阻

串联的温度补偿电阻 R_t 值可由下式计算：

$$R_t \geqslant \frac{\beta - K_t}{K_t} R_C$$

式中 R_t——温度补偿电阻（为温度系数很小的锰铜电阻丝绕成）；

R_C——测量机构内阻；

β——测量机构铜电阻的温度系数，一般取 4；

K_t——温度每变化 10℃所允许的仪表附加误差。

K_t 与仪表的使用条件分类组别有关。A 类表的 K_t 就是仪表精度所对应的数字，如 1.5 级表的 $K_t = 1.5$；而 B 类表的 K_t 只取精度等级的 4/5。

为了得到较小的 K_t 数值，就需选用较大的温度补偿电阻 R_t。而 R_t 越大，仪表所需的端电压越高，故这种简单的串联温度补偿电路不宜用在低电压和高精度的仪表中。通常，高精度仪表采用串、并联温度补偿电路。

5-8 磁电式仪表如何测量高电压？

磁电式仪表用来测量电压时，就是磁电式电压表。方法是将测量机构（表头）跨接在电路中被测电压的两点之间，如图 5-7 所示。

根据指针偏转角 $\alpha = S_I I$ 的关系，可求得偏转角与电压的关系为

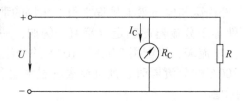

图 5-7 测量两点间的电压

$$\alpha = S_I I = S_I \frac{U}{R_C} = \frac{S_I}{R_C} U$$

上式表明，对于内阻 R_C 和灵敏度 S_I 为常数的仪表，指针的偏转角 α 与所测的电压 U 成正比，即根据仪表指针偏转的角度，可测出两点间电压的大小。但因磁电式仪表的表头只能通过微小的电流，因此只能测量低电压，在实际工作中是不能满足需要的。

为了既能测量较高的电压，又不超过仪表所允许的电流值，通常是在测量机构上串联一个限流（或称分压）电阻，如图 5-8 所示。

分压电阻的数值由下式计算：

$$R_{fi} = (m-1) R_C$$

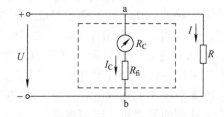

图 5-8 电压表的附加电阻

R_C—测量机构内阻　R_{fi}—附加电阻

式中　R_C——测量机构的内阻；

R_{fi}——分压电阻；

m——欲扩大量程的倍数。

可见，电压表也是可以做成多量程的，只要按上式选取不同阻值的分压电阻，便可获得多量程。

例 1　有一个磁电式电压表，最大量程为 500mV，内阻为 200Ω，要制成 50V 量程的电压表，问应串联多大的分压电阻？

解　首先计算扩大量程的倍数 m

$$m = 50 \div 0.5 = 100$$

则　　　　　　　　$R_{fi} = (m-1) \cdot R_C = (100-1) \times 200 = 19800Ω$

因此，要使这个测量机构能测量 50V 的电压，必须串联一个 19800Ω 的分压电阻。

例 2　磁电式仪表的电流最大量程 $I_C = 1mA$，内阻 $R_C = 1000Ω$，要制成 100V 量程的电压表，问应串联多大的分压电阻？

解　在决定扩大量程倍数前，应换算出测量机构满刻度偏转时的电压，即

$$U_C = R_C I_C = 1000 \times 1 \times 10^{-3} = 1V$$

则扩大量程倍数 m 为

$$m = 100 \div 1 = 100$$

故　　　　　$R_{fi} = (m-1) \cdot R_C = (100-1) \times 1000 = 99k\Omega$

这就是说，要使这个测量机构能测量 100V 的电压而又不损坏表头，必须串联一个 99kΩ 的分压电阻。

5-9　怎样检查磁电式仪表的故障？

在修理仪表之前，首先应该检查故障产生的原因，分析故障发生在什么范围，以便确定所要修理的部位。切忌乱碰乱捅，那样不但不易查到故障，反而会将故障范围扩大。

一般在修理仪表前，可从以下两个方面对仪表进行检查：

（1）外观检查

1）检查外部结构零件。仪表外壳、表盖玻璃及接线柱等有无破损和短缺，分流器及附加电阻等附件是否完好齐全。

2）检查仪表刻度盘外观。刻度盘表面平整洁净与否，漆面有无碎裂脱落或翘起；度盘有无局部翘起或碰针；刻度线、数字及符号是否断线少笔或模糊不清；消除示差的镜面是否破裂或清晰。同时还应检查仪表密封是否良好，刻度盘内有无水气。

3）检查内部结构零件。轻摇仪表，倾听表内有否异常声响，以确定有无零件脱落及杂物掉入。

4）检查可动机械部分外观。线圈是否完好；可动部分平衡是否良好，有无较大的倾斜误差；指针有无弯曲，是否平直；轴间距离有无过大或过小；转动是否灵活自如，以及外调零件和止动装置是否失灵或松动等。

（2）通电检查　将被检查仪表接入能均匀调节电压或电流的电路中，接通电源（值得注意的是电源部分不应该有故障）。使被测量增大到额定值，再缓慢且平稳地将被测量减小至零值，观察可动部分转动是否灵活，有无卡针，是否回零。然后从零值增到上限和从上限降回零位，观察有无电路通而无指示，电路通指示小或指示不稳定以及电路不通等现象，并确定误差和变差是否超过允许值。还需调节电源，使指针停在某刻度点上，用手轻敲外壳，观察指针有无变化，是否存有位移。

在通电检查前，对需要进行预热的仪表应该先预热后检查。

通过上述外观和通电检查，一般是会发现故障现象和故障所在范围或部位的，这样就能使修理做到有的放矢。

5-10　磁电式仪表常见故障有哪些？如何排除？

使用中的仪表由于种种原因，常常会出现误差变大，较显著的指针不回零位、指针位移、电路不通或仪表指示很小及指示值不稳定等故障。上述故障往往是由于机械或电路故障所造成的。磁电式仪表常见故障、产生原因及排除方法列在表 5-1 中，以供检修参考。

表 5-1 常见故障和产生原因及排除方法

序号	故障现象	故障产生原因	排除方法
1	指针不回零位、变差较大	1）轴尖生锈，氧化或粘有杂物； 2）轴尖磨损变秃； 3）轴尖在轴尖座中松动，转动不灵活； 4）轴承锥孔内有脏物； 5）轴承锥孔磨损、光洁度降低、有裂纹； 6）轴承或轴承螺钉松动； 7）游丝太脏，粘圈； 8）游丝过载受热引起弹性疲劳； 9）游丝焊片与螺丝有摩擦； 10）游丝内圈与轴心不同心； 11）游丝平面翘起与平衡锤摩擦； 12）可动部分平衡不良； 13）动框内含有铁磁物质； 14）在零位处有卡滞现象； 15）磁气隙中有游性纤维物，影响动圈正常偏转	1）去锈抛光或汽油清洗； 2）更换轴尖或修磨； 3）调整间隙； 4）酒精清洗； 5）更换宝石轴承； 6）修理调整； 7）清洗调修； 8）更换新游丝； 9）调整修理； 10）调修游丝； 11）调修游丝； 12）调整平衡； 13）清除； 14）清除卡滞物； 15）仔细检查清除异物
2	位移	1）轴尖部分同第1项1）、2）、8）； 2）轴承部分同第1项4）、5）、6）； 3）游丝部分同第1项7）、8）、9）、10）、11）； 4）指针在支持件上未装牢，有轻微活动； 5）轴座未粘牢，有松动； 6）平衡锤和平衡锤杆未粘牢，有轻微松动	1）同第1项1）~3）； 2）同第1项4）~9）； 3）同第1项7）~11）； 4）装牢； 5）重新粘牢； 6）重新粘牢
3	刻度特性变化	1）游丝过载产生弹性疲劳； 2）游丝因潮湿或腐蚀性气体作用而损坏； 3）因震动等原因使零件变形或相对位置发生变化； 4）仪表平衡不良	1）更换游丝； 2）更换游丝； 3）更换或调整校正； 4）调整校正
4	电路通但无指示	1）游丝焊片和支架没有绝缘好，使进出线短路； 2）有分流支路的测量线路，表头断路而分流支路完好； 3）游丝和支架相接触，使动圈短路； 4）电路接错； 5）磁性减退	1）加强绝缘性能； 2）查找断路原因，接好断路处； 3）拨开接触点； 4）改正误接线； 5）永久磁铁充磁
5	电路通而仪表指示小	1）动圈局部短路； 2）分流电阻绝缘不好，局部短路； 3）游丝焊片和支架绝缘不好，使部分电流通过支架产生分流	1）修复或重绕动圈； 2）更换同阻值分流电阻； 3）加强绝缘性能
6	电路不通无指示	1）电气测量线路断路或接点脱焊； 2）游丝或张丝烧断或脱焊； 3）动圈断路； 4）同动圈串联的附加电阻断路； 5）仪表严重受震，电阻支架断裂	1）找查断路处焊接好； 2）更换游丝或重焊； 3）重绕动圈； 4）更换附加电阻； 5）支架焊接好
7	电路通但指示不稳定	1）开关脏污，接触不良； 2）焊接不牢，有虚焊； 3）测量线路中有短路或碰线； 4）线路焊接处有氧化或虚焊； 5）动圈氧化、虚焊	1）清洗开关、涂油； 2）重焊； 3）分开线路，涂绝缘漆； 4）清查线路，除去氧化及虚焊； 5）重焊动圈线头

(续)

序号	故障现象	故障产生原因	排除方法
8	误差大	1）永久磁铁失磁； 2）可动部分平衡不好或位移； 3）线路接触不良或绝缘处绝缘不良； 4）电阻元件阻值改变； 5）机械部分故障也能引起误差过大； 6）过载冲击动框变形	1）充磁； 2）调整平衡； 3）检查线路排除不良或加强绝缘； 4）更换同阻值电阻； 5）按机械故障部分排除； 6）校正动框
9	可动部分 卡滞不灵活	1）磁气隙中有铁屑； 2）磁气隙中有毛纤维或尘埃； 3）轴尖与轴承间隙过小； 4）刻度盘上和基架上有毛刺卡滞指针	1）用钢针伸入气隙中吸出； 2）球压空气吹出毛纤维或尘埃； 3）调整轴尖轴向位置； 4）摘除毛刺
10	指针玻璃 尖折断	因过载冲击而损坏	更换玻璃丝针尖
11	电 路 通， 但偏转角大	1）分流器或附加电阻短路； 2）游丝反作用力矩系数减小； 3）电路接错	1）查出清除； 2）更换游丝； 3）改正误接线

5-11　什么是电磁式仪表？

电磁式仪表是测量交流电流与电压最常见的一种仪表，它具有结构简单、过载能力强、造价低廉以及可交直流两用等一系列优点，因此电磁式仪表在电力工程，尤其是固定安装的测量中得到了广泛的应用。电磁式电流表如图 5-9 所示。

a) 2.5 级交直流电流表

b) 0.5 级交流电流表

c) 2.5 级交流大电流表正面

d) 2.5 级交流大电流表背面

图 5-9　电磁式电流表

5-12　电磁式仪表与磁电式仪表有何不同？

电磁式仪表与磁电式仪表是两种不同类型的仪表，它们有很多不同之处，突出地表现在性能、结构和表盘上。

从表盘上就可区分开这两种仪表，除它们的图形符号不同外，磁电式电流表和电压表的刻度基本上是均匀的，而电磁式仪表的刻度则由密变疏。

从性能上看，磁电式仪表反映的是通过它的电流的平均值，因此它的直接被测量只能是直流电流或电压；而电磁式仪表反映的是通过它的电流的有效值，因此，不加任何转换，电磁式仪表就可用于直流、交流，以及非正弦电流、电压的测量，但其测量灵敏度和精度都不及磁电式仪表高，而功耗却大于磁电式仪表。

结构和工作原理的不同是两种仪表的根本区别。虽然它们都分为固定和可动两大部分，但其具体组成内容不同。磁电式仪表的固定部分是永久磁铁，用来产生均匀、恒定的磁场；可动部分的核心是线圈，被测电流流经线圈时，利用通电导线在磁场中受力的原理（即电动机原理），实现可动部分的转动。电磁式仪表的固定部分是被测电流流经的线圈，有电流通过即可形成较强的磁场；可动部分的核心是一片可被及时磁化的软磁性材料（如铁片、坡莫合金等），利用被磁化的动铁片与通电线圈（或被磁化的静铁片）磁极之间的作用力，实现可动部分的偏转。由于电磁式仪表构造简单、成本低廉，在电工测量中获得了广泛应用，尤其是开关板式交流电流、电压表，基本上都采用这种仪表。

电磁式仪表根据测量机构的结构形式不同，分有扁线圈吸引型和圆线圈排斥型两种。

5-13　电磁式仪表有哪些特点？

电磁式仪表具有以下特点：

1）既可测量交流，又可测量直流。当动片、静片选用优质坡莫合金为导磁材料时，可以制成交直流两用仪表。

2）仪表结构简单、价格低廉，由于测量机构的活动部分不通过电流，故其过载能力大，制造成本也低。

3）有指示滞后现象。例如当测量缓慢增加的直流时，电磁式仪表给出的指示值偏低；当测量缓慢减少的直流时，仪表给出的指示值又偏离，这均是由于电磁式仪表的结构中含有具有磁滞特性的铁磁材料所造成的。滞后现象的存在，一方面使电磁式仪表的准确度降低，另一方面因交直流下的磁化过程不同，促使交流的电磁式仪表不宜在直流下应用，但不等于不能用。对于铁心不是坡莫合金材料的电磁式仪表，拿去测量直流电时，不仅指示值不稳定，而且误差将增大 10% 左右。

4）与磁电式仪表相比较，受外磁场影响大。因为电磁式仪表的磁场是由固定线圈流过被测电流形成的，其磁场较弱，又几乎全部处在空气之中，虽然采取了相应的防止外磁场影响的措施，但还是比磁电式仪表受外磁场的影响严重得多。

5）受频率影响。电磁式电压表是由固定线圈通过电流建立磁场的，为了能测量较高的电压，而又不使测量机构超过容许的电流值，它的固定线圈的匝数较多，内阻较大，感抗也较大，并随频率的变化而变化，因此影响了仪表的准确度。所以，电磁式仪表只适用于频率在 800Hz 以下的电路中。

6）标尺刻度不够均匀。因电磁式仪表的偏转角是随被测直流电流的二次方或被测交变电流有效值的二次方而改变，故标尺刻度具有二次方律的特性。当被测量较小时，分度很密，读数困难又不准确，一般用于测量精度要求不高的场所。当被测量较大时，分度较疏，读数容易又准确。

7）电磁式仪表可以测量非正弦交流电路中的电流或电压的有效值。但当非正弦电流或电压的谐波频率过高时，受频率影响将带来较大的误差。

8）与磁电式仪表相比较，电磁式仪表的灵敏度低，功耗大。

9）电磁式仪表的测量机构，可以用来制成不同用途的比率表、相位表和同步指示器等。

由上述技术特性看出，电磁式仪表虽然存有一些缺点，但由于其结构简单、造价低廉、过载能力强等优点，在电力系统中，常用的安装式交流电流表和交流电压表几乎全是电磁式仪表，应用相当广泛。

5-14　什么是电磁式电流表？

由于电磁式电流表固定线圈通过被测电流，所以只要改变固定线圈的线径就可以实现对不同量程电流的测量。为了减小摩擦力矩的影响，测量机构必须有足够的转矩，因而要求固定线圈有较强的磁砀。电磁式仪表的磁路一般以空气为介质，所以线圈的磁化力必须足够满足转矩的要求。

电磁式单量程电流表是最简单的一种仪表。安装式电流表大多制成单量程，测量小电流时仪表直接串联接入测量电路，测量大电流时与电流互感器配合使用。由于电流互感器二次电流一般规定为 5A，所以单量程电流表只要做成 5A 规格，就能满足比较广泛的使用。

多量程电磁式电流表的测量电路，一般是采用固定线圈的串并联连接来改变仪表的量程的。串、并联的换接方式是通过转换装置来实现的。

常见的转换装置有以下三种方式：

1）插销式量程转换装置；

2）连接片式量程转换装置；

3）转换开关式量程转换装置。

5-15　什么是电磁式电压表？

电磁式电压表的测量电路比较简单，一般由固定线圈与附加电阻串联组成。

安装式电压表通常只有一个量程，直接测量时，其电压不应超过 600V，如欲测量更高的电压，则应与电压互感器配合使用。电压互感器二次电压一般为 100V，与电压互感器配合使用的电压表均做成单量程 100V 的量程。根据电压互感器的变比，电压表的标度就可以按电压互感器的一次电压进行刻度。

携带式电磁式电压表一般都为多量程电压表，实现多量程的变换有以下三种方法。

1）采用线圈分段及串、并联换接法；

2）采用附加电阻的分段法；

3）对于仅用于交流电路测量的电压表可采用内附电压互感器的办法获得多种量程的测量。

5-16 电磁式电流表和电压表是怎样扩大量程的？

由于电磁式电流表的游丝不通过电流，所以测量机构本身便能测量较大的电流。这样，电磁式电流表的量程越大，它的固定线圈的导线就越粗，匝数也越少。

为了使电磁式电流表获得多量程，通常将固定线圈的绕组分段缠绕，并利用其中两个或两个以上绕组的串、并联组合来改变量程。图 5-10 所示为双量程电流表改变量程的示意图。图中，固定线圈被分为 W_1 和 W_2 两个绕组，它们的匝数均等于 W，且导线的截面积也相同。当用金属片 L 将 A、D 两个端钮连接起来（见图 5-10a）时，两个绕组为串联，电流量程是 I_m。而当用两个金属片 L 分别将 A、B 和 C、D 端钮连接起来（见图 5-10b）时，两个绕组为并联，其电流量程扩大为 $2I_m$。对于这个仪表，无论选用哪个电流量程，当被测电流等于该电流量程时，仪表内产生的总安匝数都是 $2I_mW$。

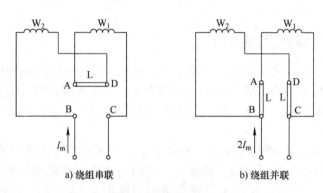

a) 绕组串联　　　　　b) 绕组并联

图 5-10　双量程电流表改变量程的示意图

A、B、C、D 为端钮，W_1、W_2 为绕组，L 为金属片

在电磁式仪表中，改变电流量程也有用插塞进行变换的，使用时应注意各类端钮的位置，不要接错。

电磁式电压表的结构原理和电磁式电流表一样，所不同的是，为了测量较高的电压并减小对被测电路的分流作用，固定线圈的导线比电流表的细，匝数也多。与磁电式电压表相似，为了扩大量程，可给固定线圈串联上分压电阻（或称限流电阻），更换分压电阻的数值，即可获得多量程。图 5-11 所示为双量程电磁式电压表的工作原理电路图。

当使用端钮"*"与"150V"测量时，相应电压量程为 150V，分压电阻为 R_{fi1}；当使用端钮"*"与"300V"测量时，相应电压量程为 300V，其分压电阻为 $R_{fi1}+R_{fi2}$。

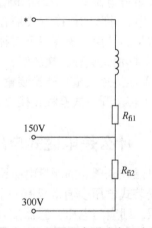

图 5-11　双量程电磁式电压表的工作原理电路图

5-17 电磁式仪表有哪些常见故障？怎样排除？

电磁式仪表调修方法同其他仪表相似，也要经过检查分析其故障原因和所在部位，再确定故障排除方法。常见故障和排除方法列于表 5-2。

表 5-2 电磁式仪表常见故障和排除方法

序号	故障现象	故障产生原因	排除方法
1	可动部分卡针	1）阻尼片碰阻尼器永久磁铁； 2）动铁片碰到固定线圈； 3）空气阻尼器的翼片碰到阻尼箱； 4）可动部分有毛纤维或尘埃； 5）静、动铁片松动相碰； 6）辅助铁片松动碰到动铁片； 7）张丝拆断或脱焊	1）调整阻尼片，使其位于磁铁空隙中间； 2）调整支架或固定线圈的位置； 3）调整阻尼片在阻尼箱中的位置，并排除摩擦的可能性； 4）球压空气吹去毛纤维或尘埃； 5）固紧静、动铁片； 6）固紧辅助铁片； 7）更换张丝或重焊
2	通电后无指示或示值不稳	1）电气电路接触不良； 2）转换开关接触不良； 3）铁片脱胶松动移位； 4）固定线圈短路或断路	1）检查电路，消除虚焊； 2）清洗开关，修正刷簧片； 3）铁片间夹角约 18°，用 JSF-2 或 4 胶重新粘牢； 4）检查故障，确定修理或重绕
3	不平衡误差大	平衡锤或阻尼片变位	重新调整平衡
4	指针抖动	测量机构的固有频率与转矩频率共振	1）增或减可动体的重量； 2）更换游丝
5	指示误差大	1）张丝张力或弹片弹性发生变化； 2）附加电阻阻值改变； 3）补偿电阻断路，虚焊接触电阻增大	1）适当改变张力或调整弹片螺杆之间的距离； 2）调整或更换； 3）检查阻值，重焊牢固，焊后用酒精清洗干净
6	交流误差大	1）电容击穿； 2）补偿线圈断路或短路； 3）使用频率中有谐振； 4）交流变差大； 5）测量电路感抗大； 6）测量机构中铁磁元件剩磁大	1）更换； 2）接通或重绕； 3）适当加重指针重量； 4）改变电容量，进行交流补偿； 5）改变附加电阻的绕法或并联电容以减小感抗； 6）将有剩磁的元件进行退磁
7	通电后指针向反方向偏转	固定静铁片的铝罩装反	重装
8	通电后指针不偏转	在无定位式仪表中有一线圈装反和接反	正确安装线圈和接线
9	测量机构有响声	1）屏蔽罩松动； 2）阻尼机构零件有松动； 3）测量机构的固有频率与转矩频率共振	1）紧固屏蔽罩； 2）紧固松动部分； 3）增减可动体的重量，更换游丝
10	直流变差大	铁片因过载产生剩磁	连同支架放进退磁线圈中对铁片进行退磁
11	电流表双量程很不重合误差大	两绕组略有差异	调整电路中串并联电阻

5-18 什么是电动式仪表？

电磁式仪表的测量准确度一般不高，其主要原因是由于电磁式仪表铁磁材料的磁滞和涡流效应等造成的。用于交流精密测量的大多采用电动式仪表，基本上消除了磁滞和涡流的影响。磁电式仪表的磁场是由永久磁铁建立的，当利用通有电流的固定线圈来代替永久磁铁时，便构成了"电动式仪表"。固定线圈不仅可以通过直流，而且还可通过交流，因此，电动式仪表的主要优点是能交直流两用，并能达到 0.1 ~ 0.05 级很高的准确度，使电动式仪表的准确度得到了提高。电动式仪表不但能精确地测量电流、电压和功率，而且还可以测量功率因数、相位及频率等。它可使用的频率范围较宽，可用在 45 ~ 2500Hz 的交流电路中。所以，电动式仪表用途广泛，在精密指示仪表中占有重要地位。

现在，电动式仪表正朝着提高灵敏度、扩大量程和频率范围，以及降低功耗、缩小外形、减轻重量、降低成本和提高使用寿命的方向发展。目前，国内外出现了张丝支承、陶瓷支架、陶瓷转轴、小偏转角以及光标指示的电动式仪表，其准确度为 1%，功率损耗小于1W，交流使用的额定频率可达 15 ~ 5000Hz，扩展频率范围则达 10000Hz，这样就更扩大了电动式仪表的应用范围。显而易见，电动式仪表在各类指示仪表中保持着明显的优势。

5-19 电动式仪表的结构是怎样的？是如何工作的？

电动式仪表的测量机构主要由建立磁场的固定线圈和在此磁场中偏转的可动线圈组成，其结构如图 5-12 所示。固定线圈分为平行排列、互相对称的两部分，中间留有空隙，以便穿过转轴。这种结构的特点是能获得均匀的工作磁场，并可借助改变两个固定线圈之间的串、并联关系而得到不同的电流量程。可动线圈与转轴固接在一起，转轴上装有指针和空气阻尼器的阻尼翼片。游丝用来产生反作用力矩，并起引导电流的作用。

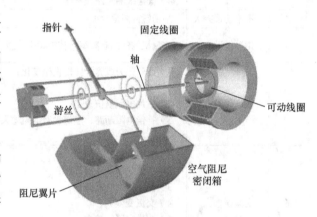

图 5-12 电动式仪表的结构

可动线圈比固定线圈小且轻，常见的线圈形状有圆形、椭圆形及矩形等。由于线圈工作磁场很弱，通常只有磁电式仪表磁场的 1% ~ 5%，故易受外磁场影响。为此电动式仪表的测量机构应置于磁屏蔽罩内，以减少对测量机构的干扰。

电动式仪表的工作原理如图 5-13 所示。可动线圈置于固定线圈之内装在转轴上，当固定线圈通过电流 I_1 和可动线圈通过电流 I_2 时，固定线圈产生磁场，可动线圈和该磁场相互作用产生转动力矩，带动指针偏转指示出被测量值的大小。反作用力矩也由游丝产生，阻尼力矩由阻尼片在空气阻尼盒内的运动产生。

转动力矩的大小与通过两线圈电流的乘积成正比。可动部分的偏转角可以衡量电流

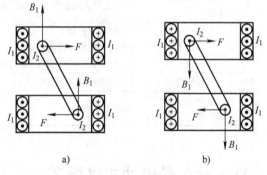

图 5-13 电动式仪表的工作原理

$I_1 \cdot I_2$ 积的大小。若将固定线圈中通入电流，而将可动线圈中接入电压，则转矩与被测功率成正比，此时标度尺是均匀的。当两线圈串联时，转动力矩与电流的二次方成正比，此时刻度尺则是不均匀的。

当电流 I_1 的方向和 I_2 的方向同时改变时，固定线圈与可动线圈的电流方向同时改变，转矩的方向仍然不变，可见，电动式仪表可用于交直流电路的测量。

由于没有铁磁体磁路，线圈产生的磁场较弱，因此，受外磁场影响很大，故电动式仪表的测量机构必须采用磁屏蔽措施。

若把固定线圈绕在铁心上，就构成了铁磁电动式仪表。该类型的仪表的优点是磁场强、受外磁场影响小、转矩大。但由于铁磁材料的涡流效应等影响，其准确度不高，这种结构多用于安装式仪表中。

电动式仪表的转矩公式可借助磁电式仪表的转矩公式进行分析，电动式仪表的固定线圈电流 I_1 产生的磁场相当于磁电式仪表永久磁铁的磁场 B_1；电动式仪表活动线圈的电流 I_2 相当于磁电式仪表动圈电流 I_0，因磁场 B_1 与电流 I_1 有关，则电动式仪表转矩公式可写成

$$M = K'B_1I = K'I_1I_2$$

式中　K'——随偏转角而变的系数。

电动式仪表测量直流时，活动部分的偏转角与两线圈电流的乘积有关。用于测量交流时，其活动部分的偏转角与两个线圈电流的有效值以及它们之间相位角的余弦的乘积有关。也就是说电动式仪表不但可以用来测量直流，而且可以用来测量交流。尤其可以用于测量功率、相位等与两个量有关的电气量。

5-20　什么是电动式电流表？

电动式电流表是电动式仪表中的一种。根据国家标准的规定，测量仪表中电流线圈的一般符号用一个圆加一条粗实线来表示，如图 5-14 所示。图中，虚线框内表示电动式电流表，1 为固定线圈，2 为可动线圈。

当将电动式仪表测量机构中的固定线圈和可动线圈串联起来时，就构成了电动式电流表。根据电动式仪表的工作原理，当电动式仪表在交流电路中使用时，其可动部分的转角为

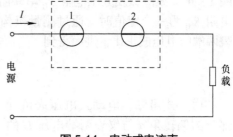

图 5-14　电动式电流表
1—固定线圈　2—可动线圈

$$\alpha = k_\alpha I_1 I_2 \cos\varphi$$

此时　　　　　　　　　　　　　$I_1 = I_2 = I, \ \varphi = 0, \ \cos\varphi = 1$

则　　　　　　　　　　　　　　$\alpha = k_\alpha I^2$

即电动式电流表的可动部分的偏转角与被测电流的二次方成正比。因此，其标尺的刻度是不均匀的。

用上述串联方式构成的电流表，只适用于测量 0.5A 以下的电流，因为被测电流要通过游丝（或张丝）及可动线圈。当电流较大时，可动线圈因绕组导线很细，容易将线圈及游丝（或张丝）烧毁。为此，在测量大于 0.5A 的电流时，通常是把固定线圈和可动线圈并联起来使用，或者使用分流器将可动线圈的电流分流。

电动式电流表一般都制成两个量程，以供使用时根据所测电流值的大小进行选择。图 5-15 所示为 D2-A 型电流表的电路原理图，其中 R_1、R_2 分别为固定线圈和可动线圈电阻，

R_3、R_4 为分流电阻，C 为频率补偿电容，K_1 为固定线圈并联换接开关，K_2 为电阻换接开关。电流表的量程是 $0 \sim 2.5A \sim 5A$。量程的改变是通过固定线圈两部分的串、并联换接以及改变与可动线圈并联的分流电阻阻值来实现的。

　　电动式仪表的固定线圈和可动线圈都有电感，同时它们之间也存在互感，当被测电流的频率不同时，将会产生频率误差，为了消除这种误差，使仪表能在较宽的频率范围内测量，通常在与可动线圈相串联的一部分电阻上并联电容，以补偿由于频率变化而造成的误差。图 5-15 中的电容 C 就是为消除频率误差而引用的频率补偿电容。

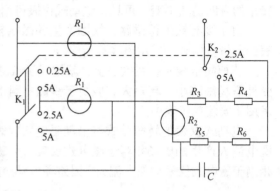

图 5-15　D2-A 型电流表电路原理图

5-21　什么是电动式电压表？

　　电动式电压表也是电动式仪表中的一种。根据国家标准的规定，测量仪表的电压线圈的一般符号用一个圆加一细实线来表示，如图 5-16 所示。

　　图中虚线框内代表电动式电压表。它由固定线圈 1、可动线圈 2 及分压电阻 R_{fj} 串联而成。当分压电阻 R_{fj} 为一个定值时，通过测量机构的电流与仪表两端的电压成正比，进而得到

$$\alpha \propto K_C' U^2$$

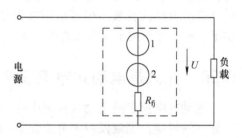

图 5-16　电动式电压表

1—固定线圈　2—可动线圈

　　由上式可知，电动式电压表可动部分的偏转角 α 与仪表两端电压 U 的二次方成正比。因此，它的标尺刻度也是不均匀的。为了能使电压表在较宽的频率范围内进行测量，一般在附加电阻上并联一个电容，以补偿因频率变化而造成的误差。

　　通过改变分压电阻的办法，可以得到多量程的电压表。图 5-17 所示为 0.2 级、D2 型电压表原理线路，其中 F_1、F_2 为固定线圈，M 为可动线圈，R_{75}、R_{150}、R_{300} 分别为 75V、150V 和 300V 的附加电阻，C_{75}、C_{150} 分别为 75V、150V 的补偿电容。它是以改变分压电阻，并配合固定线圈串、并联两种方式的组合来实现多量程的。

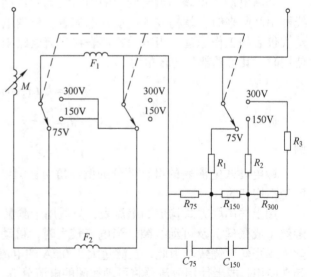

图 5-17　0.2 级、D2 型电压表原理线路

5-22　电动式仪表的主要特点有哪些？

电动式仪表具有以下特点：

1）准确度较高。由于电动式仪表中没有铁磁物质，基本上不存在涡流和磁滞的影响，所以准确度较高，它的准确度可高达 0.05～0.1。

2）既可用于交流测量电路，也可用于直流测量电路。在交流测量中频率范围较广，同时还可以用来测量非正弦电流。

3）能构成多种电路，测量多种参数。它不仅可以精确地测量电压、电流和功率，还可以用来测量相位、频率、电感、电容等。

4）交直流两用，受频率的影响较小。通常使用的频率范围为 2.5kHz 以下，甚至有高达 10kHz 的。

5）主要缺点是过载能力差，因为进入可动线圈中的电流要靠游丝来引导，如果电流过大，则游丝将变质或烧毁，再加上整个测量机构在结构上又比较脆弱，所以会导致过载能力比较差。

6）受外磁场的影响较大。这是因为空气的磁阻很大，而仪表本身由固定线圈所建立的工作磁场又很弱。因此，线圈系统要加磁屏蔽或采用无定位结构，结构比较复杂、成本较高。

7）标尺刻度不均匀。电动式电流表和电压表，其指针偏转角随两个线圈电流的乘积而变化，故标尺刻度不均匀。标尺起始部分分度很密，读数困难，因此，在标尺起始端有黑点标记以下的部分不宜使用。

8）功率消耗大，为产生较强的工作磁场，必须保证线圈有足够大的安匝数，这致使仪表本身消耗的功率比较大。

总之，电动式仪表用来测量直流时，性能不如磁电式仪表，因此多用于交流精密测量中。电动式电流表和电压表适于实验室作交直流两用仪表，或作交流标准仪表以及制成其他各种功率表，应用在各种电路的功率测量中。

5-23　电动式仪表维修时应注意哪些事项？

在进行电动式仪表维修时，应先进行外观检查，看是否有损坏的零部件，以及接触连接是否良好，然后再通电检查。根据发现的情况，分析故障原因，找出故障所在部位，确定修复方法。具体做法如下：

1）拆装前应详尽地观察仪表的结构特点、固定方式、每个紧固螺钉的用途以及各零件的装配顺序，而后确定拆卸步骤，以免拆错或损坏零件。

2）拆卸测量机构时，为便于装配时恢复原状，避免破坏原有的刻度特性，应注意各零件间的相对位置。

3）为避免碰坏和弄脏拆下的零件，要对动圈、游丝（或张丝）、轴尖、宝石轴承、指针、阻尼片及标尺等进行妥善保存，不可任意存放。

4）对可动线圈和固定线圈与测量电路连接的地方，或其他较为复杂的电路，要标出记号或绘出草图，以便复位，避免装错或无法组装。

5）要保持可动线圈与固定线圈起始角的相对位置不变。

6）为避免仪表在直流回路中因产生剩磁而造成指示误差，屏蔽罩的内外不应增加任何铁磁性物质。

7）为保证屏蔽效果，不产生示值误差，在修理过程中应尽量不碰撞屏蔽罩。

8）焊接游丝（或张丝）时，指针要停在标尺的零位上，并且游丝或张丝不应存有任何扭力。

9）为避免破坏原有补偿条件，造成仪表示值的不稳定，在调整测量电路时，当未证实温度补偿、频率补偿等元件损坏或变化前，不可随意调整或更换。

10）在检修仪表时，最好对所遇到的故障做较详尽的记录，尤其是第一次修理的仪表，做检修记录更显得重要，不仅有利于以后检修时拆装，还可从中整理得出一套完整的修理经验，提高仪表检修水平。

5-24　电动式仪表有哪些常见故障？怎样排除？

电动式仪表常见故障及排除方法列于表 5-3。

表 5-3　电动式仪表常见故障及排除方法

序号	故障现象	故障产生原因	排除方法
1	位移	1）轴尖与轴承间隙过小； 2）轴尖磨损； 3）轴尖粘有脏污； 4）轴承磨损； 5）轴承松动； 6）轴承脏； 7）轴尖生锈； 8）轴尖松动	1）适当旋松上轴承螺钉； 2）修磨或更换轴尖； 3）清洗轴尖； 4）更换轴承； 5）压紧轴承； 6）清洗轴承； 7）抛磨轴尖； 8）压紧轴尖
2	不回零	1）同第 1 项 1）～8）； 2）游丝产生弹性后失效； 3）游丝焊接不良； 4）游丝焊接时存有扭力； 5）屏蔽罩受剩磁影响	1）同第 1 项 1）～8）； 2）更换游丝； 3）重焊； 4）校正重焊； 5）可在交流下退磁，退磁无效只在交流用
3	变差大	1）与产生位移的原因相同； 2）可动体与固定部分有轻微摩擦； 3）可动体与固定部分间有纤维状细毛或尘埃； 4）屏蔽罩剩磁影响	1）与处理位移的方法相同； 2）检查并排除摩擦部分； 3）球压空气吹去细毛或尘埃； 4）在交流下退磁，退磁无效只在交流用
4	可动部分偏转不灵活，有卡滞现象	1）纸面刻度上有竖立小毛； 2）指针上有小毛； 3）指针过低碰表盘； 4）指针有弯曲现象； 5）下宝石轴承螺钉松动，指针下降卡表盘； 6）阻尼片碰阻尼盒； 7）空气阻尼室内有小毛碰阻尼片； 8）可动线圈引出线碰固定线圈； 9）固定线圈连接引出线碰可动线圈	1）用酒精火焰快速燎去小毛； 2）清除小毛； 3）将指针略微抬高； 4）校直弯曲部分； 5）将下宝石轴承螺钉调至合适位置后拧紧； 6）调控阻尼片不碰阻尼盒； 7）用酒精火焰燎去小毛； 8）将引出线缠紧在可动体轴柱上； 9）固定连接导线并使其离开可动线圈

（续）

序号	故障现象	故障产生原因	排除方法
5	不平衡，误差大	1）指针弯曲； 2）平衡锤位置移动； 3）可动部分组合件松动变位； 4）轴承松动变位	1）校直指针； 2）调整平衡锤使可动体平衡； 3）检查松动部位紧固，并调整平衡； 4）调整轴承压力，恢复原位
6	倾倒误差大	1）轴尖与轴承间隙过大； 2）修磨后的轴尖曲率半径过小； 3）更换的轴承曲率半径过大； 4）轴尖磨损曲率半径变小	1）调整轴承螺钉以缩小间隙； 2）重新修磨使曲率半径适宜； 3）更换曲率半径合适的轴承； 4）修磨轴尖曲率半径，适当加大
7	指针抖动	1）轴承之间间隙过大； 2）可动机构的固有频率同所测电流电压频率谐振	1）减小轴承间间隙； 2）增减可动体重量或更换游丝增减反作用力矩
8	光指示仪表无光影	1）电源变压器烧毁； 2）指示灯泡烧坏； 3）反射镜松动变位	1）按原变压器数据重绕； 2）更换灯泡； 3）紧固反射镜调整变位
9	指示值不稳	1）量程转换开关接触不良； 2）电路元件焊接不良； 3）游丝焊片松动与可动部分轴杆瞬时短路； 4）游丝内圈有碰圈； 5）可动线圈引出头与焊片脱焊接触不良	1）用汽油清洗后涂上凡士林； 2）检查不良焊处重焊； 3）紧固游丝焊片并与轴杆绝缘； 4）分开圈间相碰部分； 5）清除不良处重焊
10	通电后可动部分不偏转	1）测量电路短路或断路； 2）维修时把一个固定线圈装反； 3）游丝焊片与可动部分轴杆短路； 4）游丝焊片与可动线圈引出接头脱焊	1）检查并消除短路或断路； 2）重新装正； 3）消除短路，紧固游丝焊片； 4）清除不良重焊
11	通以额定电流后偏转角很小	1）固定线圈有一个装反； 2）固定线圈连接错误； 3）固定线圈局部短路； 4）可动线圈局部短路； 5）分流电阻短路； 6）游丝扭绞或碰圈； 7）固定线圈或可动线圈有部分断路	1）重新装正； 2）将接错的线圈重新连接； 3）消除短路或重新绕制； 4）消除短路或重新绕制； 5）消除短路或重新配制； 6）取下后修理调整； 7）检查断路处重新接上，如属内部断路则应重新绕制
12	通电后指针反方向偏转	可动线圈或固定线圈接反	重新正确连接

5-25　什么是电动式功率表？

电动式仪表本身具有相敏特性，因此可以制成功率表，实现对功率的测量。电动式功率表如图 5-18 所示。

当电动式测量机构作为功率表应用时，其接线如图 5-19 所示。

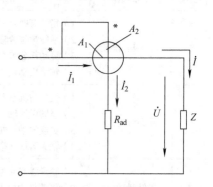

图 5-18　电动式功率表　　　　　图 5-19　电动式功率表原理线路图

由图 5-19 可以看出，测量机构的固定线圈 A_1 和负载串联，测量时通过负载电流，一般把功率表的固定线圈叫作电流线圈。测量机构的可动线圈 A_2 和附加电阻 R_{ad} 串联后与负载并联，这时接到可动线圈回路的电压就是负载电压，因此，常把功率表的可动线圈叫作电压线圈。

1）当用于直流测量时，由 $\alpha = K \cdot I_1 \cdot I_2$ 可知，其可动部分的偏转角 α 与两线圈中的电流 $I_1 \cdot I_2$ 的乘积成正比。由图 5-19 可以看出，通过固定线圈的电流 I_1 就是负载电流 I，即 $I_1 = I$，通过可动线圈的电流为 I_2，它由欧姆定律求出

$$I_2 = \frac{U}{R}$$
$$R = R_{ad} + R_{A2}$$

式中　　R_{A2}——可动线圈电阻。

即电流 I_2 与负载电压 U 成正比，因此可动部分偏转角 α 为

$$\alpha = K \cdot I_1 \cdot I_2 = KI\frac{U}{R} = K_P \cdot P$$

其中　　　　　　　　　　　　　$K_P = \frac{K}{R}$

即 α 和负载的功率 $P = U \cdot I$ 成正比。

2）当用于交流电路测量时，$I_1 = I$，且可动线圈电流 I_2 正比于负载电压 U，测量机构指针偏转角 α 为

$$\alpha = K \cdot I_1 \cdot I_2 \cdot \cos\varphi = KI\frac{U}{R}\cos\varphi$$

$$= K_P \cdot U \cdot I \cdot \cos\varphi = K_P \cdot P$$

由上式可以看出，可动线圈的偏转角 α 与电路中负载所消耗有功功率成正比，因此能够实现对交流功率的测量。

5-26　什么是功率表的量程？怎样扩大量程？

功率表的量程包含三重含义，即电流量程、电压量程和功率量程。

功率表的电流量程是指在仪表的串联回路中，容许通过的最大工作电流。而电压量程是指仪表的并联回路所能承受的最高电压。因此功率量程等于电流量程与电压量程的乘积，也就是负载功率因数 $\cos\varphi = 1$ 时的仪表满刻度的功率值。

由于功率表的功率量程由电流量程和电压量程所决定，所以功率量程的扩大也必须通过电流量程和电压量程的扩大来实现。扩大电动式功率表的电流量程是通过两个完全相同的电流线圈由串联转换成并联的方法来完成的。若两个绕组串联时（见图 5-20a）的电流量程为 I，那么两个绕组并联时（见图 5-20b）的电流量程则为 $2I$，即电流量程扩大了一倍。

功率表电压量程的扩大是靠电压线圈串联不同的附加电阻来实现的，如图 5-21 所示。这种功率表的电压电路有三个端钮，其中标有 "*" 符号的为公共端钮。

这样，选择功率表中不同的电流量程和电压量程，便可以获得不同的功率量程。

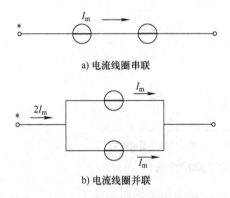

a) 电流线圈串联

b) 电流线圈并联

图 5-20　扩大功率表电流量程的电路

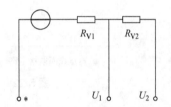

图 5-21　扩大功率表电压量程的电路

5-27　怎样正确使用功率表？

1）在实际测量工作中，功率因数 $\cos\varphi$ 往往不等于 1，因此只监视被测功率不超过仪表的功率量程是不够的。因为，在 $\cos\varphi < 1$ 的情况下，功率表的指针虽未达到满刻度偏转，但被测的电流或电压可能已经超过了功率表的电流量程或电压量程，这样仍会导致功率表的损坏，也就是说，在选择和使用功率表时，不但要注意功率量程是否够，还应注意功率表的电流量程及电压量程是否与被测功率的电流与电压相适应。

例　有一个感性负载，其功率为 500W，电压为 220V，功率因数为 0.8，试选择一个功率表测量其功率。

解　由于负载电压为 220V，故可选用电压量程为 250V 或 300V 的功率表。负载中的实际电流为

$$I = \frac{P}{U\cos\varphi} = \frac{500}{220 \times 0.8} = 2.55\text{A}$$

可选用电流量程为 3A 或 5A 的功率表。若实际选用的功率表的电压量程为 300V、电流量程为 3A，则它的功率量程为

$$3 \times 300 = 900W$$

可以满足测量要求。

如果不考虑电压量程，只考虑功率量程，而选用电压量程为150V、额定电流为6A，功率量程为900W的功率表时，将因电压量程低于电路负载电压而导致功率表烧毁。同样，如果只考虑电压量程和功率量程而忽略了功率因数对电流的影响，则可能因电流超限导致仪表的损坏。

2）由功率表的测量原理可知，电动式功率表的转矩与两个线圈中流过的电流方向有关。如果其中一个线圈的电流方向接反，则功率表指针将反向偏转，因此功率表的电压回路和电流回路各有一个端子标有"*""↑"或"+"的符号，该端子又称为发电机端。功率表接线必须遵守"发电机端守则"。为保证两个线圈的电流方向一致，功率表的电流线圈和电压线圈的发电机端应接到电源的同一极性端子上。

功率表的正确接线方式有两种，如图5-22所示。

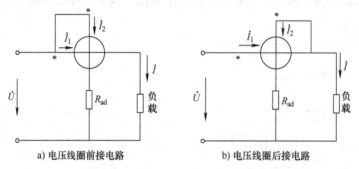

a) 电压线圈前接电路　　　　b) 电压线圈后接电路

图5-22　电动式功率表的正确接线图

它们的共同特点是在规定的正方向下，两线圈的电流均由发电机端子流入，而且可动线圈、固定线圈间的电位几乎相等。图5-22a中功率表的电压线圈回路接在电流线圈的前面，称为电压线圈前接电路，电流线圈和负载直接串联，因此固定线圈电流i_1等于负载电流i。而电压回路端电压却是负载电压和电流线圈电压降$i \cdot R_A$之和，功率表的读数是负载功率和电流线圈消耗功率$i_2 \cdot R_A$之和，即

$$P = UI\cos\varphi + U_A I \cos\varphi_A$$

式中　U_A——电流线圈两端电压；

　　　φ_A——电流线圈两端电压与电流之间的相位差。

上式表明，电压线圈前接电路可造成测量误差，故这种接线方法适用于负载电阻比电流线圈电阻大很多的情况。

图5-22b的电路是将功率表电压线圈接在电流线圈后面，故称为电压线圈后接电路。此时电压回路的端电压等于负载电压。但电流线圈通过的电流i_1即为负载电流i与电压回路电流i_2之和。功率表的读数是负载功率与电压回路损耗的功率之和，即

$$P = U \cdot I \cos\varphi + I_2^2 \cdot (R_{A2} + R_{ad})$$

式中　R_{ad}——附加电阻。

这种接线方法适合于负载电阻远小于功率表电压回路电阻的情况。

之所以采取上述两种接法，都是为减小功率表本身的功率消耗和电流线圈上的压降、电压线圈的分流对测量结果的影响。

3）可携式功率表一般都是做成多量程的，而标尺只有一条。为此，在标尺上不标注瓦特数，而只标注为格数。这样，选用不同的电流量程和电压量程时，每一分格所代表的瓦特数就不同。每一分格所代表的瓦特数叫作功率表的分格常数。测量时，在读出功率表的偏转格数 n 后，需乘上功率表的相应分格常数 C，才是被测功率的数值，即：

$$P = Cn$$

式中　P——被测功率的瓦特数。

5-28　如何正确选用功率表？

1. 功率表的选择

测量直流功率，应选用直流功率表。测量交流功率，应选用单相或三相交流功率表。被测电路的功率因数低于 0.3，应选用低功率因数交流功率表。

功率表量程的选择实际上就是正确选择功率表的电流量限和电压量限，即通过负载的电流不能大于功率表中的电流量程，负载两端的电压不能大于功率表中的电压量程。

2. 功率表的使用

多量程功率表表盘上只有一条标度尺，标度尺上所标出的只是分格数，而不是瓦特数。使用时，必须根据所选用的电流量程和电压量程，算出每一分格所代表的瓦特数（即分格常数）。一般情况下，功率表的技术说明书中都给出了功率表在不同电流电压量限下的分格常数，以供查用。测量时，读取指针偏转格数后再乘以相应的分格常数，就是被测量功率的数值。即

$$P = Cn$$

式中　P——被测功率数值，单位为 W；

　　　C——所选量限下的分格常数；

　　　n——指针偏转格数。

如果说明书没有给出分格常数，则可按下式计算：

$$C = U_N I_N / N$$

式中　U_N——所选功率表的电压额定值；

　　　I_N——所选功率表的电流额定值；

　　　N——标度尺满刻度的格数。

5-29　什么是三相功率因数表？

用来测量交流电路中电压、电流矢量间的相位差或电路的功率因数的仪表叫作三相功率因数表，又称相位表。

功率因数表有电动式、电磁式两种，采用最多的为电动式功率因数表，功率因数表是根据比率表的基本原理制成的。

比率表的结构原理如图 5-23 所示。它在同一根轴上装有两只交叉的可动线圈 3 和 5。通电后，两只可动线圈在永久磁铁建立的磁场中受到相反的转动力矩，指针偏转角取决于流过两只线圈的电流比值 I_1/I_2。这种仪表因为没有产生反作用力矩的弹簧，所以在不通电时，其指针可随意停留在任何位置上。

电动式功率因数表的结构原理如图 5-24 所示。图中固定线圈 A 为电流线圈，与负载串联使用。两只可动线圈 B_1、B_2 绕向相反，为电压线圈，与电源并联使用。其中电压线圈 B_1 串联一个电感线圈，使 B_1 的支路为纯电感电路（略去 R_1 的作用），则其电流滞后于端电压 90°。电压线圈 B_2 串接一个高电阻 R_2，使 B_2 的支路为纯电阻电路，则其电流与电压同相位。

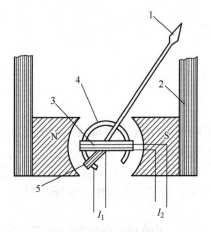

图 5-23 比率表的结构

1—指针 2—永久磁铁 3、5—可动线圈 4—环形铁心

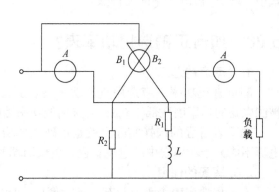

图 5-24 电动式功率因数表原理图

当电源接通后，通过电流线圈的电流产生磁场，通过两个电压线圈的电流，将在磁场中产生力矩。由于两个电压线圈的绕向相反，所以作用于仪表测量机构上的力矩一个为转动力矩，另一个为反作用力矩。当转动力矩同反作用力矩相平衡时，指针便停在某一位置上，指针的偏转角与电路中电压、电流之间的相位差 φ 相等。表盘可按 φ 角或 $\cos\varphi$ 刻度，当按 $\cos\varphi$ 刻度时，指示出的就是被测电路的功率因数值。

功率因数表的接线同功率表一样，应遵守发电机端守则。选择功率因数表时，除了注意电流量程和电压量程外，还应在规定的频率范围内使用。三相功率因数表接线时，相序不能接错。

5-30 DA-16 型晶体管毫伏表有何特点？

DA-16 型晶体管毫伏表采用放大 - 检波式。晶体管毫伏表常用来测量交流电压。它与一般测量仪表相比，具有以下特点：

1）灵敏度和稳定度高（可测量微伏级的电压）。测量电压范围广，从 100μV ~ 300V。可广泛用于工厂，实验室进行电压测量，电表指示为正弦波有效值。

2）频率范围宽，从 20Hz ~ 1MHz。由于使用负反馈，从而有效地提高了仪器的频率响应、指示线性与温度稳定性。

3）输入阻抗高。由于前置电路采用两个串联的低噪声晶体管组成共发射极输出电路，从而获得了低噪声电平及高输入电阻。

DA-16 型晶体管毫伏表的框图如图 5-25 所示。

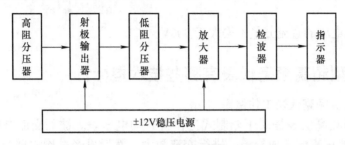

图 5-25　DA-16 型晶体管毫伏表框图

5-31　如何正确使用 DA-16 型晶体管毫伏表？

DA-16 型晶体管毫伏表的面板图如图 5-26 所示。

1）使用时，表面应垂直放置。未通电前先检查机械零点，如不准，则要调节表头的机械调零螺钉，使表针准确地指在零位。

2）"测量范围"开关（即量程选择开关）应先置于高量程上（>3V）。

3）接通电源，待指针摆动数次稳定后，校正零点。方法是将输入线短接（两个鳄鱼夹挟在一起），调节"调零"旋钮，使指针指在零刻度上（注意：零点只需调节一次，不必换档重新调零）。

4）根据被测电压的大小，选择适当的量程，若测未知电压，则应先将"测量范围"开关置于最大量程（300V）上，而后根据示数的大小，量程由高至低依次旋动"测量范围"开关，直到指针指在满刻度的 1/3 以上区域的适当档位（注意观察表针偏转情况），此时产生的刻度误差较小。应按指定量程和对应刻度值读取数值。

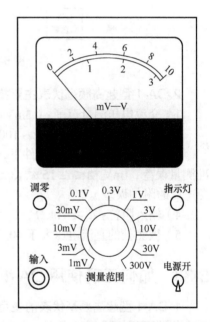

图 5-26　DA-16 型晶体管毫伏表面板图

5）由于本仪器灵敏度高，当"测量范围"开关在低量程（<0.3V）档位时，不得使输入线的两端开路，否则外界感应电压将通过输入线进入表内，致使电表过载易被损坏指针。为防止发生此情况，在使用该仪表时，应先将"测量范围"开关旋到大量程上（>3V），再将输入线按照先接好"地线"再接"芯线"的顺序，接到被测电压两端上，然后再把"测量范围"开关旋到所需的小量程上进行测量。测量完毕，仍需先把"测量范围"开关旋到大量程上，与接线时的顺序相反（即先拆除"芯线"，后拆除"地线"）拆线。

6）由于该仪器灵敏度高，使用时必须正确选择接地点，且接地必须良好，否则将由于外界干扰而造成测试错误。

7）用本仪器测量市电时，应将"芯线"接电源的相线，"地线"接电源的中线，不可接反。测量 36V 以上的电压时，注意机壳带电。

8）本仪器只能用于测量正弦波电压有效值，若测量非正弦波电压，则测量值会有一定的误差。

9）所测交流电压的直流分量不得大于 300V。

5-32 DA-1 型超高频毫伏表有哪些技术指标？

1. DA-1 型超高频毫伏表工作原理

DA-1 型超高频毫伏表是属于调制式工作程式的电压表。被测交流电压经检波变成直流，再经过斩波器把直流变成交流，进行交流放大，然后再经过检波器变换成与输入成正比的直流信号推动微安表指针偏转。组成框图如图 5-27 所示。

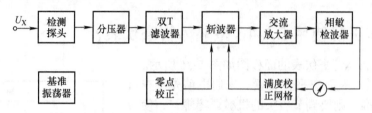

图 5-27　DA-1 型毫伏表原理框图

2. DA-1 型超高频毫伏表主要技术指标

1）交流电压测量范围：0.3mV ～ 3V，量程分 8 档。

2）频率测量范围：10kHz ～ 1000MHz。

3）基本误差：在正常条件下，当测量频率范围为 100kHz 的交流电压时，经过内部校准测量误差；1mV 档 ≤ ±15%，3mV 档 ≤ ±5%，其他各档 ≤ ±3%（还有频响、温度、电源电压的附加误差）。

4）输入阻抗：$R_i \geqslant 10\text{k}\Omega$，$C_i < 2.5\text{pF}$。

5）被测处的直流电压大于 40V。

5-33 如何正确使用 DA-1 型超高频毫伏表？

1. DA-1 型超高频毫伏表的使用

仪器面板如图 5-28 所示。

1）调零校正旋钮。每一量程各自进行调零，并校正至满刻度，将探测器放在校正插孔内稍拔出，调节零位旋钮即可调零，再往里插调节校正旋钮使指针到满刻度，预热 30min。

2）量 程 开 关 分 0.3mV，1mV，3mV，10mV，30mV，300mV，1V，3V 等 8 档。根据被测电压的大小选择合适的量程，当被测交流电压大于 3V 时，使用附加分压器，把量程开关置于相应档，经过校正后，分压器套入探测器即可进行测量。

3）表面指示。表盘有 8 条刻度线，选用不同的量程时，可根据该量程的刻度线读出被测值。

4）探测器的探针直接接到被测点上，50Hz 以下的电压测量，用环形片状接地片，长短探针随意选用。高于 300MHz

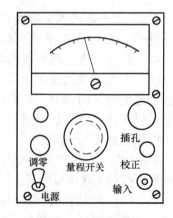

图 5-28　仪器面板

时用短探针，建议用 T 形连接头。

2. DA-1 型超高频毫伏表使用时注意事项

1）被测处直流电压不得超过 40V。

2）当使用 3V 档测量电压或探针触到较高电压（包括手触）后，接着要测 3mV 以下的电压时，须等待 1～2min，以便仪器复零。

5-34　DF2170A 型交流毫伏表有哪些主要特性？

交流毫伏表是一种用来测量正弦电压有效值的电子仪表，可对一般放大器等电子设备进行测量。毫伏表的类型较多，下面介绍 DF2170A 型交流毫伏表的主要特性、前面板及使用说明。图 5-29 所示为 DF2170A 型交流毫伏表的面板图。它的主要特性包括电压测量范围、测量电平范围、频率范围等。

DF2170A 型交流毫伏表具有以下主要特性：

1）电压测量范围：30μV～300V。分 0.3mV，1mV，3mV，10mV，30mV，100mV，300mV，1V，3V，10V，30V，100V，300V 共 13 档。

2）测量电平范围：−70～+50dB。分 −70dB，−60dB，−50dB，−40dB，−30dB，−20dB，−10dB，0dB，+10dB，+20dB，+30dB，+40dB，+50dB 共 13 档。

3）频率范围：5Hz～2MHz。

图 5-29　DF2170A 型交流毫伏表的面板图

5-35　如何正确使用 DF2170A 型交流毫伏表？

图 5-30 所示为 DF2170A 型交流毫伏表前面板示意图，下面分别介绍各个部分的名称及使用说明。

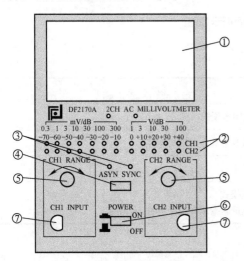

图 5-30　DF2170A 型交流毫伏表前面板示意图

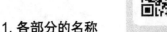

扫一扫，看视频

1. 各部分的名称

① 表头。

② 量程指示。

③ 同步异步 /CH1、CH2 指示。

④ 同步异步 /CH1、CH2 选择按键。

⑤ 量程调节钮。

⑥ 电源开关。

⑦ 通道输入端。

2. 交流毫伏表的使用

1）将仪器水平放置。接通电源，按下电源开关，各档位发光二极管全亮，然后自左至右依次轮流检测，检测完毕后停止于 300V 档指示，并自动将量程置于 300V 档。

2）当按动面板上的同步 / 异步选择按键④时，可选择同步 / 异步工作方式，"SYNC"灯亮为同步工作方式，"ASYN"灯亮为异步工作方式。当为异步工作方式时，CH1、CH2的量程由任一通道控制开关控制，使两通道具有相同的测量量程。

3）当选择 CH1（或 CH2）通道时，调 CH1（或 CH2）的量程调节旋钮，CH1（或 CH2）的指示灯也相应亮起，表头中的黑（或红）指针也随着摆动，使指针稳定在表头易于读数的位置，根据所选择的量程在表头中准确读数。

3. 交流毫伏表使用时的注意事项

1）所测交流电压中的直流分量不得大于 100V。

2）接通电源及输入量程转换时，由于电容的放电过程，指针有所晃动，需待指针稳定后再读取读数。

5-36　UT8630 系列数字交流毫伏表前、后面板由哪些部分组成？

1. 前面板

前面板如图 5-31 所示。

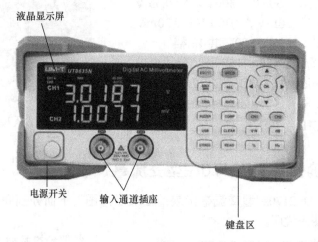

图 5-31　前面板示意图

2. 前面板各部分名称与功能

序号	名称	说　　明
1	电源开关	用于打开 / 关闭本仪器
2	液晶显示屏	用于显示测量参数和运行模式等信息
3	输入通道插座	用于接入交流信号
4	按键	用于选择测试模式 其他界面根据屏幕指示实现特定的操作功能

3. 后面板

后面板如图 5-32 所示。

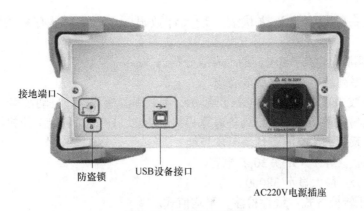

图 5-32 后面板示意图

4. 后面板各部分名称与功能

序号	名称	说　明
1	AC220V 电源插座	交流电源接入插座（带保险丝）
2	USB 设备接口	外部通信接口，实现远程控制
3	接地端口	用于仪器接地
4	防盗锁	用于产品防盗

5. UT8630 系列数字交流毫伏表监测频率

UT8630 系列数字交流毫伏表测量电压的同时可监测频率，如图 5-33 所示。

测量频率范围：UT8633N（5Hz～3MHz）；UT8635N（5Hz～5MHz）。

图 5-33 毫伏表监测频率

5-37　UT8630 系列数字交流毫伏表有哪些主要特点和基本技能？

UT8630 系列数字交流毫伏表包含两个型号 UT8633N 和 UT8635N，测量范围见表 5-4。

表 5-4 UT8630 系列数字交流毫伏表测量范围

型号	交流信号频率
UT8633N	5Hz～3MHz
UT8635N	5Hz～5MHz

UT8630 是一款数字交流毫伏表，最大计数显示 38000，具有多功能、高精度等特点。

UT8630 最高测量电压 380V，最小有效分辨力 50μV。

1. UT8630 系列数字交流毫伏表特点

显示最大计数 38000，彩色 EBTN 屏显示，有频率测量功能，自动量程，可外接电阻测量功率，可浮地测量和接地测量，具备运算和判定功能，USB 口可接上位机等。

2. UT8630 系列数字交流毫伏表基本技能

1）输入阻抗：1MΩ，并联 30pF 电容。

2）LCD 显示：最大显示 38000。

3）交流电压转换方式：线性检波，平均值式。

4）读数速率：SLOW 约 1 次 / 秒；MED 约 2.5 次 /s；FAST 约 5 次 /s。

5）电压测量范围：50μV ~ 300V（正弦波平均值），500Vpk。

6）电压量程：3.8mV，38mV，380mV，3.8V，38V，380V。

7）功率电平测量范围：−83.8 ~ 51.76dBm（0dBm = 0mW，60Ω 负载）。

8）功率测量范围：0.00417nW ~ 150W（负载电阻 R = 600Ω，负载电阻可设）。

9）电压电平 dBV 测量范围：−86 ~ 49.54dBV（0dBV = 1V）。

10）电压电平 dBmV 测量范围：−26 ~ 109.5dBmV（0dBmV = 1mV）。

11）电压电平 dBμV 测量范围：34 ~ 169.54dBμV（0dBμV = 1μV）。

12）MAX、MIN 记录功能及百分比，电压频率双显示。

13）限定范围比较测量功能。

14）相对运算功能，显示保持功能。

15）100 条测试结果存储。

16）测量功率时信号源电阻可设置。

17）信号地可设置浮地（Float）和接地。

18）自动和手动量程。

19）支持 SCPI 命令编程。

5-38　UT8630 系列数字交流毫伏表有哪些主要技术指标？

UT8630 系列数字交流毫伏表主要技术指标见表 5-5。

表 5-5　UT8630 系列数字交流毫伏表主要技术指标

功能	量程	分辨力	1 年准确度 23 ± 5℃	频率范围	温度系数
交流电压测量	3.8mV	0.1μV	±（4%RD+0.5%FS）	5 ~ 20Hz	5Hz ~ 1MHz：±（0.07%RD）1 ~ 5MHz：±（0.1%RD）
			±（2%RD+0.5%FS）	20Hz ~ 2MHz	
			±（3%RD+0.5%FS）	2 ~ 3MHz	
			±（4%RD+0.5%FS）	3 ~ 5MHz	
	38mV	1μV	±（4%RD+0.5%FS）	5 ~ 20Hz	
			±（2%RD+0.5%FS）	20Hz ~ 2MHz	
			±（3%RD+0.5%FS）	2 ~ 3MHz	
			±（4%RD+0.5%FS）	3 ~ 5MHz	

（续）

功能	量程	分辨力	1 年准确度 23 ± 5℃	频率范围	温度系数
交流电压测量	380mV	10μV	±（4%RD+0.5%FS）	5～20Hz	5Hz～1MHz：±（0.07%RD） 1～5MHz：±（0.1%RD）
			±（2%RD+0.5%FS）	20Hz～2MHz	
			±（3%RD+0.5%FS）	2～3MHz	
			±（4%RD+0.5%FS）	3～5MHz	
	3.8V	100μV	±（4%RD+0.5%FS）	5～20Hz	
			±（2%RD+0.5%FS）	20Hz～2MHz	
			±（3%RD+0.5%FS）	2～3MHz	
			±（4%RD+0.5%FS）	3～5MHz	
	38V	1mV	±（2%RD+0.5%FS）	45Hz～100kHz	
	380V	10mV	±（2%RD+0.5%FS）	45Hz～10kHz	
频率测量	5Hz～5MHz	由频率值决定	±（1%RD+5digts）		

注：1. 预热 0.5h，且"慢"速测量，校准温度为 18～28℃时的指标。

　　2. 所有量程允许 5% 超量程。

　　3. 输入信号为稳定正弦波，10%～105% 量程可读到频率，3.8mV 量程除外。

5-39　UT8630 系列数字交流毫伏表按键具有哪些功能？

1. 按键介绍

按键如图 5-34 所示。

2. UT8630 数字交流毫伏表按键功能

UT8630 数字交流毫伏表按键功能详细说明见表 5-6。

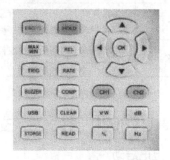

图 5-34　按键示意图

表 5-6　UT8630 数字交流毫伏表按键功能详细说明

按键	短按功能	长按功能
ESC/☼	Esc 键	循环切换背光舷（共 3 级）
HOLD	启动或退出保持功能	进入保持功能相关参数设置界面
MAX/MIN	启动 MAX/MIN 功能或切换 MAX/MIN 轨能的显示值（最大值、最小值、当前值）	退出 MAX/MIN 功能
REL	启动或遇出相对值功能	无效
TRIG	手动触发模式下，手动触发一次	循环切换触发方式
RATE	循环切换读数速率模式（快、中、慢）	无效
BUZZER	打开或关闭按键音	打开或关闭警报音（比较模式时的警报）
COMP	启动或退出比较功能	进入比较功能相关参 SC 设置界面
USB	打开或关闭 USB 通信功能	无效

（续）

按键	短按功能	长按功能
CLEAR	回读模式下，删除一条数据	回读模式下，删除全部数据
STORGE	存储当前测量的数据	无效
READ	进入回读模式	无效
CH1	测量模式下，选择通道一作为主通道	测量模式下，设置通道一接地或浮地
CH2	测量模式下，选择通道二作为主通道	测量模式下，设置通道二接地或浮地
WW	循环切换电压、峰峰值、功率测量功能	功率测量时进入电阻设置界面
dB	循环切换 dB、dBm、dBuV、dBmV、dBV 测量功能	dB 测量时进入参考电压设置界面，dB 测量时进入参考电阻设置界面
%	打开或关闭第一行的百分比计算结果	进入百分比参考值设置界面
Hz	打开或关闭主通道的频率显示	无效
▲	测量模式下，上调一个量程； 编辑模式下，上调一个数字	测量模式下，上调到最大量程； 编辑模式下，连续上调数字
▼	测量模式下，下调一个量程； 编辑模式下，下调一个数字	测量模式下，下调到最小量程； 编辑模式下，连续下调数字
◄	测量模式下，切换第二行显示功能； 编辑模式下，光标向左移动一位	测量模式下，短暂显示测量功能参考值
►	测量模式下，切换第二行显示功能； 编辑模式下，光标向左移动一位	测量模式下，短暂显示测量功能参考值
OK	测量模式下，切换手动或自动量程模式； 编辑模式下，保存编辑结果	无效

5-40　UT8630 系列数字交流毫伏表使用注意哪些问题？

1. 上电启动

连接电源前，应保持供电电压在 198 ~ 242V，并且频率在 45 ~ 66Hz 的条件下工作。

插入电源线前，务必先确认前面板的电源开关是在关的状态。

将电源线连接至仪器后面板的交流电源输入端和三孔交流电源的输出端（务必是有接地线的交流电源）。

> **警告**：仪器自带的三孔电源线有一个独立的接地端线，所用的电源必须是三孔的，而且有接地，否则可能会因电击而导致人员的伤亡。

按下仪器前面板的开关，以打开仪器，准备操作。

2. 输入端介绍

BNC 输入端插座如图 5-35 所示。

1）BNC 插座芯线与外层屏蔽壳间最高能接受 300Vrms 或 500Vpk 电压。

2）CH1 BNC 插座和 CH2 BNC 插座间最高能接受 300VrmS 或者 500Vpk 电压。

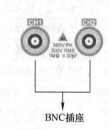

图 5-35　BNC 输入端插座

3）BNC 插座与机箱外壳间最高能接受 300Vrms 或者 500Vpk 电压。

3. 高压线路测量安全注意事项

为了安全上的考虑，当需要在高压电路中测量电压时，要遵循以下注意事项：在高压电路中测量时，务必使用符合下列要求的导线及配件。

1）测试导线和配件必须完全绝缘。

2）在自动测试时，必须使用能够与电路连接的导线，例如，鳄鱼夹等导线。

3）不要使用会缩小电压空间的测试配件，因为那样会降低保护的功能，而造成极危险的状态。

按照下列的程序，在高压电路中进行测量：

1）使用标准的连断装置，如断路器或主开关等，来作为电路连接用。

2）使用符合安全规格范围内的测试导线和附件，来与电路相连接。

3）将 UT8630 设定在正确的测量量程。

4）使用标准的开关来使电路通电后，再用 UT8630 测量（此时，切勿将测试导线从 UT8630 输入端拔出）。

5）使用标准的开关线路断开电源。

6）将测试接头从高压线路的测试单元分离。

> **警告：** 在 INPUT 和接地端间的最大共模电压为 500V 峰值。超过此范围时，可能会导致绝缘的崩溃而有电击的危险。

5-41　UT8630 系列数字交流毫伏表显示哪些相应的信息？

1. 屏幕显示介绍

在进入测试模式后，屏幕分成若干个区域分别显示相应的信息，如图 5-36 所示。

图 5-36　屏幕各区域分别显示相应的信息

2. 测量界面显示信息

序号	名称
1	通道信息
2	显示值区域
3	显示单位区域
4	辅助功能信息
5	存储信息

5-42　UT8630 系列数字交流毫伏表主通道如何设置?

在测量时,LCD 显示屏的第一行的最左边位置指示出当前的主通道,并且第一行显示了主通道的测量功能和测量值;第二行用于副功能,它们可以是任一通道的任一功能。通过短按"CH1"键或"CH2"键来设置主通道,如图 5-37 所示。

a) 通道一　　　　　　　　　　b) 通道二

图 5-37　通道设置

"OK"键设置量程模式、上下键手动调整量程、"V/W"键或"dB"键切换功能都只是针对主通道,它们不会改动另一个通道的设置;当需要改变另一个通道的这些设置时,需要先把另一个通道设置为主通道。

5-43　UT8630 系列数字交流毫伏表如何选择测量功能?

通过"V/W"键或"dB"键来选择主通道的测量功能;左、右键可以循环选择 LCD 第二行副功能的用途,可以选择任一通道的任一功能;"%"键可以打开或关闭百分比计算功能,打开时它以 LCD 第一行的显示值来做计算,计算结果显示在 LCD 的第二行;"Hz"键可以打开或关闭主通道的频率显示,打开时将在 LCD 第二行显示出主通道的频率,如图 5-38 所示。

a) %功能显示　　　　　　　　　b) Hz功能显示

图 5-38　测量功能示意图

5-44　UT8630 系列数字交流毫伏表如何进行量程设置?

在测量时,短按"OK"键可以循环选择主通道量程的手动或自动模式;无论在何种量程模式下,短按上键向上升一个量程、短按下键向下降一个量程,长按上键选择 380V 量程、长按下键选择 3.8mV 量程;手动选择量程后会强制进入手动模式。手动选择量程时,LCD 显示器会短暂指示出选择的量程,如:"-3.8--mV""-38--mV""-380--mV"等,如图 5-39 所示。

在手动模式时,当信号的有效值低于量程的 8% 时,LCD 将不再显示测量值,

图 5-39　量程设置

而显示"Lo"，此时需要手动降一个量程；当信号的有效值大于量程的 25% 时，LCD 将不再显示测量值，而显示"OL"，此时需要手动升一个量程，如图 5-40 所示。

a) Lo

b) OL

图 5-40　有效值小于或大于量程时

> **注意**：按键操作量程只是针对主通道，它不会影响另一个通道的状态，需要设置另一个通道的量程时，需要短按"CH1"或"CH2"键来设置其成为主通道后再操作它的量程。

5-45　UT8630 系列数字交流毫伏表具有哪些存储功能？

1. 存储测量值

此毫伏表最大可以存储 100 笔测量值，可以逐条回读并显示出来，可以单笔删除、也可以全部删除。在测量时，短按一下"STORE"键，即把当前显示的测量值存储在本机的存储器中。存储时，LCD 显示器会短暂显示"STORE"符号和当前存储的位号，如"STORE 53"。

当本机中的存储器已满时，短按"STORE"键不会执行存储操作、并且 LCD 显示"STORE FUL"。

2. 回读测量值

测量模式下，短按"READ"键后，如果本机存储器中已存有数据，则进入回读模式，如图 5-41 所示，如果没有数据，则 LCD 显示"READ No"。

图 5-41　回读测量值

在回读模式下，短按左键或下键查看前一个记录；短按右键或上键查看后一个记录；长按左键或下键向前快进；长按右键或上键向后快进。短按 ESC 键退出回读模式。

如果记录是在 MAX/MIN 功能时存储的，则在回读模式下可以短按 MAX/MIN 循环查看当前值、最大值、最小值。

3. 删除存储数据

在回读模式下，短按 CLEAR 键后，LCD 的"CLEAR"符号开始闪烁，LCD 右上角显示记录序号，此状态表示询问用户是否删除当前序号的这条记录。此时，短按"OK"键删除这条记录，短按"ESC"键消取删除，如图 5-42 所示。

图 5-42　删除存储记录

在回读模式下，长按"CLEAR"键后，LCD 的"CLEAR"符号开始闪烁、LCD 右上角显示"ALL"，此状态表示询问用户是否删除存储的所有记录。此时，短按"OK"键删除所有记录，短按"ESC"键取消删除，如图 5-43 所示。

图 5-43　删除所有记录

第 6 章
示波器的功能与使用

6-1　什么是电子示波器？

在电子技术领域中，电信号波形的观察和测量是一项很重要的内容，而示波器就能快速地把肉眼看不见的电信号的时变规律以可见的形像显示出来，所以示波器是完成这个任务的一种很好的测试仪器。示波器可以用来研究信号瞬时幅度随时间的变化关系，也可以用来测量脉冲的幅值、上升时间等过渡特性。还能像频率表、相位表那样测试信号的周期频率和相位，以及测试调制信号的参数，估计信号的非线性失真等。

目前，在家用电子产品的维修中示波器已成为极为重要的维修工具。过去的家用电子产品品种较少，电路也比较简单。有一台万用表往往可以完成电视机、收录机等产品的维修工作。随着新电路、新器件的应用，特别是数字技术在家用电子产品中的应用，单一的万用表就不能解决维修中出现的种种问题了。例如采用大规模和超大规模数字电路、数字画中画电路、数字音频信号处理电路、图文电路、高画质、高音质电路在大屏幕彩电中的应用，以及各种数字音频视频设备的出现，给维修行业带来了新的问题。而示波器在维修这些产品中起着重要的作用，它的使用可以大大提高维修效率。万用表主要测量直流信号和低频信号（低于 200Hz），测量交流信号以及数字脉冲信号只能使用示波器。借助于各种转换器，示波器还可以用来观测各种非电量，如温度、压力、流量、振动、密度、声、光、热以及生物信号等变化过程。实际上，示波器不仅是一种时域测量仪器，也是频域测量仪器的重要组成部分。

示波器不单是一种用途广泛的信号测试仪，而且是一种良好的信号比较仪，目前已更广泛地用作直角坐标或极坐标显示器，用它组成自动或半自动的测试仪器或测试系统。随着电子技术的发展，示波器的用途和功能还将不断增加。

电子示波器的种类是多种多样的，分类方法也各不相同。按所用示波管不同可分为单线示波器、多踪示波器、记忆示波器等；按其功能不同可分为通用示波器、多用示波器、脉冲示波器、高压示波器等。

图 6-1 所示为单踪示波器的原理框图。

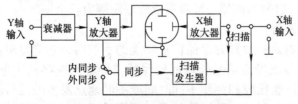

图 6-1　单踪示波器原理方块图

双踪示波器能够同时观测两个被测信号的波形，其原理方块图如图 6-2 所示。图中只画出了 Y 轴系统的方块，X 轴系统的方块与单踪示波器相同。

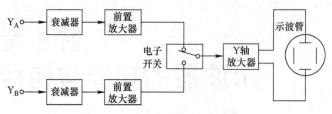

图 6-2　双踪示波器原理方块图

6-2　示波器是如何分类的？

示波器就是用示波管或显示器显示信号波形的设备，常用于检测电子设备中的各种信号的波形。在电子设备中有很多是来产生传输、存储或处理各种信号的电路，在检查、调试或维修这些设备时，往往需要检测电路的输入或输出的信号波形，通过对信号波形的观测判断电路是否正常或通过观测波形将电路调整到最佳状态。示波器按其用途和特点，可分为以下五大类。

1. 通用示波器

通用示波器是采用单束示波管，并应用示波器基本显示原理构成，可对电信号进行定性和定量观测的示波器。通常泛指除采样示波器、特殊示波器、行波示波器以外的示波器。通用示波器按其垂直信道（常称 Y 信道）的频带宽度，又可分为以下五个类别：

1）简易示波器。简易示波器是一种频带很窄（100～500kHz），只能定性地观察连续信号波形的示波器。

2）低频示波器。低频示波器是 Y 信道频带宽度不大于 1MHz 低频信号的示波器。

3）普通示波器。普通示波器是 Y 信道频带宽度在 5～6MHz 范围内中频信号的示波器。

4）高频示波器和超高频示波器。适合于测量高频（100MHz）和超高频（1000MHz）信号。

5）宽带示波器。宽带示波器是 Y 信道频带宽度在 6MHz 以上的示波器，宽带示波器一般能进行双踪显示，目前，宽带示波器的上限频率已达 1000MHz 以上。

2. 多束示波器和多踪示波器

多束示波器又称多线示波器，它是采用多束示波管的示波器。在示波管屏幕上显示的每个波形都是由单独的电子束产生的，因此它能同时观测与比较两个以上的信号。

按显示信号的数量来分，有单踪示波器（只显示一个信号）、双踪示波器（可同时显示两个信号），还有多踪示波器，可同时显示多个信号的波形。多踪示波器的特点是以一条电子束利用电子开关形成多条扫描线，它们可以同时观测和比较两个以上的信号。

3. 采样示波器

采样示波器是采用采样技术，把高频信号模拟转换成低频信号，然后再用类似通用示波器的原理进行显示，这种示波器一般具有双踪显示能力。

4. 记忆、存储示波器

记忆、存储示波器是一种具有存储信息功能的示波器，它能将单次瞬变过程、非周期现象、低重复频率信号或慢速信号长时间地保留在屏幕上或存储于电路中，供分析比较、研究和观测之用。它还能比较和观测不同时间或不同地点发生的信号。目前，实现信息存储的方法有两种，一种是用记忆示波管；另一种是采用数字存储技术。前者一般称为记忆示波器，后者一般称为存储示波器，目前很多通用示波器都具有信息存储的功能。

5. 特殊示波器

特殊示波器是能满足特殊用途或具有特殊装置的专用示波器，如电视示波器、晶体管特性图示仪、矢量示波器、高压示波器及超低频示波器等。

从电路结构来分，有电子管示波器、晶体管示波器和集成电路示波器。

从测量功能来分，有模拟示波器和数字记忆示波器。数字记忆示波器是将测量的信号数字化以后暂存在存储器中，然后再从存储器中读出显示在示波管上。在测量数字信号的场合经常使用，便于观察数字数据信号的波形和信号内容。

示波器从波形显示器件来分，有阴极射线管（CRT）示波器、彩色液晶显示器和用电脑彩色监视器做成的示波器。

为适应测量电视信号的特点，示波器生产厂家专门生产了同步示波器，在示波器电路中设有与电视的行、场信号同步的电路，在控制面板上专门设置了选择电视行或电视场的键钮，以便在观测电视信号时信号波形稳定。

6-3　电子示波器的特点有哪些？

电子示波器是最常用的电子仪器之一，它具有以下一些特点：

1）能显示信号波形，并可测量出瞬时值；

2）测量灵敏度高，具有较强的过载能力；

3）输入阻抗高，对被测系统的影响小；

4）工作频带宽，速度快，便于观察瞬变现象的细节；

5）示波器是一种快速 X-Y 描绘器，可以在荧光屏上描绘出任何两个量的函数关系曲线；

6）配用变换器，可观察各种非电量，也可以组成综合测量仪器，以扩展其功能。

6-4　什么是示波管？

示波管也称为阴极射线管，是示波器的核心部件。普通示波管的基本结构如图 6-3 所示，它包括电子枪、偏转系统和荧光屏。这三部分都密封在玻璃壳内，成为一个真空器件。其作用是把电信号变成发光的图形。

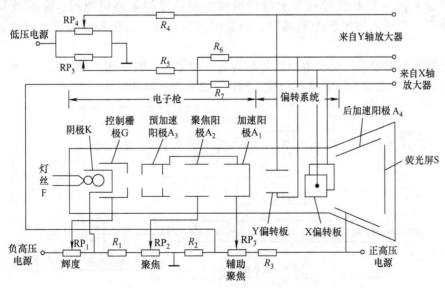

图 6-3　示波管结构及其供电电路示意图

6-5　电子枪的工作原理是什么？

电子枪的任务是发射电子并形成很细的高速电子束。电子枪由灯丝 F、阴极 K、控制栅极 G、预加速阳极 A_3、聚焦阳极 A_2 和加速阳极 A_1 组成。

灯丝用于加热阴极，使阴极发射电子。其密度受相对于阴极为负电位（约 $-50 \sim -30V$）的控制栅极控制。显然，调节电位器 RP_1（即"辉度"调节旋钮）能改变栅极对阴极的电位差，也就控制了射向荧光屏的电子流密度，从而改变亮点的辉度。如果用外加信号控制栅、阴极间电压，则可使亮点辉度随信号强、弱而变化，这种工作方式称为辉度调制，可形成三维显示。

阳极 A_1、A_2、A_3 都是一个与阴极同轴的金属圆筒，通常三个阳极的电位（A_3 与 A_1 等电位）均比阴极高得多（大约几百伏至一千多伏），而 A_3、A_1 阳极电位（大于 1kV）又高于 A_2 阳极。

6-6　荧光屏的工作原理是什么？

荧光屏是在玻璃壳内壁涂上荧光粉而制成的，它在受到电子轰击后，将其功能转化成光能，形成亮点。当电子束随信号偏转时，这个亮点的移动轨迹就形成信号的波形。

由于荧光粉的成分各异，所以发光的颜色及其余辉时间也因此不同。人们通常都选用人眼最敏感的黄、绿、蓝三种颜色。从激发停止瞬间亮度到下降为该亮度的 10% 所经过的时间称为余辉时间。$10\mu s \sim 1s$ 为短余辉，$1ms \sim 0.1s$ 为中余辉，$0.1 \sim 1s$ 为长余辉。通用示波器一般选用中余辉，慢扫描示波器则使用长余辉。值得指出的是，高能电子束轰击荧光屏时，它的动能只有一部分转为光能，而大部分转为热能，所以不应当使亮点长时间停留在一处，以免荧光粉损坏而形成斑点。

6-7　电子示波器是由哪些部分组成的？

示波器是由一只示波管和为示波管提供各种信号的电路组成的。在示波器的控制面板上设有一些输入插座和控制键钮。测量用的探头通过电缆和插头与示波器输入端子相连。

示波器的种类较多，但基本原理与结构基本相似，一般由垂直偏转系统、水平偏转系统、辅助电路、电源及示波管电路组成。通用示波器结构框图如图 6-4 所示。

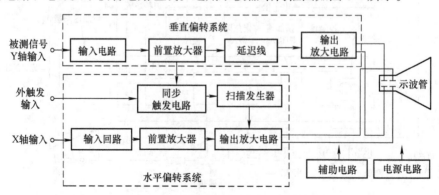

图 6-4　示波器的基本结构框图

1. 垂直偏转系统

垂直 Y 轴偏转系统主要包括输入电路、前置放大器、输出放大电路、延迟线和内触发放大器等几个部分。输入电路用来探测输入信号；前置放大器用来放大输入信号；输出放大电路用来推动示波管的 Y 偏转板；延迟线用来补偿 X 信道的延时，以便观测脉冲信号的前沿；内触发放大器为同步触发电路提供足够大的内触发信号。

垂直偏转系统的作用是将被测信号放大后，送入示波管的垂直偏转板，使光点在垂直方向上随被测信号的变化而产生移动，形成光点运动轨迹。

2. 水平偏转系统

水平（X轴）偏转系统包括触发放大器、扫描电路和水平放大电路。扫描电路产生锯齿波电压，经水平放大电路放大后，送入示波管的水平偏转板，使光点在水平方向上随时间线性偏移，形成时间基线。

3. 示波管电路

示波管是显示器件，又称显示器，它是示波器的核心部件。示波管各极加上相应的控制电压，对阴极发射的电子束进行加速和聚焦，使高速而集中的电子束打击荧光屏形成光点。

4. 电源电路

示波器的直流供电分为两部分，即直流低压和直流高压。低压电源供给各单元电路的工作电压，高压电源供给示波管各级的控制电压。此外显示管灯丝电压由交流低压供给。

5. 辅助电路

辅助电路包括校准信号和时标信号发生器。校准信号发生器实际上是一个幅度和频率准确已知的方波发生器，用来校准示波器的 X、Y 轴刻度。

电信号的时间波形实际上就是它的瞬时值与时间在直角坐标系统的函数图像。正弦信号的时间波形如图 6-5 所示。如果某一仪器能显示直角坐标图像，且它的垂直坐标 Y 正比于输入信号的瞬时值，水平坐标 X 正比于时间，那么这种仪器就可称为示波器。据此可得示波器的工作原理示意图如图 6-6 所示。被测输入信号经 Y 放大器加到示波管的垂直偏转系统，使电子射线的垂直偏转距离正比于信号的瞬时值。在示波器的水平偏转系统上加入随时间线性变化的信号，使电子射线的水平偏转距离正比于时间，那么示波管的荧光屏上就会得到输入信号的波形。

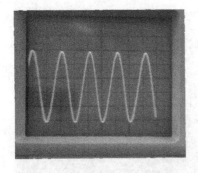

图 6-5 正弦信号的时间波形图

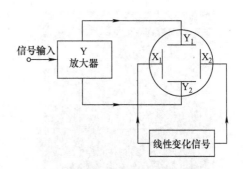

图 6-6 示波器的工作原理示意图

6-8 示波器是怎样应用在电压、相位、时间和频率测量中的?

扫一扫,看视频

　　利用电子示波器可以进行电压、时间、相位差、频率以及其他物理量的测量。

　　用电子示波器不仅可以测量正弦波电压,而且可以测量各种波形的电压幅值、瞬时值。更有实际意义的是,它还可以测量脉冲电压波形的上冲量、平顶降落等。因此,与普通电压表相比,电子示波器具有独特的优点。但是,由于视差和示波器固有误差等因素的影响,利用示波器进行测量也存在准确度不高的缺点。

　　测量相位,通常是指两个同频率的信号之间相位差的测量。在电子技术中,主要测量 RC、LC 网络、放大器相频特性以及依靠信号相位传递信息的电子设备。

　　对于脉冲信号,称同相或反相,而不用相位来描述,通常用时间关系来说明。

　　时间测量无疑是很重要的,平常遇到的周期、脉冲上升时间、脉宽及下降时间等的测量,如采用带电子的时间刻度的脉冲示波器测量,既直观又方便。这里只介绍用通用示波器对周期、脉冲上升时间及时间间隔的测量。

　　对于周期性信号的频率测量,在无专门的频率测量仪器的情况下,利用示波器进行测量是一种简单而又灵活的方法。

6-9 示波器是怎样测量直流电压的?

　　要测量直流电压,所用示波器的 Y 通道应当采用直接耦合放大器,如果示波器的下限频率不是零,则不能用于测量直流电压。

　　进行测量前,必须校准示波器的 Y 轴灵敏度,并将其微调旋钮旋至"校准"位置。测量方法如下:

　　1)将垂直输入耦合选择开关置于"⊥",采用自动触发扫描,使荧光屏上显示一条扫描基线,然后根据被测电压极性,调节垂直位移旋钮,使扫描基线处于某特定基准位置(作 0V 电压线),如图 6-7 所示。

　　2)将输入耦合选择开关置于"DC"位置。

　　3)将被测信号经衰减探头(或直接)接入示波器 Y 轴输入端,然后再调节 Y 轴灵敏度(V/Div 或 V/div)开关,使扫描线有较大的偏移量,如图 6-8 所示。

图 6-7　基准电压 0V

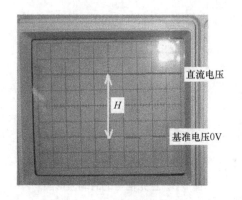

图 6-8　测量直流电压 U_x

设荧光屏上显示直流电压的坐标刻度为 $H(\mathrm{div})$，仪器的 Y 轴灵敏度所指档级为 $S_\mathrm{Y} = 0.2\mathrm{V/div}$，Y 轴探头衰减系数 $K = 10$（即采用 10:1 衰减探极），则被测直流电压为

$$U_\mathrm{X} = H(\mathrm{div})S_\mathrm{Y}(\mathrm{V/div})K$$

$$= H(\mathrm{div}) \times 0.2\mathrm{V/div} \times 10 = 2H\;(\mathrm{V})\;(\text{正电压})$$

6-10 示波器是怎样测量交流电压的？

一般是直接测量交流电压的峰峰值 $U_\mathrm{P\text{-}P}$。其测量方法是将垂直输入耦合选择开关置 "AC"，根据被测信号的幅度和频率对 "V/div" 开关和 "t/div" 开关选择适当的档级，将被测信号通过衰减探头接入示波器 Y 轴输入端，然后调节触发 "电平"，使波形稳定，如图 6-9 所示。

设荧光屏上显示信号波形峰峰值的坐标刻度为 $A(\mathrm{div})$，仪器的 Y 轴灵敏度所指档级为 $S_\mathrm{Y} = 0.1\mathrm{V/div}$，Y 轴探头衰减系数 $K = 10$，则被测信号电压的峰峰值为

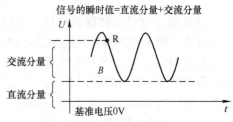

图 6-9 交流电压峰峰值 $U_\mathrm{P\text{-}P}$ 的测量

$$U_\mathrm{P\text{-}P} = A(\mathrm{div})0.1\;\mathrm{V/div} \times 10 = A\;(\mathrm{V})$$

对于正弦信号来说，峰峰值 $U_\mathrm{P\text{-}P}$ 与有效值 U_X 的关系为

$$U_\mathrm{X} = U_\mathrm{P\text{-}P}/2\sqrt{2} = A\;(\mathrm{V})/2\sqrt{2}$$

6-11 示波器是怎样测量电压瞬时值的？

设要测量的是含有直流分量的被测信号的某特定点 R 的电压瞬时值 u_R（见图 6-10），则首先将垂直输入耦合选择开关置于 "⊥"，调整扫描基线位置，确定基准电平（0V），然后将输入耦合选择开关置 "DC" 位置，选择适当的 "V/div" 和 "t/div" 档级，将被测信号通过探头接入 Y 输入端，使荧光屏上显示一个或几个周期的稳定波形，如图 6-10 所示。由图算得 R 点的电压瞬时值为

$$u_\mathrm{R} = B(\mathrm{div}) \cdot S_\mathrm{Y}(\mathrm{V/div}) \cdot K$$

图 6-10 电压瞬时值的测量

6-12 示波器是怎样用椭圆法（李沙育图形法）测相位差的？

李沙育图形法测相位差是示波器作为图形显示仪的用法，将两个频率相同而相位差为 φ 的正弦波电压信号分别加到示波器的 Y 轴和 X 轴输入端（如 $u_\mathrm{Y} = U_\mathrm{Ym}\sin(\omega t + \varphi)$，$u_\mathrm{X} = U_\mathrm{Xm}\sin\omega t$），荧光屏上将显示出如图 6-11a 所示的图形。

根据 +X 轴（或 +Y 轴）上截距 X_1（或 Y_1）与幅值 X_m（或 Y_m）之比，可求出 Y 轴上所加信号与 X 轴上所加信号之间的相位差 φ 为

$$\varphi = \arcsin\left(\pm\frac{Y_1}{Y_m}\right) = \arcsin\left(\pm\frac{X_1}{X_m}\right)$$

两个信号在不同相位差时所构成的图形如图 6-11b 所示。此法只能测相位差的绝对值，至于超前与滞后的关系，应根据电路工作原理进行判断。

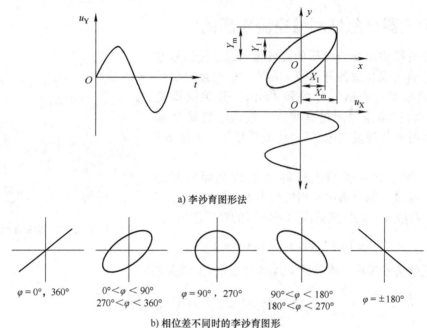

a) 李沙育图形法

$\varphi = 0°，360°$　　$0° < \varphi < 90°$　　$\varphi = 90°，270°$　　$90° < \varphi < 180°$　　$\varphi = \pm180°$
　　　　　　　　　$270° < \varphi < 360°$　　　　　　　　　$180° < \varphi < 270°$

b) 相位差不同时的李沙育图形

图 6-11　用李沙育图形法测相位差

6-13　示波器是怎样测量周期时间的？

测量前，应对示波器的扫描速度进行校准。在未接入被测信号时，先将扫描微调置于校准位置，再用仪器本身的校准信号对扫描速度进行校准。

接入被测信号，将图形移至荧光屏中心，调节 Y 轴灵敏度和 X 轴扫描速度，使波形的高度和宽度合适，如图 6-12 所示。设扫描速度为 $t/\text{div} = 1\text{ms/div}$，$X$ 为 T 所占格数。

$$T = X(\text{div}) \cdot (t/\text{div})$$
$$= 2.05 \times 1 = 2.05\text{ms}$$

为了减少读数误差，也可采用图 6-12 所示的多周期法进行测量。设 N 为周期个数，X' 为 NT 所占格数，则被测信号周期为

$$T = X' \times (t/\text{div}) \div N$$
$$8.2 \times 1\text{ms} \div 4 = 2.05\text{ms}$$

则对应的频率为

$$f = 1/T = 487.8\text{Hz}$$

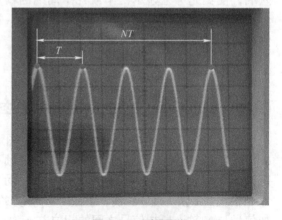

图 6-12　测量周期

6-14　示波器是怎样测量脉冲前沿时间与脉冲宽度的?

调节 Y 轴灵敏度使脉冲幅度达到荧光屏满刻度，同时调节扫描速度（t/div）使脉冲前沿展开些（如使上升沿占有几 cm），然后根据荧光屏上坐标刻度上显示的波形位置，读测信号波形在垂直幅度的 10% 与 90% 两位置间的时间间隔距离 X，如图 6-13 所示。若 t/div 的标称值为 0.1μs/div，$X = 2$div，扩展倍数 $K = 5$，则荧光屏上读测的上升时间为

$$t_r = X(t/\text{div}) \div K$$
$$= 2\text{div} \times 0.1\text{μs/div} \div 5$$
$$= 0.04\text{μs}$$

因为示波器存在输入电容，使荧光屏上显示的上升时间比信号的实际上升时间要大些。若考虑示波器本身固有的上升时间 t_{r0}，则信号的实际上升时间为

$$t_{rx} = \sqrt{t_r^2 - t_{r0}^2}$$

如果 $t_r \gg t_{r0}$，则 $t_{rx} \approx t_r$。

脉冲宽度是指脉冲前后沿与 $0.5U_m$ 线两个交点间的时间，假设 t_p 在示波器荧光屏上对应的长度为 $X(\text{div})$，由图 6-14 有

$$t_p = X(\text{div}) \times (t/\text{div}) \div K$$

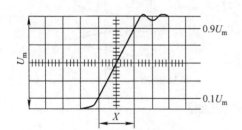

图 6-13　脉冲上升时间的测量

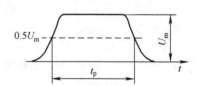

图 6-14　脉冲宽度的测量

6-15　示波器是怎样测量脉冲时间间隔的?

利用双踪示波器测量脉冲时间间隔是很方便的，和测量相位一样，这里仍用单踪示波器来讨论。

其测量方法与测量相位差相似，首先按图 6-15a 接线，在荧光屏上显示出 u_1 波形，记下图 6-15b 中 t_1 时刻的位置。然后将 S 指向 2，使 Y 输入 u_2，再记下 u_2 波形的 t_2 时刻的位置，则所测的时间间隔为

$$t_d = t_2 - t_1 = X(\text{div}) \cdot (t/\text{div}) \div K$$

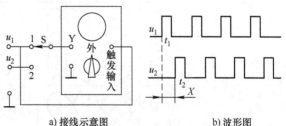

a) 接线示意图　　　b) 波形图

图 6-15　用单踪示波器测量脉冲时间间隔示意图

6-16　示波器是怎样测量频率的?

（1）用测周期法确定频率　由于信号的频率为周期的倒数，因此，可用前述方法先测出信号周期，再换算为频率。

（2）李沙育图形测频法　利用李沙育图形测频法测量频率时，必须断开机内扫描信号发生器，通常将被测信号（频率为 f_Y）接 Y 通道，将已知的且频率可调的标准信号（频率为 f_S）接入 X 通道，如图 6-16a 所示。当调节 f_S（即 f_X）使 $f_Y/f_S = 1:2$ 时，其显示原理如图 6-16b 所示。f_Y 与 f_S（即 f_X）之比不同，李沙育图形的形状也不同。若在荧光屏上做相互垂直的两条直线 X、Y，这两条直线与李沙育图形相切，则李沙育图形与直线 X、Y 的交点数目之比，就是两个信号频率之比，即

$$\frac{N_X}{N_Y} = \frac{f_Y}{f_X}$$

式中，N_X 为水平线与李沙育图形的交点数；N_Y 为垂直线与李沙育图形的交点数。

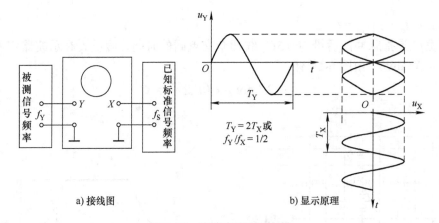

a) 接线图　　　　　　　　　　　　b) 显示原理

图 6-16　李沙育图形测频法

当两个信号频率相同而初相位不同时，李沙育图形可为一直线、一个圆或一个椭圆。对应不同的频率比和不同的初相，其波形如图 6-17 所示。

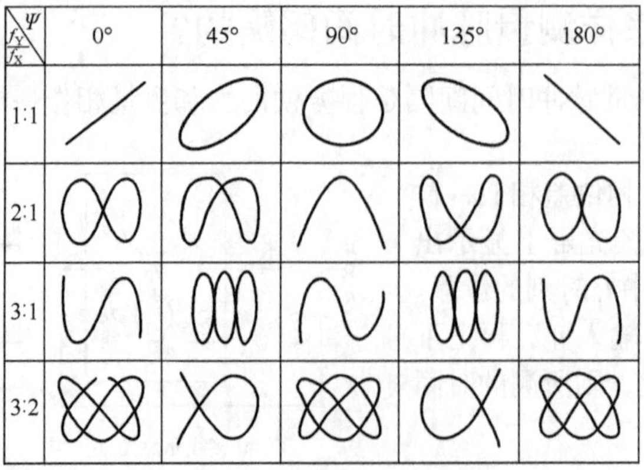

$\frac{f_Y}{f_X}$ ╲ ψ	0°	45°	90°	135°	180°
1:1					
2:1					
3:1					
3:2					

图 6-17　不同频率比和相位差的李沙育图形

6-17　示波器是怎样测量频率特性的?

　　频率特性是指整机或电路的频率范围,也就是对不同频率的响应性能。检测不同频率的信号增益是否一致,高频或低频性能是经常检测的项目。

　　检测频率特性的方法如图 6-18 所示,使用双踪示波器时,将低频信号发生器(信号源)的输出在送到音频电路的同时,也直接送到示波器 CH1 的信号输入端,被测音频电路的输出再送到示波器的 CH2 信号输入端。测量时,使信号源的输出电压保持恒定,然后测量输出电压,再求出频率特性。根据测量的输入和输出电压值即可以求出电路的增益 A。

$$增益\ A = \frac{输出电压 U_o}{输入电压 U_i}$$

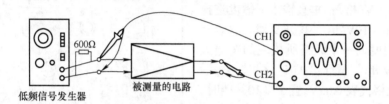

图 6-18　用示波器测量频率特性

通常增益用 dB 表示

$$增益\ A = 20\lg\frac{U_o}{U_i}$$

如果 $U_i = 10\text{mV}$,$U_o = 1000\text{mV}$,则

$$增益\ A = 20\lg(1000/10) = 40\ (\text{dB})$$

　　使用单踪示波器进行测量时,可先测量输入电压,然后再测量输出电压,再求出增益值。

　　测量频率特性时,保持信号源的输出幅度不变,改变信号源的输出信号频率,从低频到高频测量若干频率点的增益。就得到了电路的频率特性,例如一个普通音频放大器在 20Hz ~ 20kHz 的范围内增益基本一致变化量不超过 ±1dB。

6-18　ST-16 型示波器是由哪些部分组成的?

　　ST-16 型示波器是一种小型的通用示波器,频率响应为 0 ~ 5MHz,垂直输入灵敏度为 20mV/div,扫描时基系统采用触发扫描,适用于一般脉冲参量的测试,功率约为 55VA。

　　图 6-19 所示为其电原理方框图。

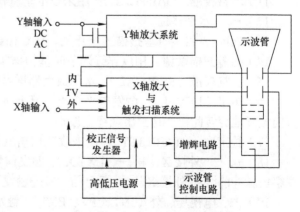

图 6-19　ST-16 型示波器方框图

6-19 ST-16 型示波器面板上各旋钮开关有何作用?

图 6-20 所示为 ST-16 型示波器的面板图。面板上各旋钮开关的作用如下:

1)"开"(ON):电源开关。

2)✿:辉度调节。

3)⊙:聚焦调节。

4)○:辅助聚焦调节,与"⊙"配合使用。

5)↕:垂直移位。

6)Y:输入插座(被测信号输入端)。

7)V/div(V/格):垂直输入灵敏度选择开关,从 0.02 ~ 10V/div,共分 9 档。它表示屏幕的坐标刻度上一个纵格所代表的幅值大小。例如,"V/div"置于"0.05"档时,表示屏幕上一个纵格代表 0.05V;置于"10"档时,表示一个纵格代表 10V。

当此开关置于最左一档"⊓⌐"时,表示输入校正信号(50Hz,100m V 之方波),供仪器检查、校准用。

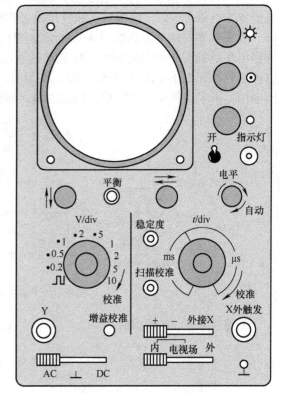

图 6-20 ST-16 型示波器面板图

8)增益微调(VERNIER):用来连续改变垂直放大器的增益。右旋到底为"校准"(CAL)位置,增益最大。

9)AC、⊥、DC:Y 轴输入耦合方式选择开关。置"AC"时,输入端处于交流耦合状态,被测信号中的直流分量被隔断,适于观察各种交流信号,置"DC"时,输入端处于直流耦合状态,适于观察各种缓慢变化的信号和含有直流分量的信号;置"⊥"时,输入端接地,便于确定输入端为零电位时,光迹在屏幕上的基准位置。

10)平衡(BAL):使 Y 轴输入级电路中的直流电平保持平衡状态的调节装置。

11)增益校准(GAIN CAL):用来校准垂直输入灵敏度。

12)⇌:水平移位。

13)t/div(t/格):时基扫描选择开关。从 0.1μs/div ~ 10ms/div,按 1-2-5 进位,分 16 档。

14)时基扫描微调:用以连续调节时基扫描速度。

15)扫描校准(SWP CAL):水平放大器增益的校准装置。

16)电平(LEVEL):触发电平。当屏幕上所显出的波形不稳时,可由右至左按逆时针方向缓慢地旋转此钮,直至出现稳定波形。

17)稳定度(STABILITY):用来改变扫描电路的工作状态(一般应处于待触发状态)。

18)+、-、外接 X(+、-、EXT X):触发信号极性开关。"+":观察正脉冲前沿;"-":观察负脉冲前沿;"外接 X":面板上的"X 外触发"插座成为水平信号输入端。

19)内、电视场、外(INT、TV、EXT):触发信号源选择开关,一般使用"内"触发。

20)X 外触发(EXT、X、TRIG):水平信号的输入端。

6-20　ST-16 型示波器使用前应做哪些检查?

1)各开关及旋钮置于下述位置:

"V/div" —— "⊓⊔"档;

"t/div" —— "2ms"档;

"电平（LEVEL）" —— "自动（AUTO）"（右旋到底）;

"AC、⊥、DC" —— "⊥"档;

"+、−、外接 X" —— "+"档;

"内、电视场、外" —— "内"档;

"✿""⊙""○""⇆""↕"均置于居中位置。

2)接通电源后,屏幕上应有方波或不稳定波形显示。波形不稳时可逆时针调节"电平"旋钮使波形稳定。

此时再调节"✿""⊙""○""⇆""↕"及"t/div"各旋钮,其功能应正常。

6-21　如何对 ST-16 型示波器进行校准?

若用示波器进行定量测试,则必须首先对示波器进行"校准"。方法是:

1)若屏幕上的扫描线（水平亮线）随"V/div"开关和"微调"旋钮的转动而上下移动,则应调节"平衡"电位器,使这种移动减少到最小程度。

2)"V/div"置"⊓⊔"档,"t/div"置"2ms"档,其上的"微调"旋钮均置"校准"位置（右旋到底）,调节"电平"旋钮使屏幕上显出稳定方波信号。此时方波的垂直幅值应正好为 5 格,周期宽度为 10 格。若与此不符,则需分别调节"增益校准"和"扫描校准"电位器,以达到上述要求。

6-22　如何使用 ST-16 型示波器测量交流电压?

> **注意**:用已校准好的示波器进行定量测试时,各"微调"旋钮均应置于"校准"位置。

一般是直接测量其峰峰值 $U_{\text{P-P}}$。方法如下:

1)开关"AC、⊥、DC"置于"AC"位置。

2)"V/div"上的"微调"旋钮应旋至"校准"位置（右旋到底）。注意:测量过程中不得再旋动此钮。

3)"V/div"和"t/div"开关选择在适当的档位（使屏幕上显示出的波形幅度在坐标刻线内尽量大些,波形的周期数量尽量少些,以提高其测量精度）,调节"电平"旋钮得到稳定波形。

4)调节"✿""⊙""○",使图像最清晰。

5)从坐标刻线的 Y 轴方向上测出峰峰两点间的距离格数 A（见图 6-21）,再乘以"V/div"开关所在档位的示数值 B（V/div）,则被测信号的峰峰值为

$$U_{\text{P-P}} = B \times A$$

举例,测量图 6-21 所示波形的 $U_{\text{P-P}}$ 值,已知此时"V/div"

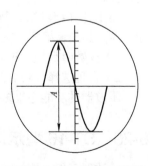

图 6-21　交流电压的测量

开关的档位示数为 1V/div，按上述方法从坐标刻线 Y 轴方向上测得峰峰间距离为 6.2 格，则该被测信号的峰峰值 $U_{P-P} = 1V/div \times 6.2div = 6.2V$。若示波器的输入端使用 10∶1 衰减探极，则其测量结果还应扩大 10 倍。

对于正弦交流电，可根据测出的 U_{P-P} 值，换算出最大值和有效值。

为了便于观测，在测试中可利用 "↑↓" "⇆" 旋钮，将波形调节到便于读数的刻线上。

6-23　如何使用 ST-16 型示波器测量直流电压？

1）先将 "AC、⊥、DC" 置于 "⊥"，"电平" 位于 "自动"（AUTO）（旋钮右旋到底），此时屏幕上出现一条扫描基线。根据被测信号幅值和频率大小，将 "V/div" 及 "t/div" 调至适当档位。

2）调节 "↑↓"，使扫描基线位于合适的位置（根据被测信号的幅度、极性而定）。为了便于读数，一般使扫描基线与屏幕上某一刻度横线重合。注意：扫描基线位置确定后，在测试过程中不可再调节 "↑↓"。

3）将 "AC、⊥、DC" 置于 "DC"，把被测信号输入到示波器上，调节 "电平" 使波形稳定，调节 ✿、⊙、使波形最清晰。

4）从坐标刻度上测出被测波形上某点至扫描基线垂直距离的格数，再乘以 "V/div" 开关所在档位的示数，即为被测电压值。

6-24　如何使用 ST-16 型示波器测量时间（即周期或频率的测量）？

用示波器测定时间的方法与测电压的方法相似，主要区别是沿 X 轴方向测取格数 L，再乘以 "t/div" 开关所在档位示数 D（"微调" 应旋至 "校准" 位置）。

例如，测图 6-22 所示波形的周期 T 和脉宽 τ，已知此时 "t/div" 开关所在档位示数为 0.1ms/div。从屏幕坐标刻线 X 轴方向上测得 $L_T = 5$ 格，$L_\tau = 1$ 格，则该信号的

$$T = 0.1ms/div \times 5div = 0.5ms$$

$$\tau = 0.1ms/div \times 1div = 0.1ms$$

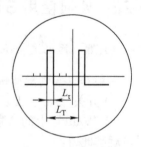

图 6-22　时间测量

为了便于读数，测试中可利用 "⇆" 将波形调到便于读数的位置。

由上述介绍可知，利用示波器进行测量的精度是不够高的。为了提高其测量精度，在使用中还应做到：

1）读数时目光要正对屏幕，以减小视觉误差；

2）合理选择 "V/diV" "t/diV" 开关的档位，以尽量扩大测试点间的距离。

示波器的功能还很多，应用时可参阅仪器说明书。

6-25　ST-16 型示波器面板上缩写英文字的含意是什么？

示波器面板上缩写字的含意（英汉对照）见表 6-1。

表 6-1　示波器面板上缩写字的含意（英汉对照）

V/div	V—VOLT（伏特），div—DIVISION（刻度）	V/div
VERNIER		微调
BAL	BALANCE	平衡
GAIN CAL	GAIN（增益），CAL—CALIBRATON（校准）	增益，校准
t/diV	t—TIME（时间）	
SWP CAL	SWP—SWEEP（扫描）	扫描，校准
LEVEL		电平
AUTO		自动
STABILITY		稳定度
EXT	EXT—EXTERNAL（外部的）	外
INT	INT—INTERNAL（内部的）	内
TRIG	TRIG—TRIGGE（触发）	触发

6-26　如何减小示波器测量中的干扰和误差？

1）对于高阻抗信号源的小信号测量，可能会因并联电容的影响而引入噪声，导致测量产生误差。这时应注意信号的引出线必须使用同轴电缆，而且电缆引线应尽可能短，如使用普通导线往往会引入外部的干扰和噪声。

对于高阻抗电路的测量，示波器的输入电容和屏蔽线缆的分布电容往往会产生信号的衰减，从而影响测量结果。

2）为了避免直接连接时的不良影响，或是并联的电容对信号源的影响，尽量使用探头的 ×10 档。此时，由于探头内电路的高阻抗和低电容，这样可以减少探头（作为负载）对信号源（被测电路）的影响。

6-27　示波器在测量中如何正确接地？

测量低频信号时，示波器与被测电路的地线必须相连。连接的方法有很多，如可以将两个设备的接地外壳相连，或是外加一条接地的导线与大地相连。

要想精确地测量，接地线应尽可能短，因为过长的地线也会引入噪声。使用探头测量时，最好将探头上的接地夹与被测电路的地相连。

6-28　示波器如何进行双踪测量？

具有两个垂直轴信号通道的示波器可以进行双踪测量，通过电子开关的控制可以将两个输入信号交替显示在示波管上。由于示波器中只有一个水平扫描电路，不可能有两个同步的波形同时显示出来，因此只能以以下两种方式交替显示。

1. ALT 方式

ALT 是交替显示 CH1 和 CH2 输入的信号波形，这在低速扫描的情况下波形的闪烁会增加，特别是时间轴在 0.5ms/DIV 以上会更明显。可以采用 CHOP 方式避免闪烁。

2. CHOP 方式

CHOP 是对两个输入信号进行高速切换交替显示的方法，扫描速度均为 250kHz。这种方式只适用于慢速扫描，如果使用高速扫描波形则会呈虚线状。

图 6-23 所示为 GOS-630FC 双踪示波器面板图。

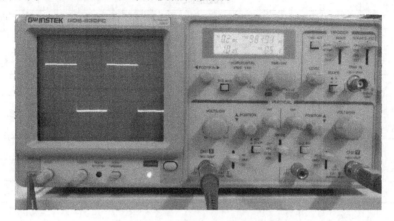

图 6-23　GOS-630FC 双踪示波器面板图

图 6-24 所示为 GOS-630FC 双踪示波器垂直设置旋钮示意图。

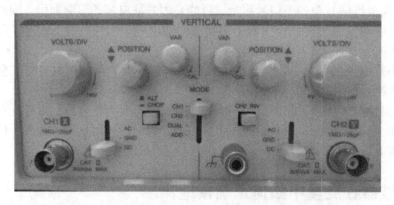

图 6-24　GOS-630FC 双踪示波器垂直设置旋钮示意图

图 6-25 所示为 GOS-630FC 双踪示波器水平设置旋钮和触发功能选择示意图。

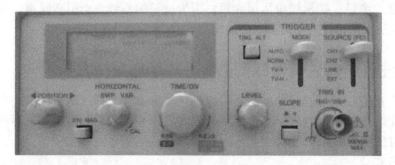

图 6-25　GOS-630FC 双踪示波器水平设置旋钮和触发功能选择示意图

图 6-26 所示为 GOS-630FC 双踪示波器显示屏幕示意图。

图 6-26　GOS-630FC 双踪示波器显示屏幕示意图

6-29　CA8022 双踪示波器的工作原理是什么？

CA8022、CA8042 型示波器为便携式双通道示波器。它的垂直系统具有（CA8022）0 ~ 20MHz、（CA8042）0 ~ 40MHz 的频带宽度和 5mV/div ~ 5V/div 的偏转灵敏度，×5 能达 1mV/div，配以 10∶1 探极，灵敏度可达 50V/div。本机在全频带范围内可获得稳定触发，触发方式设有常态、自动、TV 和峰值自动，尤其峰值自动方式给使用带来了极大的方便。内触发设置了交替触发，可以稳定地显示两个频率不相关的信号。本机水平系统具有 0.2μs/div ~ 0.2s/div 的扫描速度，并设有扩展 ×10，可将最快扫描速度提高到 20ns/div。

CA8022/42 型示波器结构坚固，造型新颖，显示观察面为 80mm × 100mm，光迹清晰、明亮，是一台全功能宽频带示波器，广泛应用于工业、教育、科研、医疗等各个领域。

关于它的详细性能指标、操作方法及应用已略去，这里仅介绍利用双踪示波器测时间差和相位差，它与单踪示波器相比既方便又直观。

6-30　CA8022 双踪示波器是怎样测量时间差的？

对两个相关信号的时间差测量，可按下列步骤进行：

1）将参考信号和一个待比较信号分别馈入 "CH1" 和 "CH2" 输入插座。

2）根据信号频率，将垂直方式置于 "ALT"（两个信道交替显示）或 "CHOP"（三只开关全弹出，两通道断续显示，用于连接较慢时的双踪显示）。

3）设置触发源至参考信号所在通道。

4）调整电压衰减器和微调控制器，使电压显示合适的幅度。

5）调整电平使波形稳定显示。

6）调整 sec/div，使两个波形的测量点之间有一个能方便观察的水平距离。

7）调整垂直移位，使两个波形的测量点位于屏幕中央的水平刻度线上。

$$时间差 = \frac{水平距离（格）\times 扫描时间因数（时间/格）}{水平扩展倍数}$$

例如，图 6-27 中，扫描时间因数置于 10μs/div，水平扩展 ×1，测量两点之间的水平距离为一格，则

$$时间差 = \frac{10\mu s/div \times 1div}{1} = 10\mu s$$

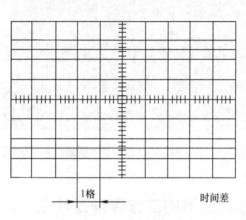

图 6-27　时间差的测量

6-31　CA8022 双踪示波器是怎样测量相位差的?

相位差的测量可参考时间差的测量方法，步骤如下：

1）按以上时间差测量方法的步骤 1）~ 4）设置有关控制器。

2）调整电压衰减器和微调控制器，使两个波形的显示幅度一致。

3）调整扫速开关和微调，使波形的一个周期在屏幕上显示 9 格，这样水平刻度线上 1div = 40°（360°÷9）。

4）测量两个波形相对位置上的水平距离（格）。

5）按下列公式计算出两个信号的相位差：

$$相位差 = 水平距离（格）\times 40°（格）$$

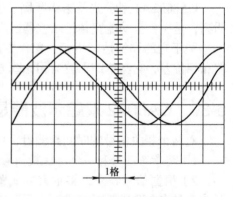

图 6-28　相位差的测量

例如，图 6-28 中，测得两个波形相对位置上的距离为 1 格，则按公式可算出

$$相位差 = 40°/div \times 1div = 40°$$

6-32　如何选用通用电子示波器?

为了使用通用电子示波器对电压、频率、周期等电量进行正确有效的测量，就必须正

确的选择使用各种示波器。具体选择方法如下：

1）要根据被测信号的波形和信号的个数进行选择。若需要观测一个低频信号，则可选用普通示波器；若需同时观测比较两个信号或脉冲信号，则应选用双踪或双线示波器。

2）根据被测信号的频率，选用合适频率范围的示波器。示波器 Y 轴偏转系统的通频带越宽，对被测信号的衰减就越小。因此，一般要求示波器通频带的上限频率应大于被测信号频率的 3 倍以上。

3）应根据示波器的瞬态响应指标来选择。通常要求示波器本身的上升时间应比被测脉冲信号的上升时间小 3 倍以上，才不会引起明显的测量误差。同时示波器的通频带宽 f_B 与其自身的上升时间 t_r 有以下关系：

$$f_B t_r \approx 0.35$$

式中　f_B——频带宽度（MHz）；

$\quad\quad$ t_r——上升时间（μs）。

例如，要观测一个上升时间为 0.05μs 的脉冲信号，示波器的通频带宽度应满足

$$f_B \times \frac{0.05}{3} \approx 0.35$$

$$f_B \approx 21\text{MHz}$$

此外还应考虑示波器的输入阻抗是否合适，特别是在测量振荡回路波形时，输入阻抗既影响幅度又影响频率。有时还要考虑被测电压的峰值是否超过示波器的输入电压最大允许值等，选用示波器时应根据具体条件综合考虑。

6-33　如何正确使用示波器的 LP-16BX 探头？

LP-16BX 探头的结构如图 6-29 所示，它的一端具有一个挂钩，检测波形时可以钩到电路的元件引脚上，挂钩外有一个护套，内有弹簧。检测时用手将护套拉下，挂钩才露出来。探头中间有一个接地环和接地夹，用于与被检测的电路地线相连。使用时如果没有正确接地，则无法正常检测波形。在探头的尾部有一个衰减转换开关，旋转下部的套筒形旋钮可以进行 ×1 档或是 ×10 档的选择。在手柄下部标有选择指示，×10 档即表示检测送入的信号被衰减 1/10，因此示波器上观测的值要乘以 10。探头通过电缆将信号送到示波器的信号输入端，因此探头电缆的另一端有一个 BNC 型插头，在插头的部分有一个校正电容的调整端。从图 6-29 下部可见，逆时针旋转挂钩护套，可以将挂钩部分卸下，露出探头的探针，在检测密度很高的电路板时，可用探针点到检测部位，以免其他元件短路。

扫一扫，看视频

1）在 ×10 档测量。示波器探头在 ×10 档，具有高阻抗和低电容的特性。但是输入电压的幅度被衰减为 1/10，在测量时注意这个特点。即

测量的电压值 = 示波器灵敏度（V/div）× 屏幕幅度 ×10

例如，示波器灵敏度档为 1V/div × 屏幕幅度为 5div ×10，则测量电压值应为 50V。

注意，在 ×10 档测量信号波形，必须调整探头上的电容，使方波的顶部平直。

2）在 ×1 档测量。在 ×1 档测量实际上就是被测量信号直接送到示波器，而没有衰减。因此输入电容比较大，约为 250pF。测量时必须考虑这个因素。

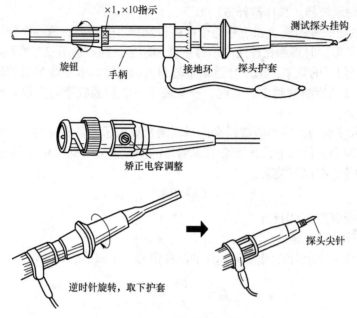

图 6-29 LP-16BX 探头的结构

6-34 常用示波器的主要技术性能有哪些?

常用示波器主要技术性能可按表 6-2 列出的数据选择。

表 6-2 常用示波器主要技术性能

示波器型号	频带宽度	工作方式	灵敏度	扫描速度	输入阻抗
ST-16 （单踪）	DC～5MHz	常态	20mV/div～10V/div	0.1～10μs/div	1MΩ/35pF
SR-8 型 （双踪）	DC～15MHz	Y_A、Y_B、Y_A+Y_B 交替、断续	10mV/div～20V/div	0.2μs/div～1s/div	1MΩ/50pF
WC4310 型 （双踪）	DC～20MHz	Y_A、Y_B、Y_A+Y_B、 Y_A-Y_B 交替、断续	10mV/div～5V/div	0.1μs/div～0.5s/div	1MΩ/35pF
KJ430 型 （双踪）	DC～30MHz	Y_A、Y_B、Y_A+Y_B 交替、断续	10mV/div～5V/div	0.2μs/div～1s/div	1MΩ/21pF
SR75A 型 （双踪）	DC～30MHz	Y_A、Y_B、Y_A+Y_B 交替、断续	0.01～5V/div	0.2μs/div～1s/div	1MΩ/35pF
BS430 型 （双踪）	DC～35MHz	Y_A、Y_B、Y_A+Y_B、 Y_A-Y_B 交替、断续	2mV/div～10V/div	0.1μs/div～0.5s/div	1MΩ/27pF
XJ463 型 （双踪）	DC～100MHz	Y_A、Y_B、Y_A+Y_B、 Y_A-Y_B 交替、断续	10mV/div～5V/div	0.05μs/div～0.2s/div	1MΩ/23pF
ST-23C 型 （双踪）	DC～200MHz	Y_A、Y_B、Y_A+Y_B 交替、断续	10mV/div～10V/div	A：20ns/div～0.5s/div B：20ns/div～50ms/div	1MΩ/20pF
ST21 型 （双踪）	DC～300MHz	Y_A、Y_B、Y_A+Y_B 交替、断续	5mV/div～5V/div	A：10ms/div～0.2s/div B：10ns/div～5ms/div	1MΩ/16pF
SS-5421 型 （双踪）	DC～350MHz	Y_A、Y_B、Y_A+Y_B 交替、断续	5mV/div～5V/div	A：10ms/div～0.5s/div B：10ns/div～50ms/div	1MΩ/17pF

6-35　数字示波器有哪些特点？

随着微处理器技术和数字集成电路的广泛应用，诞生了数字示波器。图 6-30 所示为模拟示波器和数字示波器的结构比较示意图，图中虚线部分是数字示波器增加的电路部分。从图中可见，数字示波器主要的特点是将被测信号进行数字化，即将模拟信号变成数字信号。被测的信号变成数字信号以后在微处理器的控制下可以进行存储，把被测信号的一部分，即一个时间段的信号记录在存储器中，这样就可以清楚稳定地显示所存的信号波形。对于测量数字信号和比较复杂的模拟信号，这种功能非常有用。此外，在微处理器的控制下可以对被测的信号进行处理和运算。同时将有关的幅度和时间轴等信息显示在屏幕上，为用户观测信号、分析信号及处理信号提供了极大的方便。

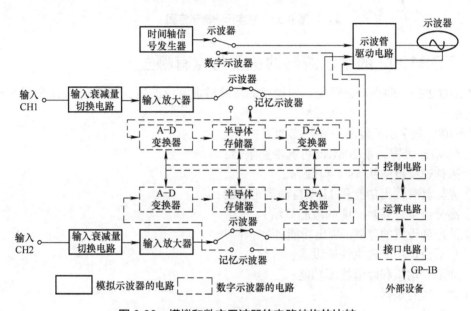

图 6-30　模拟和数字示波器的电路结构的比较

模拟示波器是一种实时监测波形的示波器，其结构简图如图 6-31 所示，适于检测周期性较强的信号。数字示波器可以有选择地观测某一时刻的信号，其显示部分与模拟示波器相同，如图 6-32 所示。

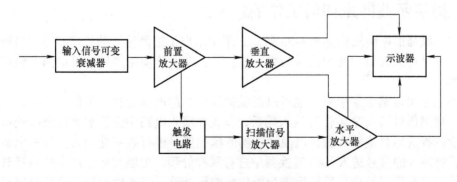

图 6-31　模拟示波器示意图

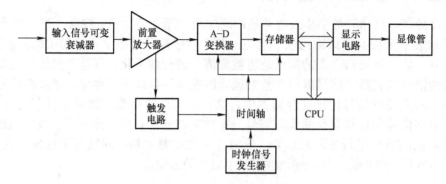

图 6-32 数字示波器示意图

6-36 TDS1002 数字示波器的主要特点有哪些？

TDS1002 是一种小巧、轻便、便携式的双波道数字示波器，为 Tektronix 公司生产及销售的产品。

TDS1002 数字示波器的主要特点如下：

1）50MHz 带宽，带 20MHz 可选带宽限制；

2）采样速度范围从 5S/s ～ 1GS/s ；

3）光标具有读出功能和 11 项自动测定功能；

4）高分辨度、高对比度的液晶显示；

5）波形和设置的存储 / 调出功能；

6）自动设定功能提供快速设置；

7）波形平均值和峰值检测功能；

8）数字实时采样；

9）双时基；

10）视频触发功能；

11）不同的持续显示时间；

12）具有 RS-232、GP1B 和 Centronics 通信端口（增装扩展模块）。

6-37 数字示波器是如何工作的？

数字示波器的电路结构如图 6-33 所示，图中示出了被测信号的处理和显示过程。该图表示的是一种可同时检测两个信号的数字示波器，在实际使用中还有可检测多路信号的数字示波器。

被测信号可以是数字信号，也可以是模拟信号。这里以检测模拟信号为例，做一个简要说明。被测信号送入 Y 轴信号输入端后，首先在输入电路中进行放大或衰减处理，根据信号幅度选择衰减量或放大量，以便使被测的模拟信号进行数字处理时，有一个适当的幅度。然后将输入的信号送入 A-D 转换器中进行采样处理，由触发电路产生的采样时钟信号对模拟信号进行采样处理，采样后进行量化和编码处理，将连续的模拟信号变成离散的数字信号。

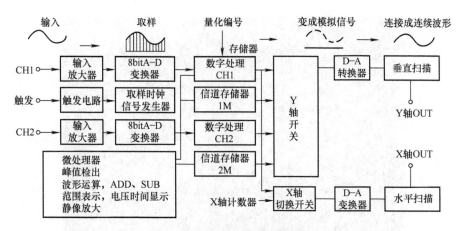

图 6-33 数字示波器的电路结构

被测信号变成数字信号以后，在微处理器的控制下可以进行多种处理并进行存储。将某一时刻的信号记忆在存储器中，并进行各种信号的分析和运算处理。例如，信号的峰值检出、波形运算、游标指示、测试范围显示、时间显示及静止图像放大等。最后根据需要显示相应的波形和数据。Y 轴的信号也是在微处理器的控制下进行切换和选择，例如显示单一信号时，两个信号同时显示或显示相加、相减的信号。

6-38　TDS1002 数字示波器面板的按钮名称及功能有哪些？

图 6-34 所示为美国泰克 TDS1002 型号的数字示波器面板示意图。图 6-35 和图 6-36 所示分别为泰克 TDS1002 数字示波器部分面板示意图。下面介绍数字示波器面板的按钮名称及功能。

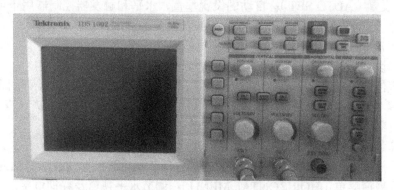

图 6-34　泰克 TDS1002 数字示波器面板示意图

图 6-35　泰克 TDS1002 数字示波器面板第一部分示意图

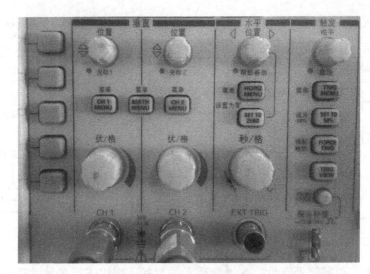

图 6-36　泰克 TDS1002 数字示波器面板第二部分示意图

1）存储 / 调出（SAVE/RECALL）：存储和取回波形到内存或软盘。

2）测量（MEASURE）：执行自动化的波形测量。

3）采样（ACQUIRE）：采样设置。

4）工具（UTILITY）：激活系统工具功能，诸如选择语言。

5）光标（CURSOR）：激活光标，测量波形参数。

6）显示（DISPLAY）：改变波形外观和显示屏。

7）帮助（HELP）：激活帮助系统。

8）默认设置（DEFAULT SETUP）：恢复出厂设置。

9）自动设置（AUTO SET）：自动的设置垂直、水平和触发器控制器用于可用的显示。

10）单序（SINGLE SEQ）：一次单脉冲捕获设置触发参数至正确位置。

11）运行 / 停止（RUN/STOP）：停止和重新启动捕获。

12）打印设置（PRINT）：打印机设置。

13）垂直位置（VERTICAL POSITION）：调节所选波形的垂直位置（可调光标 1 位置）。

14）通道 1 菜单（CH1 MENU）：显示 / 关闭 CH1 通道波形。

15）垂直刻度（VOLTS/DIV）：调整所选波形的垂直刻度系数。

16）运算菜单（MATH MENU）：显示所选运算类型、波形。

17）水平位置（HORIZONTAL POSITION）：调节相对于已捕获波形的触发点位置。

18）水平视窗菜单（HORIZONTAL MENU）：调节水平视窗及释抑电平。

19）SET TO ZERO：设置相对于已捕获波形的触发点到中点。

20）水平刻度（SEC/DIV）：调整所选波形的水平刻度系数。

21）触发电平（TRIGGER LEVEL）：调节触发电平。

22）触发菜单（TRIG MENU）：调节触发功能。

23）设置为零（SET TO 50%）：设置触发电平至中点。

24）强制触发（FORCE TRIG）：强制进行一次立即触发事件。

25）触发线（TRIG VIEW）：显示垂直触发点位置。

26）探头检查（PROBE CHECK）：调节探头补偿。

27）屏幕按钮（左侧五个按钮）：根据屏幕显示调节对应的选项。

28）外部触发（EXT TRIG）：使用 TekProbe 界面进行外部触发输入。

6-39　TDS1002 数字示波器使用前有哪些功能检查？

在使用数字示波器前，首先要对其进行功能检查，步骤如下：

1）打开电源，等待确认所有自检通过。

2）将示波器探头连接至 "PROBE COMP" 连接器。

3）按下 "AUTO SET" 按钮，在显示屏上会显示一个方形波（约 5V、1kHz）。

4）调整 "伏 / 格" 旋钮改变每格电压值，调整 "秒 / 格" 旋钮改变每格对应时间值，按下 "RUN/STOP" 切换按钮可观察动态、静态波形。

6-40　P2220 可变衰减探头如何使用和调整？

从本质上讲，探头是在一个测试点或信号源和一台示波器之间所做的物理及电路的连接。依据测量需求，这个连接能像一段电线一样简单，也可能会非常精密复杂，例如一根有源差分探头。从这一点可以充分地说，示波器探头是把信号源连接到示波器的输入通道的一种设备或电路网络。事实上无论探头是什么，它都必须在信号源和示波器输入之间提供足够便利的和高质量的连接。适当的连接要考虑三个关键性问题，即物理连接、对电路运行的影响、信号的传送。

图 6-37a 所示为 P2220 可变衰减探头，其中①为信号输入，②为接地端，③为衰减倍率调节，④为探头补偿调节。图 6-37b 所示为检测探头的补偿图形。下面主要介绍探头的使用方法及注意事项。首先将探头连接到数字示波器的 CH1 通道，探头的信号输入端连接到被测信号终端，将被测电路公共端连接到探头元件接地端。显示屏上为 CH1 通道，按下 "自动设置" 按钮，再按下 CH1 MENU（菜单），然后按 "探头" "电压"，最后按 "衰减" 选项并选择 ×10。在 P2220 探头上将开关设定到 ×10。如果使用探头钩式端部，则应确保钩式端部牢固地插在探头上，检查所显示波形的形状，有必要时应调整探头。

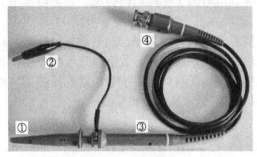

a) P2220　1×/10× 可变衰减探头

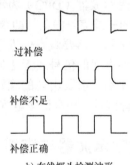

过补偿

补偿不足

补偿正确

b) 在线探头检测波形

图 6-37　P2220 可变衰减探头

6-41　数字示波器与模拟示波器有哪些区别？

数字示波器由于采用了数字处理和计算机控制技术，使得功能大大增强，而模拟示波器由于新电路新器件的应用也有很多实用的特色。

模拟示波器的某些特点是数字示波器所不具备的，特别是以下几点：

1）操作简单，全部操作都可以在面板上找到，波形反应及时，而数字示波器往往要较长处理时间。

2）垂直分辨率高，连续而且无限级，数字示波器分辨率一般只有 8~10 位（bit）。

3）信号能实时捕捉因而更新快，每秒可捕捉几十万个波形，数字示波器每秒只能捕捉几百个波形。

4）实时带宽和实时显示。连续波形与单次波形的带宽相同，数字示波器的带宽与采样频率密切相关，采样率不高时容易出现混淆波形。

模拟示波器显示的是实时的波形，人眼的视觉神经十分灵敏，屏幕波形瞬间变化反映至大脑即可作出判断，细微变化都可感知。这种特点使模拟示波器深受使用者的欢迎。

数字示波器首先在提高采样率上下功夫，从最初采样率等于两倍带宽，提高至五倍甚至几十倍，相应对正弦波采样引入的失真也从 100% 降低至 3% 甚至 1%，带宽 1GHz 的采样率为 5GHz/s，甚至可达 10GHz/s。

其次，提高数字示波器的更新率，达到模拟示波器的相同水平，最高可达每秒 40 万个波形，使观察偶发信号和捕捉毛刺脉冲的能力大为增强。

数字示波器采用多个微处理器加快信号处理能力，从多重菜单的繁琐测量参数调节改进为简单的旋钮调节，甚至完全自动测量，使用上与模拟示波器同样方便。

数字示波器与模拟示波器一样具有屏幕的余辉方式显示，赋于波形的三维状态，即显示出信号的幅值、时间以及幅值在时间上的分布。具有这种功能的数字示波器称为数字荧光示波器或数字余辉示波器，即数模兼合，因而数字示波器要有模拟功能。

模拟示波器用阴极射线管显示波形，示波管的带宽与模拟示波器的相同，即示波管内电子运动速度与信号频率成正比，信号频率越高，电子束扫描的速度越快，示波管屏幕的亮度与电子束的速度成反比，低频波形的亮度高，高频波形的亮度低。

数字示波器缺少余辉显示功能，因为它是数字处理，只有两个状态，非高即低，所以原则上波形也是"有"和"无"两个显示。但是由于数字示波器已经达到 4GHz 以上带宽的水平，配合荧光显示特性，故总性能优于模拟存储示波器。

数字荧光示波器（DPO）为示波器系列增加了一种新的类型，能实时显示、存贮和分析复杂信号的三维信号信息，即幅度、时间和整个时间的幅度分布。

普通数字示波器要观察偶发事件需要使用长时间记录，然后做信号处理，这种办法会漏掉非周期性出现的信号或无法显示出信号的动态特性。数字荧光示波器能够显示复杂波形中的细微差别，以及出现的频繁程度。例如，观察电视信号，既有行扫描、帧扫描、视频信号和伴音信号，还有记录电视信号中的异常现象都是很重要的。

6-42　数字示波器与模拟示波器的主要区别是什么？

1）模拟示波器运用传统电路技术在阴极射线管上显示波形，显示的时间是短暂的。当输入信号消失时，显示的波形也消失，因此只能对周期性的重复信号进行测量，且显示的波形会暗淡、闪烁，不能显示波形的重要细节。数字示波器是把模拟信号经 A-D 转换、数据处理后再进行存储和显示，可以保持波形显示。

2）数字示波器的时间基线由晶体振荡器控制，其线性度和精度比模拟示波器好（振荡器频率精度可达 0.005%）。

3）模拟示波器的垂直位置没有分度，通过输入端接地设定在 0V 的位置；数字示波器的垂直位置有分度，能在屏幕上显示地电位的位置。

4）模拟示波器双波道通过电子开关，采用切换和交替的方式来同时显示两个波道的波形，如图 6-38 所示。交替方式的潜在问题是两个波形进行定时测量时是在两个不同的时间点上进行的，需要测量两个信号的时间与相位。而数字示波器不存在这个问题，可以进行精确的定时测量。

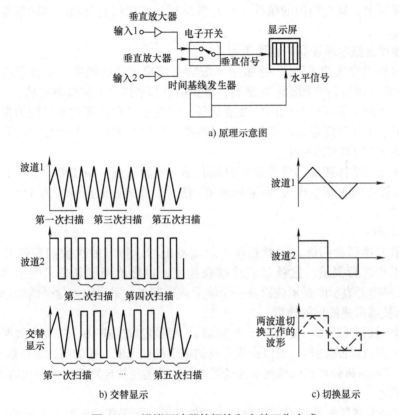

图 6-38　模拟示波器的切换和交替工作方式

6-43　选用示波器时应考虑哪些因素？

自从示波器问世以来，它一直是最重要、最常用的电子测试工具之一。由于电子技术的发展，示波器的能力也在不断提升，其性能与价格也五花八门，市场上的品种也多种多样。选用示波器时应考虑以下几个因素：

1. 根据被测信号的种类和特点选择

1）要捕捉并观察的信号其类型，信号是否有复杂的特性。

2）信号是重复信号还是单次信号。

3）要测量的信号过渡过程、带宽，或者上升时间是多大；用何种信号特性来触发短脉冲、脉冲宽度、窄脉冲等；需要同时显示多少信号；模拟还是数字信号。

2. 带宽是示波器的重要指标

带宽一般定义为正弦输入信号幅度衰减到 −3dB 时的频率，即 70.7%，带宽决定了示波器对信号的基本测量能力。

选择示波器时将要测量的信号最高频率分量乘以 5 作为示波器的带宽，这将在测量中获得高于 2% 的精度。例如，要测量电视机的色副载波，其频率为 4.43MHz，取 4.43MHz 的 5 倍，约为 22MHz 的示波器即能满足测量要求。

带宽有两种类型，重复（或等效时间）带宽和实时（或单次）带宽。重复带宽只适用于重复的信号，显示来自于多次信号采集期间的采样。实时带宽是示波器的单次采样中所能捕捉的最高频率，且当捕捉的事件不是经常出现时要求相当苛刻。实时带宽与采样速度是密切相关的。

3. 采样速度是数字示波器的重要指标

定义为每秒采样次数（S/s），指数字示波器对信号采样的频率。示波器的采样速度越快，所显示的波形的分辨率和清晰度越高，重要信息和事件丢失的概率就越小。

如果需要观测较长时间范围内的慢变信号，则最小采样速度就变得较为重要。为了在显示的波形记录中保持固定的波形数，需要调整水平控制按钮，而所显示的采样速度也将随着水平调节按钮的调节而变化。

有一个在比较采样速度和信号带宽时很有用的经验法则，即如果示波器有内插（通过筛选以便在取样点间重新生成），则采样速度 / 信号带宽的比值至少应为 4∶1。无正弦内插时，则应取 10∶1。

4. 屏幕刷新率

所有的示波器都会闪烁，也就是说，示波器每秒以特定的次数捕获信号，在这些测量点之间将不再进行测量。这就是波形捕获速度，也称屏幕刷新率，表示为波形数 / 秒（wfms/s）。采样速度表示的是示波器在一个波形或周期内，采样输入信号的频率；波形捕获速度则是指示波器采集波形的速度。

数字存储示波器（DSO）使用串行处理结构，每秒可以捕获 10 ~ 5000 个波形。DPO 数字荧光示波器采用并行处理结构，可以提供更高的波形捕获速度，有的高达每秒数百万个波形，大大提高了捕获间歇事件和难以捕捉事件的可能性，并能更快地发现信号存在的问题。

5. 存储深度

存储深度是示波器所能存储的采样点多少的量度。如果需要不间断地捕捉一个脉冲串，则要求示波器有足够的存储器以便捕捉整个事件。将所要捕捉的时间长度除以精确重现信号所需的采样速度，可以计算出所要求的存储深度，也称为记录长度。

6. 触发及其信号

示波器的触发能使信号在正确的位置开始水平同步扫描，决定着信号波形的显示是否清晰。触发控制按钮可以稳定重复的波形并捕获单次波形。

大多数通用示波器的用户只采用边沿触发方式，特别是对新设计产品的故障查询。先进的触发方式可将所关心的信号分离出来，从而最有效地利用采样速度和存储深度。

7. 示波器的通道数

示波器的通道数取决于同时观测的信号数。在电子产品的开发和维修行业需要的是双通道示波器或称双踪示波器。如果要求观察多个模拟信号的相互关系，则需要一台四通道示波器，许多工作于模拟与数字两种信号系统的科研机构也考虑采用四通道示波器。还有一种较新的选择，即所谓混合信号示波器，它将逻辑分析仪的通道计数及触发能力与示波器的较高分辨率综合到具有时间相关显示的单一仪器之中。

第 7 章
其他测量仪器仪表的功能与使用

7-1　什么是钳形电流表？

　　一般在测量交流电流时需切断电源，将电流表或电流互感器一次绕组串联接入电路，这样测量很不方便，有时甚至无法做到。而钳形电流表是在无需断开电路的情况下进行测量电流一种仪表，因此得到广泛的应用，其结构如图 7-1 所示。

　　钳形电流表具有使用方便，不用拆线、切断电源及重新接线的特点。但其精度不高，只能用于对设备或电路运行情况进行粗略了解，而不能用于需要精确测量的场合。

　　钳形电流表是由电流互感器和电流表组成的，它实际上是对导线周围磁场的检测。将检测的信号经放大后驱动电流表，从而等效计算出交流电流的值。电流互感器和铁心 2 在握紧手柄 6 时便可张开，这样被测载流导线 1 可不必切断就可穿过电流互感器的铁心缺口，然后松开手柄使铁心闭合，将被测电流的导线卡入钳口中。

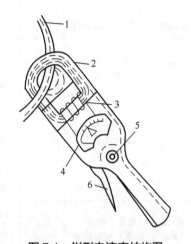

图 7-1　钳形电流表结构图

1—被测载流导线　2—铁心　3—二次绕组
4—电流表　5—量程开关　6—钳形表手柄

此时通过电流的导线 1 就相当于电流互感器的单匝一次绕组。二次绕组 3 中便会出现与电路电流成一定比例的二次感应电流，其大小取决于导线的工作电流和圈数比。和二次绕组相连的电流表 4 的指针便会按比例偏转，将折算好的刻度作为电流表的刻度，从而指示出被测电流量值。选择适当的量程即可测出电流值，注意钳嘴的接触点要经常保持清洁，否则会影响测量精度。这种钳形电流表在实际应用中十分方便，可利用量程开关 5 改变和调整测量范围。

　　钳形电流表中的电流互感器和普通的电流互感器不同，它没有一次绕组，它的一次绕组就是钳口中被测电流所通过的导线。

　　钳形电流表有两种结构，一种是整体式，即钳形互感器与测量仪表固定连接；另一种是分离式，即钳形互感器与测量仪表分离，组合时进行交流电流的测量，分离时则成为一只多功能万用表，如 MG36 型多功能钳形表。

　　有些钳形表还具有测量交流电压和交流功率的功能，如 MG41-VAW 型三用钳形表。

7-2　钳形电流表有哪些主要技术数据？

　　钳形电流表分测量交流电流和测量交、直流电流两大类。为了扩大钳形电流表的应用范围，我国还生产了一种多用钳形电流表，是由钳形电流互感器和万用表组合而成的。当两部分组合在一起时，便构成钳形电流表，而将钳形电流互感器取出时又是万用表。

几种常见的钳形电流表主要技术数据列于表 7-1。

表 7-1　常见钳形电流表主要技术数据

型号	名称	准确度（级）	量　程	外形尺寸（长×宽×高）/mm	内绝缘耐压/V
T301	钳形交流电流表	2.5	10A/25A/50A/100A/250A 10A/25A/100A/300A/600A 10A/30A/100A/300A/1000A	385×110×75	2000
MG20	钳形交流电流表	5	100A/200A/300A/400A/500A/600A	308×107×70	
MG26	袖珍式钳形电流表	2.5	5A/50A/250 A 10A/50A/150A 300A/600A	160×82×36	
MG36	袖珍式多用钳形表	5	交流：50A/100A/250A/500A/1000A 　　　50V/250V/500V 直流：0.5mA/10mA/100mA 　　　0/50V/250V/500V 电阻：10kΩ/100kΩ/1MΩ 晶体管放大倍数：0~250		
MG41-VAW	电压、电流、功率三用钳形表	2.5 5.0	交流电流：10A/30A/100A/300A/1000A 交流电压：150V/300V/600V 交流功率：1kW/3kW/10kW/30kW/100kW	315×90×60	
MG25	交流钳形多用表	2.5	交流电流：0/5A/25A/100A 　　　　　0/5A/25A/250A 交流电压：0/300V/600V 直流电阻：0~50kΩ		

7-3　用钳形电流表测量电流应注意哪些事项？

用钳形电流表测量电流，其准确度较低，大多用于测量精度要求不高的场合。使用时应注意：

1）钳形电流表在使用前应检查绝缘有无破损，钳口端面有无污垢、锈蚀，以免油污或锈斑影响钳口的密合，而引起测量误差，保障使用的安全与测量的准确。使用完毕，应将量程开关置于最大档位处。

2）测量前应根据被测电流值的大小，以及钳形电流表的测量范围，选择量程合适的钳形电流表。量程过小不能满足测量要求，可能损坏表计，过大则影响测量准确度。测量直流电流或频率较低的电流时，应选用电磁式钳形电流表。

3）测量电流时，应将被测载流导体置于钳口内中央位置，不宜偏向四周，钳口闭合应紧密。

4）用钳形电流表测量小电流（一般为最低量程上限值的20%以下）时，为了得到较为准确的测量值，在条件允许的情况下，应将被测导线在钳口铁心上绕几匝后再测量，然后将读数除以钳口内导线的匝数。若导线在钳口上绕 5 圈，则钳口内导线数为 6 匝。

5）使用钳形表进行电流测量时，一定要注意安全，钳形电流表只能测低电压电流，不能用来测高电压和大电流，并应注意，也不能用其测裸导线电流，不得让表钳接触带电体，以防造成电击、短路等故障。

6）测量中，电源频率和外界磁场对测定值的影响很大，应避开附近的大电流进行测量。

7-4　为何不能用磁电整流式钳形电流表测量绕线式电动机的转子电流？

当用磁电整流式钳形电流表测量绕线式异步电动机的转子电流时，不仅仪表上的指示值与被测量的实际值有很大出入，而且还会没有指示。这是因为磁电整流式钳形电流表的表头电压是由二次线圈获得的，根据磁感应原理，互感电动势的大小和频率成正比。而转子上的频率较低，则表头上得到的电压就比测量同样电流值的工频电流小得多，甚至是很小。以至于无法使表头中的整流元件工作，致使钳形电流表无指示或指示值与实际值相比误差较大，失去了测量的意义。

若选用电磁式测量机构的钳形电流表，则由于测量机构没有二次线圈和整流元件，表头与磁回路直接相连，不存在频率关系，因此能够比较正确地测量出转子的电流值。可见，在测量时，应根据被测对象的特点选择相应的仪表。

交流钳形电流表为电工测量常用的携带式测量仪表，稍不留心经过震动或碰撞便很容易损坏。

7-5　如何排除钳形电流表的常见故障？

交流钳形电流表常见的故障和排除方法列于表 7-2。

表 7-2　交流钳形电流表常见的故障和排除方法

故障现象	产生原因	排除方法
无指示	1）动圈损坏； 2）二次电流互感线圈断路	1）重绕动圈； 2）拆去断路部分数清匝数重绕
指示偏低	1）测量机构轴尖、轴承磨损； 2）平衡不好； 3）环形铁心断截面闭合不重合，断平面上有污物黏附闭合不紧； 4）仪表测量机构磁钢磁性减弱； 5）氧化铜整流器品质降低	1）修磨轴尖、轴承； 2）调整平衡； 3）清除污物，使闭合严实； 4）充磁或更换游丝适当减小力矩； 5）更换整流器

7-6　什么是数字钳形电流表？

UT202BT 是一款性能稳定、结构新颖、高可靠性、高安全性的手持式真有效值数字钳形表。全功能自动量程，9999Counts 的显示位数，性能优越，如图 7-2 所示。UT202S 可自动识别测量交 / 直流电压、交流电流、电阻和电路通断，并可通过按键选择测量电容、二极管、直流微安电流、相线和中性线检测（LIVE）、温度和非接触式交流电压感测（NCV）。

UT202BT 的主要特点如下：

1）可测量交 / 直流电压、交流电流、低通滤波电压 /
电流、浪涌电流、峰值电压 / 电流、电阻、电路通断、电
容、温度和非接触式交流电压感测（NCV）。

2）具有蓝牙传输功能，可连接手机 APP，实现远程
数据观测及仪表控制。

3）具有低通滤波（LPF）、浪涌电流、峰值电压 / 电
流（PEAK）。

4）具有一屏双显功能，如同屏显示电压/频率、电流/
频率、摄氏度 / 华氏度等。

5）具有大电容（100mF）测量功能。

6）具有手电筒照明及背光，在黑暗环境下也能测试
自如。

7）NCV 非接触验电 /LED 灯指示。

8）全档位防烧，最大可承受 600Vrms 电压冲击。

9）具备过电压、过电流蜂鸣报警提示。

因此，UT202BT 在电子测量中得到广泛应用。

图 7-2　UT202BT 数字钳形电流表

7-7　什么是兆欧表？

兆欧表又称绝缘摇表或高阻表，它是一种专门用来测量绝缘电阻的可携式仪表，在电
气安装、检修和试验中，得到广泛的应用。

电气设备绝缘性能的优劣关系到电气设备的正常运行和操作人员的人身安全，说明绝
缘性能的重要标志是绝缘电阻阻值的大小。为防止绝缘材料因发热、受潮、污染，老化等
原因造成绝缘破坏，进而造成漏电或短路事故，以及检查修复后的设备绝缘是否完好，都
需要经常定期对电气设备及配电线路做绝缘性能测量。以确保电气设备正常运行和不发生
触电事故。因为绝缘电阻的数值都比较大，一般都达到几十兆欧甚至几百兆欧以上的数量
级。在这个范围内一般的欧姆表都不能准确测量。更主要的是因为一般的欧姆表测量电阻
的电压比较低，在低电压下呈现的绝缘电阻值不能反映在高电压作用下绝缘电阻的真正数
值，因此绝缘电阻必须在高电压下进行测量。兆欧表与其他仪表的不同之处是本身带有高
压电源。

由于一般的绝缘材料几乎都是不导电的，例如要测
量洗衣机电源线与外壳（地线）加上电压以后只有微小
的电流，如图 7-3 所示，所以这个电流被称为漏电流 I，
绝缘电阻即可由外加电压 U 除以漏电流求得。如果电
源线与地线之间的绝缘电阻较小，就容易发生漏电的情
况，对机器和人身都可能造成危害。这个电阻值一般以
$M\Omega$ 为单位，所以通常用兆欧表测量。被测物品的绝缘
电阻较小，则属不良产品。因此，这项测量可以检查设
备的安全性能。

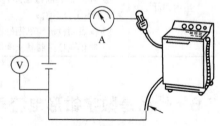

图 7-3　电源线与机壳（地）之间的
绝缘电阻

兆欧表的测量机构通常是采用磁电式比例表做成的。比例表不用游丝，而是由电磁力
产生反作用力矩，并且其指示取决于两个动圈电流的比例，因而抗震性好，结构简单，便

于携带，并且对电源稳定度要求不高。

7-8　兆欧表有哪些形式？

这种发电机式仪表如图 7-4 所示。

发电机式兆欧表中装有一个手摇式发电机，兆欧表的高压电源是由手摇直流发电机产生的，故兆欧表又称摇表。测量时通过发电机产生高压以便使漏电流有足够值去驱动显示表头。如果电压低，漏电流几乎为 0，则很难测量。

电池式是用电池通过电压变换器产生足够的直流高压，以便形成漏电流，来以测出绝缘电阻，这给使用带来更大的方便。

兆欧表内可产生 100V、250V、500V、1000V、5000V

图 7-4　兆欧表的外形

等多种高电压，在测量时可根据被测设备的种类进行选择。家电产品的测量通常使用500V 档。

7-9　兆欧表是由哪些部分组成的？

兆欧表的结构及测量原理接线如图 7-5 所示。

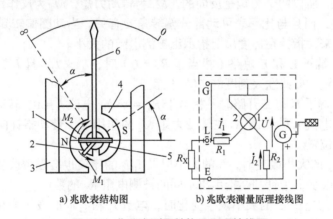

a) 兆欧表结构图　　　b) 兆欧表测量原理接线图

图 7-5　兆欧表测量结构及原理接线图

1—线圈 A_1　2—线圈 A_2　3—永久磁铁　4—极掌　5—圆柱铁心　6—指针

兆欧表的结构主要由一台手摇发电机和一个磁电式比率表组成。磁电式比率表是一种特殊形式的磁电式仪表，它有两个动圈 A_1 和 A_2，但是没有产生反作用力矩的游丝，动圈的电流是采用柔软的金属丝引入的。此外由于动圈内圆柱形铁心上有缺口，所以仪表磁路系统空气隙的磁场是不均匀的，这是它和一般磁电式仪表不同的地方。两个动圈彼此相交成一个固定角度 α，并连同指针接在同一转轴上，整个放置于永久磁铁的极掌之中。

由于这种比率表的两个线圈彼此相交成一定角度位于非均匀磁场中，当线圈中有电流通过时，就会产生两个转动方向相反的转矩。当被测电阻 R_X 变化时，两个线圈中的电流比 I_1/I_2 与两个线圈所受磁通密度比 B_2/B_1 相应地发生变化，当力矩平衡时，指针便指示在相应的刻度上。

手摇直流发电机（或交流发电机与整流电路的配合装置）的容量很小，而电压却很高。兆欧表的分类就是以发电机发出的最高电压来决定的，电压越高，测量绝缘电阻值的范围越大。

7-10　兆欧表是如何工作的？

兆欧表测量原理如图 7-5b 所示，被测绝缘电阻 R_x 接在电路端钮 L 和地线端钮 E 之间。此外在 L 端钮的外层还有一个铜质圆环（图中虚线所示）接在屏蔽端钮 G 上，这个圆环叫保护环，直接接在发电机的负极上。电流线圈 A_1 内附加电阻 R_1 和被测电阻 R_x 串联组成一个回路，又称电流回路；线圈 A_2 与内附加电阻 R_2 串联组成另一回路，又称电压回路。两条回路都连接到发电机 G 两端，即两条回路上作用着同一电压，两个线圈 A_1 和 A_2 相交成一定角度，固定在同一转轴上，可以自由偏转。当发电机转动后就有电压作用在两个线圈上。如果发电机端电压为 U，则

$$I_1 = \frac{U}{R_1 + R_x} ; \quad I_2 = \frac{U}{R_2}$$

由上式可见电流 I_1 的大小与被测电阻 R_x 的大小有关，而 I_2 与被测电阻 R_x 无关。

当电流 I_1 和 I_2 分别通过两个线圈时，均会受到永久磁铁磁场的电磁力的作用。由于两个线圈的绕向相反，所以两个力矩是反向的，M_1 为转动力矩，M_2 为反作用力矩。力矩的大小不仅与电流有关，而且与比率表可动部分偏转角 α 有关。当动圈偏转到 $M_1 = M_2$ 角度时，可动部分就静止下来，指针在标度尺上指示出被测电阻的大小。

当兆欧表接线端子 L 和 E 短路（相当于 $R_x = 0$）时，$I_1 > I_2$，且 I_1 为最大值，指针向右端偏转到最大位置，即兆欧表刻度的 "0" 位置。

当兆欧表接线端子 L 和 E 开路时（相当于 $R_x = \infty$），电流 $I_1 = 0$，转动力矩也为零，而 I_2 不变。于是通有电流 I_2 的动圈 A_2 在转动力矩 M_2 的作用下，带动指针向左端偏转到最大位置，即 "∞" 的位置。

当被测电阻 R_x 的大小改变时，I_1 的大小以及 I_1/I_2 的比值也会随着改变，转矩 M_1 与 M_2 的平衡位置也相应改变，指针则会指示出不同的被测电阻 R_x 的数值。

当手摇发电机的电压 U 的大小发生变化时，电流 I_1 和 I_2 同时发生变化，但由于 I_1 与 I_2 的比值决定的偏转角将保持不变，所以测量的结果不会改变，这是比率表的一个特点。

由于这种仪表的结构中没有产生反作用力矩的游丝，所以在使用之前仪表的指针可随意停在标尺的任意位置上。

手摇发电机发出电压的高低随手摇速度快慢而异，也就是说手摇发电机发出的电压是不稳定的，但是，由于指针偏转角是决定于两只动圈电流的比值，故指针不会因手摇速度不同而停留在不同的位置，指示不同的 R_x 值。这是因为手摇速度慢时，I_1 减小，I_2 也同时按比例减小，始终保持 I_1/I_2 的比值不变，这样指针偏转角也就保持一定。

7-11　兆欧表的主要技术参数有哪些？

1）额定工作电压：额定工作电压是指兆欧表测量绝缘电阻时，测量端钮的输出电压。

2）测量范围（MΩ）：通常仪表的测量范围是指表盘的指示范围，如有其他量程档，则应乘以量限倍率系数，常见的有晶体管兆欧表和数字兆欧表。

3）测量准确度等级：兆欧表的基本误差是以相对误差来表示的。

4）发电机转速（r/min）：具有手摇发电机转速的规定值一般为120r/min。

5）中值电阻：中值电阻是指兆欧表内阻与绝缘电阻相等时表盘的指示值，常在兆欧表表盘标度尺的几何中心。相同额定输出电压的兆欧表，中值电阻较低者具有较高的输出功率。

7-12　兆欧表是如何分类的？有哪些技术数据？

兆欧表一般有以下分类：

1）按额定电压分为50V、100V、250V、500V、1000V、2000V、2500V、5000V、10000V 九种电压等级。

2）按测量准确度分为1.0、2.0、5.0、10.0、20.0 五个准确度等级。

常用兆欧表的技术数据见表7-3。

表 7-3　常用兆欧表的技术数据

型号	额定电压 /V	测量范围 /MΩ	最小分度 /MΩ	准确度等级
ZC-7	100	0 ~ 100		1.0
	250	0 ~ 500		1.0
	500	0 ~ 500		1.0
	1000	2 ~ 2000		1.0
	2500	5 ~ 5000		1.0
ZC11-1	100（±10%）	0 ~ 500	0.05	1.0
ZC11-2	250（±10%）	0 ~ 1000	0.1	1.0
ZC11-3	500	0 ~ 2000	0.2	1.0
ZC11-4	1000	0 ~ 5000	1	1.0
ZC11-5	2500	0 ~ 10000	1	1.5
ZC11-6	100	0 ~ 20	0.01	1.0
ZC11-7	250	0 ~ 50		1.0
ZC11-8	500	0 ~ 100	0.05	1.0
ZC11-9	50	0 ~ 200		1.0
ZC11-10	2500	0 ~ 2500		1.5
ZC25-1	100	0 ~ 100	0.05	1.0
ZC25-2	250	0 ~ 250	0.1	1.0
ZC25-3	500	0 ~ 500	0.1	1.0
ZC25-4	1000	0 ~ 1000	0.2	1.0
ZC30-2	5000	0 ~ 100000	5	1.5

7-13　如何正确选择兆欧表？

选择兆欧表时，其额定电压一定要与被测电气设备或电路的工作电压相适应。不同额定电压的兆欧表使用范围可参照表7-4选择。

例如，测量高压设备的绝缘电阻时，不能用额定电压500V以下的兆欧表，因为这时测量结果不能反映工作电压下的绝缘电阻；同样不能用电压太高的兆欧表测量低压电气设备的绝缘电阻，以防损坏绝缘电阻。

此外，兆欧表的测量范围也应与被测绝缘电阻的范围相适应。

表 7-4　兆欧表的使用选择表

测量对象	被测设备额定电压 /V	兆欧表额定电压 /V
线圈绝缘电阻	500 以下	500
	500 以上	1000
电力变压器绝缘电阻	500 以下	1000 ~ 2500
电动机绝缘电阻	500 以上	2500
电气设备绝缘电阻	500 以下	500 ~ 1000
绝缘子		2500 ~ 5000
发电机线圈绝缘	380 以下	1000

7-14　兆欧表在测量前应做哪些准备?

兆欧表本身在工作时产生高电压，测量的对象又是高压电气设备，在测量之前如果不做好准备工作，万一疏忽，就会酿成人身伤害或设备故障。因此，在用兆欧表进行测量之前必须做好以下准备工作。

1）测量电气设备的绝缘电阻之前必须切断被测设备的电源，这一要求对具有电容的高电压设备尤为重要，并接地进行短路放电。绝不允许用兆欧表测量带电设备的绝缘电阻，以防发生人身伤害和设备故障。即使加在设备上的电压很低，对人身和设备不构成危害，也得不到正确的测量结果，达不到测量的目的。

在被测量设备上的电源被切断而未进行放电之前也不允许进行测量，必须将设备对地短路放电，否则容性设备残余电荷将对人身和表造成损害。

用兆欧表测量过的电气设备也要及时接地放电，进行再次测量。

2）凡可能感应出高电压的设备，在可能性没有消除前，不可测量绝缘电阻。为确保安全，无论高压电气设备或低压电气设备，不可在设备带电的情况下测量其绝缘电阻。

3）被测部分如有半导体器件或耐压低于兆欧表电压的电子管、电子元件等，应将它们或它们的插件板拆掉。

4）有可能感应产生高电压的设备，未采取措施之前不得进行测量。

5）为获得正确的测量结果，被测物体的表面应该用干净的布或棉纱擦拭干净。因表面绝缘可随各种外界污染的影响而发生变化，使测量结果受到影响。

6）兆欧表放置位置的选择：

① 测量时兆欧表应放置在平稳的地方，以免摇动发电机手柄时，表身晃动而影响测量的准确性；带有水平调节装置的兆欧表，应先调节好水平位置再进行测量；

② 测量时兆欧表应远离大电流的导体及有较强外磁场的场合，以免影响测量结果。

7）兆欧表使用前要检查仪表指针的偏转位置：先使 L、E 端子开路，将手摇发电机摇至额定转速，观察指针是否偏转至"∞"位置；然后再将 L、E 端子短路，摇发电机手柄，观察指针是否指在"0"位置。如指针偏离上述位置，则说明兆欧表本身存在故障，应进行检修调整。

7-15　怎样使用兆欧表？

1. 选择良好的测试环境

电气设备绝缘电阻的测量受环境的影响较大，湿度过大、温度过高或过低时，都会影响测试结果的准确度。一般情况下应选择相对湿度 80% 以下，温度在 0 ~ 40℃ 的良好天气测量，雷雨天气不得摇测。

2. 使用兆欧表前应进行检查

检查方法如下：将兆欧表平稳放置，先使"L""E"两个端子开路，摇动手摇发电机的摇柄，使发电机的转速达到额定转速，这时指针应指在标度尺的"∞"处；然后将"L""E"两个端子短接，缓慢摇动手柄，指针应指在"0"位上。否则，必须对兆欧表进行检修后才能使用。

3. 额定输出电压的选择

被测设备的额定电压在 500V 以下时，应选用 500V 的兆欧表；额定电压在 500 ~ 3000V 的使用 1000V 的兆欧表；额定电压在 3 ~ 10kV 的高压设备，选用 2500 ~ 5000V 的兆欧表。额定电压为 1000V 以上的变压器绕组采用 2500V 兆欧表；1000V 以下的绕组采用 1000V 兆欧表。

4. 接线方法

进行一般测量时，将被测绝缘电阻接到"L"和"E"两个端子上；若被测对象为电路的绝缘电阻，则应将被测端接到"L"端子，而"E"端子接地。当被测设备表面有较大泄漏电流且不易消除时，必须接保护环进行测量。例如，测量电缆芯线与外皮之间的绝缘电阻时，应采用图 7-6 所示的接线方式。

5. 手摇发电机的转速

测量绝缘电阻时，发电机的手柄应由慢到快地摇动，并保持转速在 120r/min，切忌忽快忽慢，使指针摆动不定，加大误差。读数时，一般以 1min 以后的读数为准。

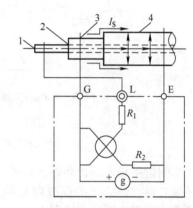

图 7-6　测量电缆绝缘电阻的接线图

1—芯线　2—绝缘层　3—保护环　4—电缆外皮

7-16　使用兆欧表测量时需注意哪些事项？

1）测量时要注意被测设备的特点，是电路、部件，还是家电产品。如果外加电压过高，则有可能造成被测设备损坏，选择测量电压时要注意。

2）发电机式兆欧表内的电压是通过手摇发电机产生的。使用时，先将兆欧表的测量端子接到被测设备上，然后发电机式兆欧表的把手以规定的速度转动。这时内部的发电机的旋转速度会自动调节到一定速度，从而产生所需的测量电压。此时，兆欧表上显示的数字就是测量值。

3）用晶体管式（电池）兆欧表测量时，先将检测端的两个端子与被测设备相连。然后按动表上的开关，表针摆动即指示出绝缘电阻的值。

4）兆欧表没有停止转动和被测设备没有放电之前，不可用手触及被测物的测量部分或进行拆除导线的工作。在测量具有大电容设备的绝缘电阻之后，必须将被测物对地放电，然后再停止发电机手柄的转动,防止电容器放电而损坏仪表。

7-17 如何用兆欧表测量绝缘电阻?

一般兆欧表有三个接线柱,电路端钮"L"在测量时与被测设备和大地及外壳绝缘的导电部分连接;接地端钮"E"测量时与被测设备的外壳(测量相间绝缘时也与其他导体连接)连接;保护环端钮"G"测量时根据需要连接。一般测量时只用"L"和"E"两个端钮。

在特殊条件下(例如空气潮湿,绝缘材料的表面受到浸污而无法擦干净),当测量比较大的绝缘电阻时,如果额定电压较高,则会出现不容忽视的漏电电流。如果不接入保护环 G,则漏电电流将通过仪表线圈 A_1 流入测量机构,给测量带来较大的误差,影响对设备绝缘状况的判断。

例如,在测量电力电缆的绝缘电阻时,如不接入保护环 G,就会产生测量误差,分析如图 7-7 所示。

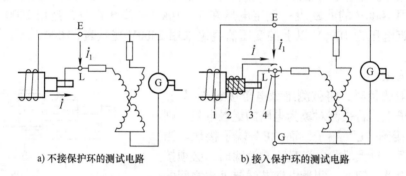

a) 不接保护环的测试电路　　　　　b) 接入保护环的测试电路

图 7-7　兆欧表测量电缆绝缘电阻接线图

1—电缆金属外壳　2—绝缘层　3—线芯　4—保护环

当测量不接入保护环时,如图 7-7a 所示,I_1 为 E、L 端钮的表面漏电流,它由发电机正电压端 E 沿仪表壳体表面流向 L 端。另外还有一个沿电缆层表面流向电缆芯线的漏电流 I,这是两种不容忽视的表面漏电流。由于没有接入保护环 G,I_1 和 I 这两个表面漏电流都要流过测量机构,造成测量误差。

如果接入保护环 G,则漏电流 I_1 和 I 就可以直接通过保护环 G 流回发电机负极,如图 7-7b 所示。由于 L 与 G 之间有较好的绝缘,所以漏电流不经过测量机构,这样就避免了兆欧表由表面漏电流引起的测量误差。

应特别注意保护环 C 的引线必须与设备接触良好,否则起不到屏蔽作用。

测量时应用专用测试导线与被测设备相连接,尤其是 L 端钮的连接导线一定要绝缘良好,因为这条导线的绝缘电阻相当于与被测设备绝缘电阻并联,直接影响了测量结果。

7-18 在用兆欧表测量绝缘电阻时应注意哪些问题?

1)测量时应使兆欧表与被测物的接线正确。为防止接线因绝缘不良造成测量误差,兆欧表接线柱与被测物之间的连接导线不能用双股绝缘线和绞线,应选用绝缘良好的单股线或多股软线分开单独连接。

2)兆欧表测量结果虽然与发电机的电压是否稳定关系不大,但是由于在兆欧表的测量机构中，引入电流的"导丝"或多或少地存在一些残余力矩，以及受仪表本身灵敏度的限制，故手摇发电机必须尽量保持规定的转速。切忌忽快忽慢，导致指针摆动加大测量误差（通常最适宜的转速一般为 120r/min，可以有 20% 的变化）。

3）绝缘电阻随测量时间的长短而有差异，根据兆欧表的测量原理，一般应采用 1min 以后的读数为准。遇到电容量较大的被测设备（如大容量变压器、电动机、电容器、电缆线路等）时，要等仪表指针不变时读取读数。

4）在兆欧表没有停止转动或被测设备尚未进行放电之前不允许用手触及导体。

5）测量绝缘电阻时要注意环境温度与湿度对测量结果的影响。

6）做完具有较大电容的设备测试时，应在不停止发电机转动的情况下取下测试导线，然后再停止发电机的转动，以防止因电容放电而损坏仪表。同时应对被测设备及时放电，以免造成损害。

7）对于不能全部停电的双回架空电路和母线，在被测回路的感应电压超过 12V，或在雷雨发生时，架空电路及与其相连接的电气设备都禁止测量，以防造成人身伤害和设备故障。

8）为便于对测量结果进行分析，在测量时除应记录好被测物的绝缘电阻外，还应尽量记录对测量有影响的其他因素，如当时的环境温度、湿度，所使用的兆欧表电压等级及量程范围和被测物的有关状况等。

7-19 兆欧表高压直流电源部分常见故障如何排除？

手摇发电机常见故障、产生的原因及排除方法见表 7-5。

表 7-5 手摇发电机常见故障、产生的原因及排除方法

序号	常见故障	产生原因	排除方法
1	发电机无输出电压或电压很低	1）绕组断线； 2）电路接头脱焊或断线； 3）炭刷磨损，造成接触不良	1）重绕或更换绕组线圈； 2）检查脱焊处，焊牢； 3）更换或调整炭刷
2	发电机电压很低，摇动时很重	1）发电机整流环之间脏污有摩擦、磨损或炭粒形成短路； 2）发电机电容击穿； 3）转子线圈绝缘损坏，形成短路； 4）整流环击穿短路	1）清洗整流环； 2）更换发电机并联电容； 3）重绕转子线圈； 4）修理整流环
3	发电机电压不稳	1）调速器装置上螺钉松动调速轮摩擦点接触不紧； 2）调速器的弹簧松动或弹性不足	1）紧固松动螺钉； 2）调整或更换弹簧
4	摇动发电机时，产生抖动	1）发电机转子不平衡； 2）发电机转轴不直变形	1）重新调整转子平衡； 2）矫正转轴
5	摇动发电机时打滑，无电压输出	1）偏心轮固定螺钉松动，造成齿轮咬合不好； 2）调速器弹簧松动或弹簧弹性不足	1）调整好偏心轮位置并使各齿轮咬合良好，再固紧偏心轮螺钉； 2）旋动调速器位置上的螺钉，使调速器橡皮接点紧压橡皮轮
6	摇动发电机时炭刷声音响，有火花产生	1）炭刷与整流环摩擦，表面不光滑，接触不好； 2）炭刷位置偏移与整流环接触不在正中位置	1）更换炭刷，修整整流环并清洗干净； 2）调整整流环和炭刷的位置，使炭刷在整流环正中，并全面接触

（续）

序号	常见故障	产生原因	排除方法
7	发电机有卡碰现象或摆时很重	1）发电机定子与转子间相碰； 2）增速，齿轮咬合不好或损坏； 3）滚珠轴承脏污，油汁枯； 4）小机盖固定螺钉松动使转子不在轴承中心位置； 5）转轴弯曲变形	1）拆下发电机，重新装配； 2）调整齿轮位置，使咬合适度，损坏时应更换； 3）拆下转轴，清洗轴承，加滑润油； 4）调整小机盖位置，紧固螺钉； 5）矫正转轴
8	机壳漏电	1）机内布线碰壳； 2）仪表受潮，造成绝缘不良	1）检查内部电路，消除碰壳现象； 2）烘干（温度控制在60～80℃之内）

7-20　兆欧表测量机构常见故障如何排除？

兆欧表测量机构的常见故障、产生原因及排除方法见表7-6。

表7-6　兆欧表常见故障及排除方法

序号	常见故障	产生原因	排除方法
1	指针转动不灵活有卡滞现象（或有轻微卡档现象）	1）铁心与线圈相碰； 2）导丝与固定部分相碰； 3）上下轴尖位置松动，使转动部分与固定部分相碰； 4）表盘上有毛刺或纤维物	1）固定铁芯螺钉； 2）整理导丝； 3）重新调整上下轴尖位置； 4）清理表盘上异物
2	指针指不到"∞"位置	1）导丝使用日久，变质发硬使力矩变大； 2）电源电压不足； 3）电压回路电阻变质，阻值增大； 4）电压线圈局部短路或断路	1）更换导丝； 2）修理电源，查找故障部件； 3）重新调整电压回路电阻； 4）重绕或更换电压线圈
3	指针超出"∞"位置	1）电压回路电阻变小； 2）导丝变形，影响指示； 3）有"∞"平衡线圈的仪表，该线圈短路或断路	1）重新调整电压回路电阻； 2）更换或整修导线； 3）重新绕制"∞"平衡线圈
4	指针不指"0"位置	1）电流回路电阻阻值变化； 2）电压回路电阻阻值变化； 3）导丝变质或变形； 4）电流线圈或零点平衡线圈有短路或断路	1）调整电流回路电阻； 2）调整电压回路电阻； 3）修理或更换导丝； 4）重新绕制或更换电流线圈或零点平衡线圈
5	当"∞"与"0"调整好后，其他各刻度点的误差较大	1）轴尖、轴承偏斜，造成动圈在磁极间的相对位置改变； 2）两线圈间的夹角改变； 3）线圈支持架与极掌间有位移； 4）指针与线圈间的夹角改变； 5）机械平衡不好； 6）导丝变形； 7）电压或电流回路电阻阻值变化	1）重新装轴座或重新装正轴尖； 2）调整两线圈间应有夹角； 3）改变和调整它们的相对位置； 4）调整线圈与指针的夹角； 5）调整可动部分平衡； 6）修理或更换导丝； 7）调整或更换两回路电阻
6	指针位移较大	1）轴承、轴尖，磨损或生锈； 2）轴承破裂或有脏污	1）重新配制或清洗； 2）更换轴承或清洗脏污

（续）

序号	常见故障	产生原因	排除方法
7	可动部分平衡不好	1）指针变形； 2）指针位置与线圈框夹角改变； 3）平衡锤夹角改变； 4）平衡锤上螺钉松动，位置改变； 5）轴承松动，造成轴间距增大，轴中心位置偏移	1）校正指针； 2）调整指针与线圈夹角； 3）校正平衡锤夹角； 4）重新调整平衡锤； 5）调整轴承

7-21 怎样对兆欧表进行检查和调整？

1. 回路电阻的检查

测量回路电阻的变化将会引起较大的测量误差，电压回路的电阻值改变将引起全量程误差增大，这种现象在高量程比较显著。如果电流回路的电阻值改变，将在读数下量程处引起显著误差，故在进行误差调整时，必须检查电流和电压回路的电阻值。

2. 兆欧表测量误差的调整

兆欧表的测量误差的调整必须在仪表的电气回路和测量机构完善，经检查确认无问题的基础上才能进行。

1）在额定电压下断开"L"和"E"端子。若仪表指针不指"∞"，则应减小电压回路的电阻，若指针超出"∞"，则应增大电压回路的电阻。

2）在额定电压下短路"L"和"E"端子。若仪表指针不指"0"，则应减小电流回路的电阻，若指针超出"0"，则应增大电流回路的电阻。

3）若"∞"与"0"都调整好，但前半段或后半段刻度仍有显著误差，则可将导丝重新焊接，使导丝少量地伸长或缩短，利用残余力矩来改变刻度的特性（但改变导丝后，"∞"和"0"又需要重新调整）。

4）当指针有少许不到"0"位或超出"0"位现象时，可振动指针进行调整。当指针有少许不到"∞"位置现象，或超出"∞"不多时，可用镊子拨动一下导丝，利用残余力矩使指针指在"∞"位置。

5）当仪表刻度特性改变产生较大误差时，可能是轴承座位置或线圈框偏斜（主要是重绕线圈时装偏），或者是指针与线框夹角和两线框之间夹角改变都能造成刻度特性的误差，必须检查轴承座及线框夹角的角度，将缺陷消除，即可减小或根除误差。

6）当"0"和"∞"两点或附近刻度点都调好，只是刻度的中心点附近误差较大，经调整不起作用时，只能重新对标尺进行刻度与校准。

7-22 什么是直流稳压电源？

直流稳压电源一般有线性负反馈型稳压电源和开关型稳压电源两种。

虽然线性负反馈型稳压电源比起开关型稳压电源来说有效率低、体积庞大、电网波动的适应范围差等缺点，但是由于它的纹波小，电压调整率好，内阻小的优点，特别适用于实验，故现在仍然是实验室里的主流电源。

为了不至于使得线性串联负反馈型稳压电源在低电压、大电流输出的情况下效率降得太低，一般都在面板上设置一个选择电压范围的波段开关，以便在低电压输出时将变压器的二次侧切换到低电压的抽头上。为了使过载时或输出端短路时稳压电源内的调整管不至于因为功耗过大而烧毁，一般都设置有保护电路。但通常保护电路是限流型保护，故保护电路即使启动，机内的调整管依然处于大功耗状态（但被限制在调整管的功耗指标内），如果超载时间过长，则调整管将因长时间发热而使温度升高，如果散热不良，则也有烧毁的危险。这是使用稳压电源时所应该注意的。

7-23　如何正确使用 SS2323 可跟踪直流稳压电源？

实验室用可跟踪直流稳压电源如图 7-8 所示。

扫一扫，看视频

图 7-8　SS2323 可跟踪直流稳压电源

1）按下电源开关，稳压电源显示输出电压和电流。待电源与电路连接好后再按下输出开关，此时绿色输出指示灯亮，输出端子有输出电压。

2）各通道按照要求调整好输出电压和输出电流，VOLTAGE 为电压调节旋钮，对应 V 指示电压输出数据；CURRENT 为电流调节旋钮，对应 A 指示电流输出数据；电源各开关、旋钮作用如图 7-9 所示。

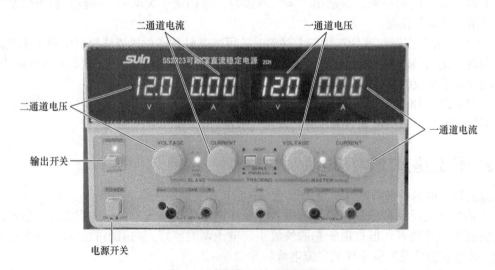

图 7-9　电源各开关、旋钮作用

3）二通道指示灯作为电压源输出时为绿灯，否则为红灯时无电压输出，此时右旋电流调节旋钮即可变成绿灯，如图 7-10 所示。

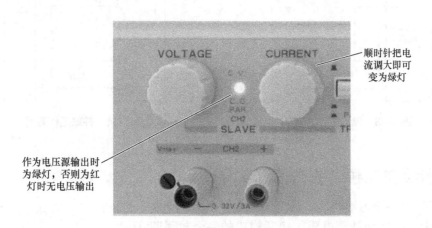

图 7-10　输出电流大小调节

7-24　如何正确选择直流稳压电源电压输出工作方式?

（1）独立工作方式　工作方式选择开关置 INDEP 独立位置，如图 7-11 所示。即可得到两路输出相互独立的电源，连接方式如图 7-12 所示。

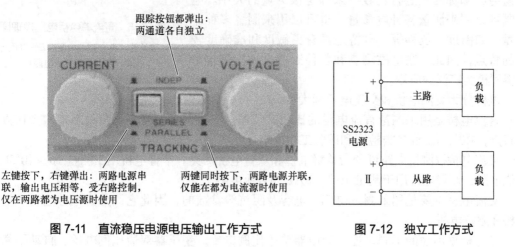

图 7-11　直流稳压电源电压输出工作方式　　　图 7-12　独立工作方式

（2）串联工作方式　工作方式选择开关置 SERIES 串联位置，如图 7-11 所示。并将主路负接线端子与从路正接线端子用导线连接，连接方式图 7-13 所示，此时两路预置电流应略大于使用电流。

（3）并联工作方式　工作方式选择开关置 PARALLEL 并联位置，如图 7-11 所示。两路电压都调至使用电压分别将两正接线端子两负接线端子连接，连接方式如图 7-14 所示，便可得到一组电流为两路电流之和的输出。

☞ 300 问学通电工仪表

图 7-13　串联工作方式

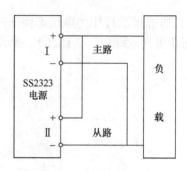

图 7-14　并联工作方式

7-25　什么是电桥？它分为几类？

"电桥"是一个习惯叫法，最简单的电桥是由四个电阻臂（其中一个臂为被测电阻）串联构成的一个封闭四边形，并相交于 a、b、c、d 四个顶点，如图 7-15 所示。其中 a、b 两个顶点接电源，称为电源对角线；另两顶点 c、d 接检流计，称为测量对角线，这样就构成一个电桥的通路，而电源与检流计如同架在两个相对顶点之间的"桥"，故被人们称为电桥。

电桥是一种较量仪器，利用它进行测量时，是将被测量与已知标准量进行比较，来确定被测量的大小。电桥既可以用来测量各种电参量，也可以用来测量多种非电量，如温度、位移等。电桥还具有灵敏度和准确度较高的特点，因此，在电磁测量和各种工业自动检测技术中得到极为广泛的应用。

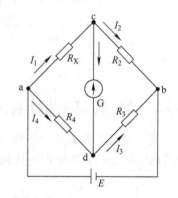

图 7-15　直流单电桥电路原理图

G—检流计　R_X—被测电阻　E—直流电源　R_2、R_3、R_4—标准电阻

电桥分为直流电桥和交流电桥两大类。

直流电桥是用来测量直流电阻的比较式仪器。它具有灵敏度高、测量准确和操作方便等特点，在电力工程各类检测和试验工作中被广泛应用。

直流电桥按测量电路可分为单臂电桥和双臂电桥两类。单臂电桥用于测量 $10 \sim 10^9 \Omega$ 的直流电阻，双臂电桥用于测量 $10^{-6} \sim 10 \Omega$ 的直流电阻。

交流电桥主要是用来测量电感、电容及阻抗等参数的，因此它又分为电感电桥、电容电桥和阻抗电桥。

另外根据用途的不同，还有变压器单边比例电桥，变压器双边比例电桥、自动平衡电桥及不平衡电桥等。

7-26　直流单臂电桥的主要技术特性有哪些？

电桥的主要技术特性是准确度及测量范围，电桥的准确度很高，其主要原因如下：

1）电桥测量电阻是把被测电阻与标准电阻相比较得出的，只要标准电阻（比例臂、比较臂的电阻）准确度足够高，R_X 的测量准确度也可以很高，一般标准电阻误差不超过 ±0.01%，电桥误差也较小。

2）电桥指零仪多采用高灵敏度的磁电系检流计，确保了电桥的平衡条件，从而提高了电桥的测量准确度。

按国家标准规定，电桥的准确度等级可分为 0.001、0.002、0.005、0.01、0.02、0.05、0.1、0.2、0.5、1、2、5、10 共 13 个等级。若用相对误差来表示，则

$$\gamma = \pm \left(1 \pm \frac{R_N}{KR_X}\right) a\%$$

式中　γ——电桥的允许误差；

R_N——标准值（Ω）；

R_X——电桥标度盘示值（Ω）；

K——系数，由制造厂规定，一般不小于 10；

a——电桥准确度等级。

电桥的准确度等级表示其在基本量程范围内，正常工作状态下，测量误差不超过的百分数。如 0.2 级的 QJ23 型直流单臂电桥的测量范围为 $1 \sim 10^6\,\Omega$，但其在基本量程为 $10^2 \sim 99990\,\Omega$ 范围内的误差不超过 ± 0.2%。使用直流电桥时应注意测量范围和基本量程的概念。

7-27　如何正确使用直流单臂电桥?

利用单臂电桥测量电阻是一种比较精密的测量方法，而电桥本身又是灵敏度和准确度都比较高的测量仪器，若使用不当则不仅不能达到应有的准确度，给测量结果带来误差，而且还有可能损坏仪器，因此应掌握正确的使用方法。现将电桥的正确使用方法和注意事项叙述如下：

1）使用电桥时，首先要大致估计一下被测电阻的阻值范围和所要求的准确度，而后根据所估计的数值来选择电桥。所选用电桥的准确度应略高于被测电阻的准确度，其误差应小于被测电阻允许误差的三分之一。

2）如果需外接检流计，则检流计的灵敏度应选择适当，如果灵敏度太高，则电桥平衡困难，调整费时；灵敏度太低则达不到应有的测量精度。因此，所选择的检流计在调节电桥最低一档时，只要指针有明显变化即可。

3）如果需外接电源，则直流电源应根据电桥使用说明的要求，选择各桥臂的适当数值及工作电源电压。一般电压为 $2 \sim 4V$，为了保护检流计，应在电源电路中串联一只可调电阻，测量时可逐渐减小电阻，以提高灵敏度。

4）使用电桥时，应先将检流计的锁扣打开，若指针或光点不指零位，则应调节检流计的零位。

5）连接电路时，将被测电阻 R_X 接到标有 R_X 的接线柱上。如果为外接电源，则电源的正极应接电桥的"+"端钮，电源的负极接在"–"端钮。接线应选择较粗较短的导线，并将接头拧紧，因为接头接触不良，会使电桥的平衡不稳定，甚至会损坏检流计。

6）估计被测电阻 R_X 的大小，适当选择比例臂的比例，选择比例时，应使比较臂各档都充分被利用，以提高测量的准确度。如用 QJ23 电桥测 $2.222\,\Omega$ 的电阻时，比例臂应在 0.001 档，当电桥平衡时，比较臂的四档均被利用，此时比较臂上读得的数为 2222，即

$$R_X = \frac{R_2}{R_3}\, R_4 = 0.001 \times 2222 = 2.222\,\Omega$$

若比例臂的比例选择不当，如为0.1，则电桥平衡时，比较臂只能用两档读数（为22），即 $R_x = 2.2\Omega$ ，测量的误差就人为地增大了。因此在选择比例时，应以比较臂的各档能充分利用为前提。

7）测量时，先将电源按钮按下并锁住，然后按下检流计按钮，若此时指针向正的方向偏转，则应加大比较臂电阻，反之应减小。如此反复调节，直至检流计指针平衡在零位。

在调节过程中，在电桥尚未接近平衡状态前，通过检流计的电流较大，不应使检流计按钮旋紧，只能在每调节一次时短时按下按钮，观察平衡状况。当检流计指针偏转不大时，方可旋紧按钮进行反复调节。

8）当测量小电阻时，注意应降低电源电压，并只能在测量的短暂时间内将电源接通，否则会因通电时间较长导致桥臂过热。应该提醒的是，直流单电桥不适合测量0.1欧以下的电阻。

9）当测量具有电感性绕组（如电动机或变压器绕组）的直流电阻时，应特别注意要先按下电源电钮，充一下电后，再按下检流计按钮，测量完毕应先断开检流计，而后再切断电源，以免因电源的突然接通和断开所产生的自感电动势冲击检流计，而使检流计损坏。

10）电桥使用完毕，应先切断电源，然后拆除被测电阻，将检流计的锁扣锁上，以防止搬动时震坏检流计。当检流计无锁扣时，应将检流计短路，以保护检流计。

11）对测量精度要求较高时，除了选择精度较高的电桥外，为了消除热电动势和接触电动势对测量结果带来的影响，在测量时应采取改变电源极性的办法，进行正反向两次测量，而后取其平均值。

12）当使用闲置较久的电桥时，应先对电桥上的有关接线端钮、插孔或接触点等进行清洁处理，使其接触可靠良好，转动灵活自如，以防接触不良等因素影响正常使用和测量结果。

7-28 怎样对直流电桥进行维护？

直流电桥的维护是保持测量准确度和灵敏度的重要因素，应注意以下几点：

1）平时放置时应用布罩盖好，或放置在专用仪表框内，以防灰尘侵蚀，每次使用前后应用干净软布清洁仪器表面。

2）每次使用前要将转盘来回旋转几次，使触点接触良好，如果是插塞结构，测量时要插紧，用后应将插塞拔出放松。

3）定期打开仪器，对仪器内部进行清洁，拆装时应注意内部连接的导线不碰不叠，软线不缠不绕。

4）开关、电刷、插塞及端钮、按钮至少每三个月清洁一次，用绸布沾少许汽油擦净活动接触点；去污后，用无水酒精清洗，并涂上一层薄薄的凡士林。

5）要注意内部各元件、胶木件不应有霉点，如出现霉点则应用酒精擦净，然后放入烘箱以60~80℃温度进行干燥。

6）各测量盘、旋钮转动时不能太松，也不能过紧，刷片的安装松紧应适度。过松会引起跳动或变差，过紧会磨损触点。

7）应定期更换电池，以防电池漏液，如电池漏液，除更换新电池外，受污的地方也应彻底清洗干净。

8）长期存放不使用时，应经常进行通电试验，保证电桥处于良好的状态。

9）放置电桥的场所应防止阳光的直接照射。

7-29 什么是直流双臂电桥？直流双臂电桥是怎样工作的？

直流单臂电桥测量是将被测电阻当作电桥的一个桥臂进行测量，如果被测电阻较小（如小于 10Ω），则引线电阻与接触电阻都在被测电阻回路，所占比例增大。使用单电桥测量小电阻时，将会产生较大的误差。为了消除和减小引线电阻和接触电阻对测量结果的影响，在单臂电桥的基础上，采取了一些电路结构上的特殊措施，利用双臂电桥测量小电阻。

双臂电桥测量原理如图 7-16 所示。图中，RP_3、RP_3'、RP_4、RP_4' 是桥臂电阻；R 是跨线电阻，一般阻值很小，可以通过大电流；R_X 和 R_N 分别是被测电阻和标准电阻（均为四端结构电阻）。P_1、P_2、P_3 和 P_4 是电位端；C_1、C_2、C_3 和 C_4 是电流端。

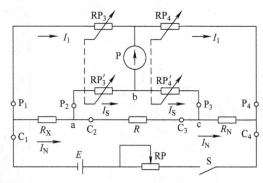

图 7-16 双臂电桥测量原理电路图

测量时被测电阻 R_X 和标准电阻 R_N 均按四端钮接线接入电桥电路。若调节各桥臂电阻，使检流计指零，即 $I_g = 0$，则可根据基尔霍夫定律写出三个回路的方程式，解出 R_X。R_X 的值由两项决定，其中第一项与单臂电桥相同，第二项称为更正项或误差项。为使双臂电桥平衡时，求解 R_X 的方程式与单臂电桥相同，应使更正项为零，这就要求双臂电桥满足 $RP_3'/RP_3 = RP_4'/RP_4$，并使粗导线的电阻 R 尽可能小。通常，双臂电桥在结构上采用 RP_3 和 RP_3' 与 RP_4 及 RP_4' 相联动的调节方式，并始终保持 $RP_3 = RP_3'$，$RP_4 = RP_4'$；R 采用一根截面很粗的铜线，跨接在 R_X 和 R_N 之间，采取上述两次措施后，可将更正项引起的误差控制在 10^{-4} 以下，因此用双臂电桥测量小电阻时，基本可消除引线电阻和接触电阻的影响。

7-30 使用双臂电桥时注意哪些事项？

使用双臂电桥应注意的事项，除了与单臂电桥相同外，还要考虑以下几点：

1）被测电阻接线必须按规定连接，即电桥电位接头 P_1、P_2 所引出的接线应比电流接头 C_1、C_2 所引出的导线更靠近被测电阻。

2）双臂电桥工作时电流较大，所以它的电源容量要大，如用电池，那么测量时要迅速，否则耗电较快，且容易使被测电阻发热影响测量准确度。也可用外附电池，适当提高电源电压。

3）在选用标准电阻时，应尽量使其与被测电阻在同一数量级，应满足 $\frac{1}{10}R_X < R_N < 10R_X$。

7-31 怎样用直流单臂电桥测电阻？

单臂电桥一般用于测量中值电阻，其原理电路如图 7-17 所示。图中 R_1、R_2、R、R_X 是电桥的四个臂，其中 R_X 是被测电阻，其他是标准可调电阻。测量时，调节一个或几个臂的电阻，使检流计的指针指在零位，即电桥达到平衡，可得计算公式

$$R_X = (R_1/R_2)R$$

工程上把 R_1、R_2 称为比例臂，简称比臂。比值 R_1/R_2 称为倍率。电阻 R 称为比较臂，简称较臂。在实际电桥中，R_1、R_2 的比值是十进制的，通常取 $10^{-3} \sim 10^3$。R 通常由 4 位或 5 位不同阻值的十进制电阻盘组成可调电阻，其面板布置如图 7-18 所示。

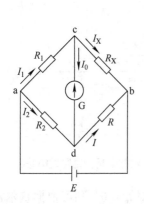

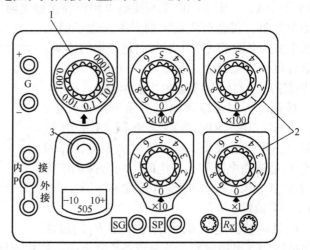

图 7-17　单臂电桥原理电路

图 7-18　QJ23 型直流单臂电桥面板布置图

1—倍率旋钮　2—比较臂读数盘　3—检流计

测量前，待测电阻最好用万用表试测一下它的阻值范围，然后接入电桥。测量时，接通各电源开关，选择并调节比例臂和比较臂阻值，电桥平衡后，读出倍率和较臂 R 的阻值，两者乘积即为被测电阻的数值，即

$$被测电阻 = 倍率 \times 比较臂电阻$$

7-32　怎样用直流双臂电桥测电阻？

用直流双臂电桥测量电阻能够克服接线电阻和接触电阻所造成的测量误差，准确度高，是测量低值电阻的常用仪表。

图 7-19 所示为直流双臂电桥的原理电路。图中连接端钮 C_n2、C_x2 的粗导线用电阻 R 表示。当保持 $R_1/R_2 = R_3/R_4$ 时，电桥平衡，被测电阻为

$$R_x = \frac{R_2}{R_1} R_n$$

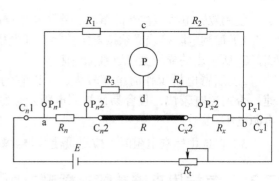

图 7-19　直流双臂电桥原理电路

P—检流计　E—直流电源　R_n—标准电阻
$R_1 \sim R_4$—桥臂电阻　R_x—被测电阻　R_t—调节电阻
C_n1、C_n2、C_x1、C_x2—电流接头
P_n1、P_n2、P_x1、P_x2—电压接头

双臂电桥测量电阻的方法与单臂电桥一样，但应注意，被测电阻应有四个端钮，接入电桥时，电压接头、电流接头不能接错；
直流电源的容量要足够大，能够提供较大的电流；接线时电线应尽量短、粗且接触紧密，不要用双绞线和平行线。

7-33　常用直流电桥的技术数据有哪些?

常用直流电桥的技术数据见表 7-7。

表 7-7　常用直流电桥技术数据

型号	等级	名称	测量范围	用途
QJ17	0.02	单双两用桥	单桥 $100\Omega \sim 1M\Omega$ 双桥 $10^{-6} \sim 100\Omega$	测直流电阻
QJ19	0.05	单双两用桥	单桥 $10^2 \sim 10^6\Omega$ 双桥 $10^{-5} \sim 100\Omega$	测直流电阻
QJ23	0.2	携带式直流单桥	$1 \sim 999900\Omega$ 保证精度范围 $1 \sim 99990\Omega$	测直流电阻
QJ24	0.1	直流单桥	$10^{-3} \sim 9999000\Omega$ 保证精度范围 $20 \sim 99990\Omega$	测直流电阻
QJ26	0.2	携带式直流双桥	$10^{-4} \sim 11\Omega$	测直流低电阻
QJ31	0.2	携带式直流单双桥	单桥 $10\Omega \sim 1M\Omega$ 双桥 $0.001 \sim 1\Omega$	测直流电阻
QJ32	0.05	直流单双桥	单桥 $50 \sim 60\Omega$ 双桥 $10^{-5} \sim 100\Omega$	直流电阻精密测量
QJ38	0.05	高阻电桥	$10^{-5} \sim 10^{16}\Omega$	测量高值电阻
QJ103	2	直流双桥	$10^{-4} \sim 11\Omega$	测量低值电阻

7-34　什么是电桥测量法?

电压 - 电流法测量元件的参数,根据欧姆定律算出阻抗,其精度不高,只适合于直流或低频时的情况。

电桥法是根据电桥平衡原理的测量方法。目前,国产电桥的精度可达到 10^{-4},可以测量电阻、电感和电容。

7-35　直流电桥适用于哪种测量?

直流电桥主要用于电阻的测量。图 7-20 所示为直流电桥的原理图,它由 R_X、R_2、R_3、R_4 组成四个桥臂。测量时,调节一个或几个桥臂上的电阻,使流过检流计 G 的电流 I 为零时,电桥平衡,B 点和 D 点电位相等,且有

$$R_X \cdot R_3 = R_2 \cdot R_4$$

如果 R_2、R_3、R_4 均为标准电阻,则被测电阻 R_X 为

$$R_X = \frac{R_2 \cdot R_4}{R_3}$$

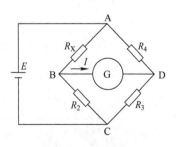

图 7-20　直流电桥

7-36 交流电桥适用于哪种测量？是如何工作的？

交流电桥的一般形式如图 7-21 所示。交流电桥与直流电桥在形式上相似，其主要差别表现在以下几个方面：

1）交流电桥的激励源是音频电压源。

2）交流电桥的桥臂可以是纯电阻，也可以是包含电容、电感的交流阻抗。

3）交流电桥的平衡需调节两个可变参数，而直流电桥的平衡通过调节一个可变参数就可以实现。

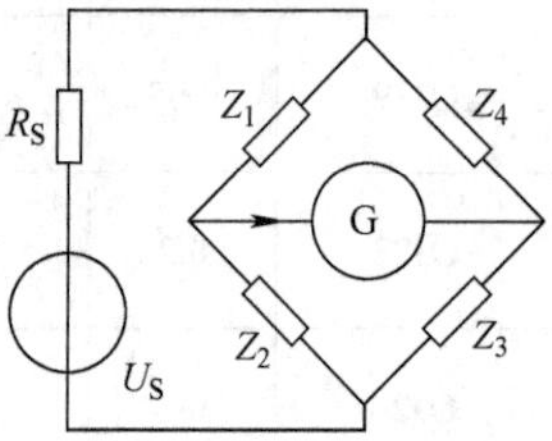

交流电桥的平衡条件可表达为

$$Z_1 \cdot Z_3 = Z_2 \cdot Z_4$$

即

$$|Z_1||Z_3| = |Z_2||Z_4|$$

和

$$\varphi_1 + \varphi_3 = \varphi_2 + \varphi_4$$

图 7-21 交流电桥

式中 $|Z_1| \sim |Z_4|$——复数阻抗 $Z_1 \sim Z_4$ 的模；

$\varphi_1 \sim \varphi_4$——复数阻抗 $Z_1 \sim Z_4$ 的阻抗角，其物理含义是交流电桥要达到平衡，需要使电桥的四个臂中对臂阻抗模的乘积相等，对臂阻抗角之和相等。

表 7-8 中给出了几种常用的测量用交流电桥。平衡条件同时也是被测阻抗参数的计算公式。

表 7-8 几种测量用交流电桥

电梯形式	平衡条件	名称及说明
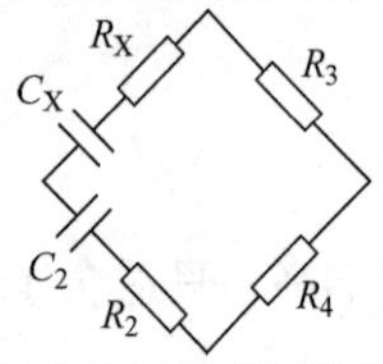	$C_x = C_2 \cdot \dfrac{R_4}{R_3}$ $R_x = R_2 \cdot \dfrac{R_3}{R_4}$ $D_x = \tan\delta = \omega C_2 R_2$	串联电容比较电桥； 适用于测量损耗小、容量大的电容，R_2、C_2 为可调元件
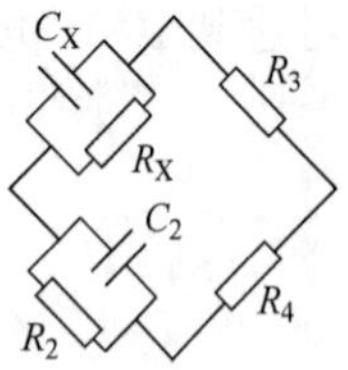	$C_x = C_2 \cdot \dfrac{R_4}{R_3}$ $R_x = R_2 \cdot \dfrac{R_3}{R_4}$ $D_x = \tan\delta = \dfrac{1}{\omega C_2 R_2}$	并联电容比较电桥； 适合于测量大损耗电容，R_2、C_2 为可调元件
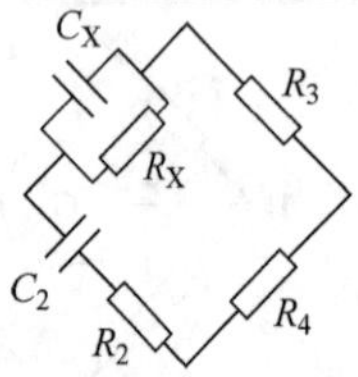	$C_x = C_2 \cdot \dfrac{R_4}{R_3}\dfrac{1}{1+\omega^2 R_2^2 C_2^2}$ $R_x = \dfrac{R_2 R_3}{R_4}\dfrac{\omega^2 R_2^2 C_2^2 + 1}{\omega^2 R_2^2 C_2^2}$	文氏电桥； 平衡条件与频率有关，可用于频率测量，不宜用于阻抗测量
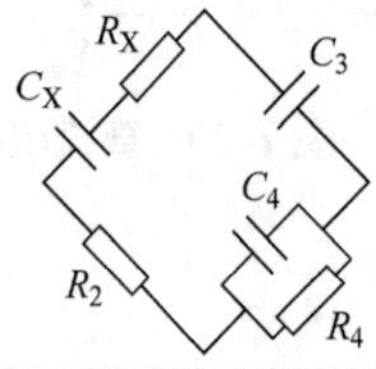	$C_x = C_3 \cdot \dfrac{R_4}{R_2}$ $R_x = R_2 \cdot \dfrac{C_4}{C_3}$ $D_x = \tan\delta = \omega R_4 C_4$	西林电桥； C_3 为高压电容，可用于绝缘试验

（续）

电梯形式	平衡条件	名称及说明
L_X R_X R_3 / R_2 C_4 / C_2	$L_X = R_2R_3C_4$ $R_X = \dfrac{R_3C_4}{C_2}$	串联欧文电桥； R_2、C_2 为可调元件时，L_X、R_X 可读数
L_X R_X R_3 / C_4 / R_2 R_4	$L_X = R_2R_3C_4$ $R_X = R_2\dfrac{R_3}{R_4}$ $Q_X = \omega C_4R_4$	麦克斯韦 - 文氏电桥； 适用于测量电感，R_4、C_4 为可调元件
L_X R_X R_3 / L_2 R_2 R_4	$L_X = L_2\dfrac{R_3}{R_4}$ $R_X = R_2\dfrac{R_3}{R_4}$ $Q_X = \dfrac{\omega L_2}{R_2}$	麦克斯韦电感电桥； 适用于测量电感，L_2、R_2 为可调元件
L_X R_3 / R_X / R_2 C_4	$L_X = R_2R_3C_4$ $R_X = R_2\dfrac{R_3}{R_4}$ $Q_X = \dfrac{1}{\omega C_4R_4}$	海氏电桥； 适用于高 Q 电感的测量，R_4、C_4 为可调元件

7-37　QS18A 型万用电桥的主要技术性能有哪些?

万用电桥是一种既可测量电容，也可测量电感和电阻的电桥，又称为 RLC 万用电桥，如图 7-22 所示。常用 QS18A 型万用电桥的结构原理及使用维护如下：

图 7-22　QS18A 型万用电桥面板图

QS18A 型万用电桥属于阻抗比例式万用电桥，它由电桥主体、晶体管振荡器、调制器、选频放大器和指示器等组成。

电桥的测量范围及技术性能见表 7-9。

表 7-9　QS18A 型万用电桥测量范围及技术性能

被测量	测量范围	基本误差（按量程最大值）	损耗范围	使用电源
电容	$1 \sim 110\text{pF}$ $100\text{pF} \sim 110\mu\text{F}$ $100 \sim 1100\mu\text{F}$	$\pm（2\% \pm 0.5\text{ pF}）$ $\pm（1\% \pm \Delta）$	D 值 $0 \sim 0.1$ $0 \sim 10$	内部 1000Hz
电感	$1 \sim 11\mu\text{H}$ $10 \sim 110\mu\text{H}$ $100 \sim 1100\text{mH}$ $1 \sim 11\text{H}, 10 \sim 110\text{H}$ $11 \sim 110\text{H}$	$\pm（5\% \pm 0.5\mu\text{H}）$ $\pm（2\% \pm \Delta）$ $\pm（1\% \pm \Delta）$ $\pm（2\% \pm \Delta）$ $\pm（5\% \pm \Delta）$	Q 值 $0 \sim 10$	内部 1000Hz
电阻	$0.01 \sim 1.1\Omega$ $1\Omega \sim 1.1\text{M}\Omega$ $1 \sim 11\text{M}\Omega$	$\pm（5\% \pm 0.05\Omega）$ $\pm（1\% \pm \Delta）$ $\pm（5\% \pm \Delta）$		$0.01 \sim 10\Omega$ 同内部电源（1000Hz）; 大于 10Ω 时用内部 9V 直流电源

7-38　万用电桥的测量方法有哪些?

（1）电容测量　测量电容时接成串联电容电桥，原理如图 7-23a 所示。其平衡公式为

$$C_X = \frac{R_B}{R_A} \times C_N = K_C C_N$$

$$R_X = \frac{R_A}{R_B} \times R_N = \frac{R_N}{K_C}$$

式中　K_C——电桥比例臂的比值，也称倍率，$K_C = \dfrac{R_B}{R_A}$。

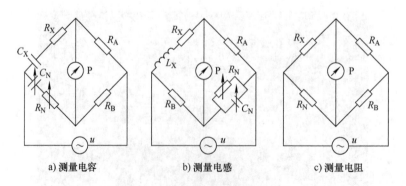

a) 测量电容　　　b) 测量电感　　　c) 测量电阻

图 7-23　万用电桥原理测量接线

（2）电感测量　测量电感时电桥接成麦克斯韦电桥电路，其原理如图 7-23b 所示。平衡

公式为

$$L_X = R_A R_B C_N = K_L C_N$$

$$R_X = \frac{R_A R_B}{R_N} = \frac{K_L}{R_N}$$

$$Q_X = \frac{\omega L_X}{R_X} = \omega C_N R_N$$

式中　K_L——电桥比例臂比值，也称倍率，$K_L = R_A R_B$。

（3）电阻测量　用万用电桥测量电阻时，接线如图 7-23c 所示，其测量电路为四臂电阻电桥，即惠斯登电桥原理。测量时通过调节 R_N 使电桥平衡，其平衡方式为

$$R_X = \frac{R_A R_N}{R_B} = K_R R_N$$

式中　K_R——电桥比例臂比值，也称倍率，$K_R = R_A / R_B$。

值得注意的是电阻的测量接线往往工作在直流状态下，实际测量与直流电桥相同。

7-39　万用电桥的测量步骤有哪些？

1）估计被测量电感量的大小，然后旋动量程开关至合适量程；

2）旋动测量选择开关量"L"位置；

3）在测量空心线圈时，损耗倍率开关放在"$Q \times 1$"位置，在测量高 Q 值滤波线圈时，损耗倍率开关放在"$D \times 0.01$"的位置，在测量叠片铁心电感线圈时，损耗倍率开关放在"$D \times 1$"的位置；

4）将损耗平衡旋钮大约放在 1 左右的位置，然后调节灵敏度，使电表的偏转略小于满刻度；

5）首先调节电桥"读数"步进开关至 0.9 或 1.0 的位置，再调节滑线盘，然后"调节"损耗平衡旋钮使电表偏转最小，再逐步增大灵敏度，反复调节电桥的"读数"，滑线盘和损耗平衡旋钮，直至灵敏度足够，满足测量精度的分辨率（一般使用时不必把灵敏度调至最大），电表指针的偏转指零或接近指零，此时可认为电桥达到平衡。

例如，电桥的"读数"开关的第一位指示为 0.9，第二位滑线盘为 0.098，则被测电感量为

$$100\text{mH} \times (0.9 + 0.098) = 99.8\text{mH}$$

即被测量 L_X = 量程开关指示值 × 电桥的读数值。

损耗倍率开关放在"$Q \times 1$"位置，损耗平衡旋钮指示为 2.5，则电感的 Q_X 值为

$$Q_X = 1 \times 2.5 = 2.5$$

即被测量 Q_X = 损耗倍率指示 × 损耗平衡旋钮的指示值。

7-40　万用电桥测量时应注意哪些问题？

1）当损耗倍率开关在"D"位置时，电桥平衡后按 $Q = 1/D$ 计算。

2）当不能确定被测电感值的大小范围时，可按以下方法进行测量：

① 把测量选择开关转至"L"位置，损耗倍率开关放在"$Q \times 1$"的位置，测量高 Q 值滤波线圈时倍率开关应放在"$D \times 0.01$"位置，测量铁心电感线圈时损耗倍率开关应放在"$D \times 1$"位置，损耗平衡旋钮置"1"位置，损耗微调按逆时针旋到底；

② 把量程开关置 10μH 位置；

③ 把"读数"的第一位步进开关置"0"位置，第二位滑线盘旋至 0.05 左右的位置；

④ 将灵敏度调节逐步增大，使电表指示在 30μA 左右的位置；

⑤ 旋动量程开关由 10、100μH…到 100H 逐步变换其量程，同时观察电表的指示，哪一档电表指示最小，即停留在这一档，再旋动第二位滑线盘使电表指零；

⑥ 按测未知电容的方法，调整电桥平衡，粗略计算出未知电感量，然后进行精确测量。

7-41　如何正确使用万用电桥？

万用电桥有各种型号，使用时也各有特点，但基本使用方法是相同的。现以 QS18A 为例将万用电桥的一般使用步骤介绍如下。

1）测量前的准备工作如下：

① 测量前必须先熟悉仪器面板上各元件及控制旋钮的作用；

② 在熟悉仪器面板上各元件及控制旋钮的作用之后，再检查仪器的输入电源电压是否符合仪器使用电源电压的规定值；

③ 插上电源插头，合上电源开关预热 5 ~ 15min；

④ 如电桥使用外部音频电源或外部指零仪时，则应将相应的旋钮开关置于"外接"位置；

⑤ 测量前，各调节旋钮均应置于"0"位置。

2）测量过程如下：

① 将被测元件接到"测量"接线柱上；

② 根据被测元件的性质，调节"测量选择"开关至相应的"C""L""$R \leqslant 10$""$R > 10$"等位置；

③ 估计被测元件数值的大小，将"量程开关"放置在合适的位置上；

④ 逐步增大灵敏度，使指针偏转略小于满刻度；

⑤ 先调"读数"旋钮再调"损耗平衡"旋钮，观察指零仪表指针的偏转，使其尽量指零；然后，再逐渐增大灵敏度，使指针偏转略小于满刻度，再调节读数盘及损耗平衡旋钮，使指零仪表指零；如此反复调整，直至灵敏度调到足够分辨出测量精度的要求，并使电桥达到最后的平衡状态；

⑥ 读取被测元件的数值，当电桥平衡时，把各级读数盘所指示的数字相加，再根据量程开关的位置（或倍率选择开关位置），便可得到被测元件的数值，被测元件的 D 值（或 Q 值）根据平衡时平衡旋钮的示值和损耗倍率开关的位置来决定。

7-42　万用电桥测量时应注意哪些问题？

1）被测元件必须与仪器的地线隔离。如果被测元件与仪器的"地"之间有连接线或通过任何阻抗与"地"相连接，则都将引起误差，甚至无法进行测量（这是因为被测元件置于电桥的一个桥臂上，它的两端与"地"之间应没有直接的联系）。

2）在使用外接音频振荡器测量电容或电感时，外加音频电压值应符合电桥所规定的范围（例如在 QS18A 型万用电桥中，该电压值为 $1 \sim 2V$），此时测得的 D_X 值等于损耗平衡盘读数乘以 f/f_0。式中 f_0 为仪器内部振荡器的频率（例如 GS18A 型电桥为 1000Hz），f 为外加音频振荡器的频率。

3）测量电感线圈时若发现受到外界干扰，则可先使仪器内部的振荡器停止工作（例如将面板上的拨动开关放在"外"的位置），然后移动被测线圈的位置和角度，使指零仪表指示值降低到最低程度，最后使仪器内部振荡器恢复工作，消除干扰后再进行测量。

4）有些万用电桥的读数盘是通过机械传动装置用数字显示的，也有通过数字电路用数码管或液晶显示读数的。这些万用电桥的基本测量原理及使用方法基本相同，仅读数显示部分不同而已。

7-43　怎样用谐振法测量电容？

谐振法就是利用 LC 串联或并联回路的谐振特性来对被测量进行测量。电桥法通常用于低频条件，而谐振法实际上只用于高频测量。

谐振法测量电容有直接法和替代法两种。

7-44　什么是直接测量电容法？

选用一个适当的已知电感 L 与被测电容 C_X 组成谐振回路，如图 7-24 所示。

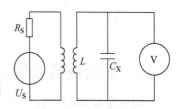

图 7-24　直接法测量电容

测量时，调节高频信号 U_S 的频率，当电压表的读数达到最大时，即电路处于谐振状态，记下此时的频率 f_0，则被测电容 C_X 可按下式计算：

$$C_X = \frac{1}{(2\pi f_0)^2 L} = \frac{2.53 \times 10^4}{f_0^2 L}$$

式中，C_X 的单位为 pF，f_0 的单位为 MHz，L 的单位为 μH。利用上式测量电容的误差，主要来自于各接线和线圈的分布电容，以及频率过高时引线的电感。

7-45　什么是替代测量电容法？

用替代法测电容有利于消除电路分布电容的影响。

并联替代法测试电路如图 7-25 所示。测量时，先不接 C_X，使已知电容 C_S 处于最大值 C_{S1}，并调节高频信号 U_S 的频率使电路处于谐振状态；再接入 C_X，调小 C_S 使电路在不改变信号频率下再次处于谐振状态，并记下此时电容 C_S 的值 C_{S2}，则被测电容 C_X 为

$$C_X = C_{S1} - C_{S2}$$

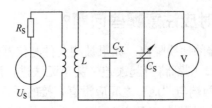

图 7-25　并联替代法测小电容

当被测电容大于已知电容的调节范围时，采用串联替代法，测试电路如图 7-26 所示。

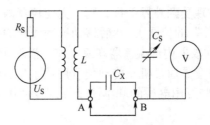

图 7-26　串联替代法测大电容

测量时，先将 A、B 短路，并将已知电容 C_S 调至较小值 C_{S1}，调整高频信号 U_S 的频率使电路处于谐振状态；断开 A、B 并接入被测电容 C_X，保持 U_S 频率不变，调大 C_S 至 C_{S2} 电路再次处于谐振状态时，被测电容 C_X 为

$$C_X = \frac{C_{S1} \cdot C_{S2}}{C_{S1} + C_{S2}}$$

7-46　如何测量线圈分布电容？

测试电路如图 7-27 所示。测量时，先将已知电容 C_S 调至较大值 C_{S1}，使电路谐振于频率 f_1；再次调节频率至 $2f_1$，并调小 C_S 至 C_{S2}，使电路此次谐振于 $2f_1$ 上，则被测线圈的分布电容 C_0 为

$$C_0 = \frac{C_{S1} - 4C_{S2}}{3}$$

习惯上称这种方法为二倍频法。

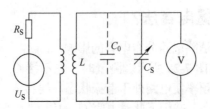

图 7-27　线圈分布电容的测量

7-47　怎样用谐振法测量电感？

用谐振法测量电感有两种方法，即直接法和替代法。

（1）直接法　选用已知电容 C_S 和被测电感组成谐振回路，如图 7-28 所示。测量时，使电路处于某一频率 f_0 时谐振。则被测电感可按下式计算

$$L_X = \frac{2.53 \times 10^4}{f_0^2 C_S}$$

式中，L_X、f_0 和 C_S 的单位分别为 μH、MHz 和 pF。

为提高测量精度可采用替代法。

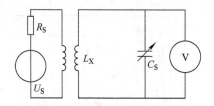

图 7-28　直接法测电感

（2）替代法　用替代法测量电感的测试线路如图 7-29 所示，其具体的测试方法与测量电容时的替代法相仿。

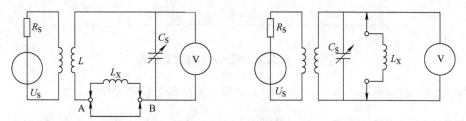

图 7-29　替代法测量电感

7-48　阻抗的数字化测量方法有哪些？

阻抗的数字化测量方法如下：首先利用正弦信号在被测阻抗的两端产生交流电压，然后通过实部和虚部的分离，最后利用电压的数字化测量来实现。

第8章
使用电子仪器仪表实测电子电路

8-1 单级阻容耦合共发射极放大器如何进行静态工作点测量?

单级阻容耦合共射放大器的实际电路如图 8-1 所示,图中 $R_{b1} = R_b + R_P$。

扫一扫,看视频

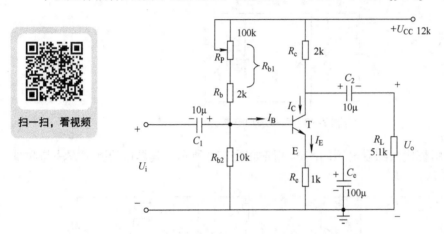

图 8-1 单级阻容耦合放大器实际电路

按照图 8-1 实际电路,从左(输入端)到右(输出端)顺序连接好电路。

> **注意**:连接电路中注意分清晶体管的E、B、C三个电极引脚,电路中使用的晶体管为 9013 型 npn 小功率晶体管,其引脚如图 8-2a 所示,晶体管平面面向自己,三个电极分别是E、B、C。电解电容的极性注意不能接错,必须分清电解电容的极性,其负极在外壳上有明显标记,如图 8-2b 所示。

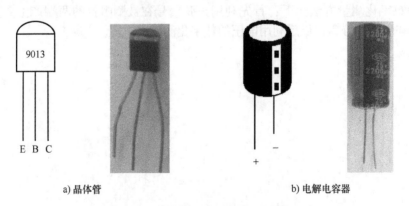

a) 晶体管   b) 电解电容器

图 8-2 晶体管和电解电容引脚图

测量静态工作点时注意断开信号源函数发生器的输出电缆，将放大器的输入端对地短路，用万用表测量晶体管三个电极 U_B、U_C、U_E 之值，如图 8-3 所示。

a) 测量晶体管电极U_B=2.76V

b) 测量晶体管电极U_C=7.73V

c) 测量晶体管电极U_E=2.17V

图 8-3　用万用表测量晶体管三个电极电压

　　根据测量值，用下列各式计算：

$$U_{BEQ}= U_B - U_E , \quad I_{CQ}= \frac{U_{CC}-U_C}{R_c} , \quad U_{CEQ}= U_C - U_E$$

　　放大电路的静态工作点既与晶体管的特性有关，又与放大电路的结构有关。当电源电

压 U_{CC} 和直流负载电阻 R_c 选定后，静态工作点便由 I_B 所决定。通常用调节偏置电阻 R_{b1} 的办法调节各静态值，使放大电路获得一个合适的静态工作点。

8-2 单级阻容耦合共发射极放大器如何测量电压放大倍数 $|A_v|$？

组成测量系统，观察电路截止失真和饱和失真，调整静态工作点，并测量动态范围 U_{oPP}。

1）按图 8-4 连接测量系统。

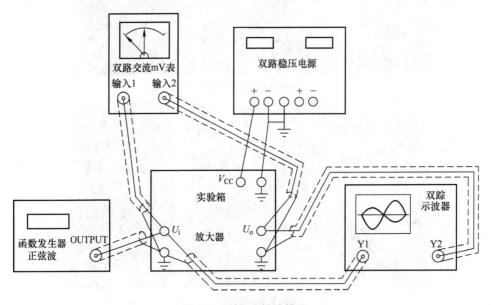

图 8-4 测量系统接线图

2）当有信号输入时，晶体管各极的电流和电压是直流分量和交流分量的叠加，叠加后的信号波动范围如果进入晶体管特性的非线性区域（截止区或饱和区），则放大器的输出信号波形将产生非线性失真。因此，要使放大器正常工作，必须合理设置静态工作点。为了获得最大不失真输出信号，静态工作点应选在晶体管输出特性曲线上交流负载线的中点（见图 8-5 的 Q 点），工作点若选得太高（如图 8-5 中的 Q' 点），就会引起饱和失真；若选得太低（见图 8-5 中的 Q'' 点），就会产生截止失真。

调节函数信号发生器给放大器

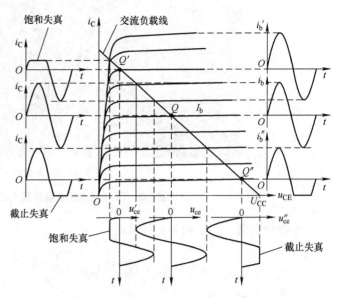

图 8-5 静态工作点位置对输出波形的影响

输入1kHz一定幅度的正弦信号，调节R_P，在示波器上观察截止失真和饱和失真（见图8-6）。

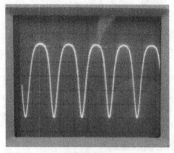
a) 截止失真

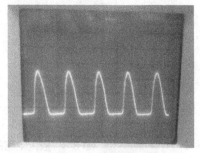
b) 饱和失真

图 8-6　示波器观察截止失真和饱和失真

3）仔细调节 R_P，并配合调节函数信号发生器的输出幅度，用示波器观察输出波形，直到正、负峰刚好不发生削波失真（只要输入电压 U_i 略微增大，输出信号正、负峰同时发生削波失真）为止，静态工作点调整完毕。

4）用示波器测出放大器最大不失真输出电压的峰 - 峰值 U_{oPP}，即放大器的动态范围。

在小信号条件下，输入 U_i=（3 ~ 10mV）/1kHz 正弦信号，此时必须保证输出信号 U_o 失真极小，否则，失真的放大信号毫无意义。分别用交流 mV 表或示波器测量出 U_i、U_o，并计算不失真的放大倍数 $|A_v| = U_o / U_i$。

5）当输入信号过大时，放大电路输出波形可能既有饱和失真，也有截止失真，如图 8-7 所示。

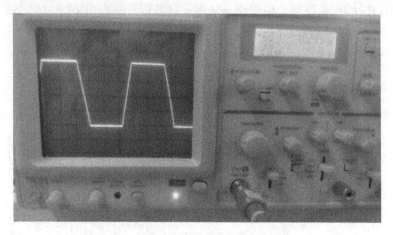

图 8-7　输出波形既有饱和又有截止失真

8-3　放大电路的输入电阻 r_i 如何求出？

1. 理论计算值

放大电路对信号源而言，可等效为一个负载电阻，这个等效电阻称为放大电路的输入电阻。它等于输入电压与输入电流之比。由放大电路的小信号模型电路图 8-8 可知

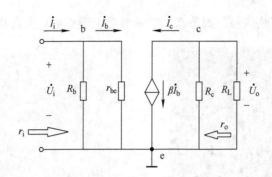

图 8-8　放大电路的小信号模型电路

$$r_i = \frac{\dot{U}_i}{\dot{I}_i} = R_b // r_{be}$$

一般情况下，$R_b >> r_{be}$，所以

$$r_i \approx r_{be}$$

即 r_i 在数值上接近 r_{be}，但 r_i、r_{be} 的概念是有区别的，r_{be} 是晶体管的输入电阻，r_i 则为放大电路的输入电阻。通常要求放大电路的输入电阻要足够大，以减小放大电路对信号电压的衰减。

2. 实测数据

输入电阻 r_i 的测量电路如图 8-9 所示。在放大器输入端串入 $R = 1\text{k}\Omega$ 电阻，输入 $U_s=$（$3 \sim 10$）mV/1kHz 的正弦信号，用交流 mV 表或示波器分别测出 U_i 和 U_s 之值，r_i 之值用下式计算

$$r_i = \frac{U_i}{\dfrac{U_s - U_i}{R}} = \frac{R}{\dfrac{U_s}{U_i} - 1}$$

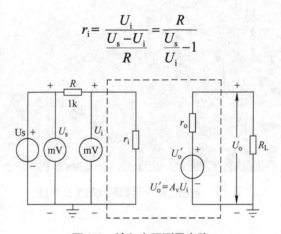

图 8-9　输入电阻测量电路

8-4　放大电路的输出电阻 r_o 如何求出？

放大电路对负载而言，相当于一个电压源，其内阻定义为放大电路的输出电阻。在已知电路结构的条件下，可用求有源二端网络等效电阻的办法计算放大电路的输出电阻。也

可用实验测量的方法求出，注意必须断开负载 R_L 从输出端向左求输出电阻 r_o，图 8-9 所示电路，其输出电阻为

$$r_o = R_c$$

对于一个放大电路来说，通常要求输出电阻 r_o 越小越好，以便能够带动较大的负载。

测量方法：在小信号下，固定输入信号电压 $U_i = (3 \sim 10)\,\mathrm{mV}/1\mathrm{kHz}$，断开负载 R_L，用交流毫伏表或示波器测开路电压 U_o'；然后连接负载电阻 R_L，再测有载输出电压 U_o，如图 8-10 所示。r_o 之值由下式计算：

$$r_o = \frac{U_o' - U_o}{\dfrac{U_o}{R_L}} = \left(\frac{U_o'}{U_o} - 1\right) R_L$$

扫一扫，看视频

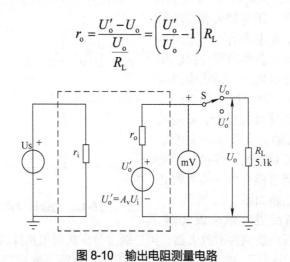

图 8-10　输出电阻测量电路

8-5　如何测量放大器的上限频率 f_H 和下限频率 f_L？

放大器的频率特性测量电路为如图 8-1 所示的阻容耦合放大器，由于耦合电容 C_1、C_2 和旁路电容 C_e 的存在，使 A_v 随信号频率的降低而减小；又因分布电容的存在及受晶体管共射截止频率 f_β 限制，使 A_v 随信号频率的升高而减小；只有在中频段，这些电容效应可以忽略，有最大值且与频率无关，记为中频放大倍数 A_{vm}，高于或低于中频区域，A_v 都要减小。描述 A_v 与 f 的曲线称为放大器的幅频特性曲线，如图 8-11 所示。图中 $A_v = 0.707A_{vm}$，所对应的频率 f_L 和 f_H 分别称为下限频率和上限频率。f_{bw} 称为放大器的通频带，其值为 $f_{bw} = f_H - f_L$。

扫一扫，看视频

在小信号下（如输入信号保持 $U_i = 3\mathrm{mV}$），测量多级放大器的上限频率 f_H 和下限频率 f_L 的方法：

首先，输入 $U_i = (3 \sim 10)\,\mathrm{mV}/1\mathrm{kHz}$ 正弦交流信号，用交流毫伏表测量输出电压 U_{om}；接着，调节函数信号发生器，提高信号频率直到输出电压 $U_o = 0.707U_{om}$，这时所对应的信号频率即为放大器的上限频率 f_H，然后降低信号频率直到输出电压 $U_o = 0.707U_{om}$，这时所对应的信号频率即为放大器的下限频率 f_L。

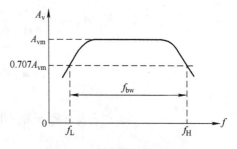

图 8-11　放大器的频率特性

注意：在改变频率的过程中必须保持 $U_i = (3 \sim 10)\,\mathrm{mV}$ 不变。

8-6 多级阻容耦合放大器如何测量各项指标?

1. 测量原理

实用的放大器常常要求具备高增益、高输入阻抗、低输出阻抗以及一定的通频带等多项指标。单级放大器无法同时满足上述要求，为了实现上述要求，往往由多个单级放大器级联组成，其级间耦合方式有四种，即直接耦合、阻容耦合、变压器耦合和光电耦合。直接耦合适用于放大直流信号；阻容耦合和变压器耦合适用于交流放大；光电耦合适用于交直流放大，但是由于光电耦合器需要外接较多的元件，故只有在制作隔离放大器或隔离接口时才被使用。实际上即使使用集成运放做交流放大器时，也不能直接耦合，而是采用阻容耦合。因直接耦合会带来很大的零点漂移，特别是在高增益情况下漂移甚至使输出饱和，故这里以阻容耦合放大器为例进行测量，其测量原理电路如图 8-12 所示。

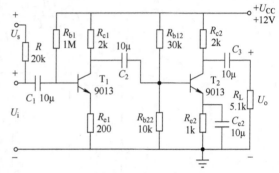

图 8-12 两级阻容耦合放大器原理电路

图 8-12 所示为两级阻容耦合放大器。第一级是固定偏流射极负反馈共射放大器，第二级为分压式射极负反馈共射放大器，级间由电容 C_2 耦合。图中，引入 R_{e1} 的目的是提高输入电阻，稳定工作点和放大倍数，但它会使得放大倍数降低；C_{e2} 的作用是旁路 R_{e2} 对交流信号的负反馈作用，提高放大倍数。

由于 C_2 的隔直作用，因此前后两级的工作点是独立的。静态计算由下列各式给出：

$$I_{B1} = \frac{U_{CC} - U_{BE}}{R_{b1} + (1+\beta)R_{e1}}, \quad I_{C1} = \beta_1 I_{B1}, \quad U_{CE1} \approx I_{C1}(R_{c1} + R_{e1})$$

$$U_{B2} \approx \frac{R_{b22}U_{CC}}{R_{b12} + R_{b22}}, \quad I_{C2} \approx I_{E2} = \frac{U_{B2} - U_{BE2}}{R_{e2}}, \quad U_{CE2} \approx U_{CC} - I_{C2}(R_{c2} + R_{e2})$$

动态计算由下列各式给出：

$$\dot{A}_v = \dot{A}_{v1} \cdot \dot{A}_{v2} = \frac{-\beta_1(R_{c1}//R_{i2})}{r_{be1} + (1+\beta_1)R_{e1}} \cdot \frac{-\beta_2(R_{c2}//R_L)}{r_{be2}}, \quad \text{式中 } R_{i2} \approx r_{be2}，则$$

$$\dot{A}_v \approx \frac{\beta_1\beta_2(R_{c1}//r_{be2})(R_{c2}//R_L)}{r_{be2}[r_{be1} + (1+\beta_1)R_{e1}]},$$

$$R_i = R_{i1} = R_{b1}//[r_{be1} + (1+\beta_1)R_{e1}], \quad R_o = R_{o2} \approx R_{c2}$$

测量电路如图 8-12 所示。图中的电阻 R 是为测量输入电阻 R_i 而接入的，在其他指标的测试中无用。

2. 测量内容

1）按图 8-12 在实验箱的面包板上接插电路，连接仪器，组成实验系统。输入 1kHz 幅度适当的（mV 级）正弦交流信号，用示波器观察输入、输出波形，使放大器处于正常工作状态。

2）测量静态工作点。

① 首先断开函数发生器的输出电缆，再用导线将放大器输入端对地短路。

② 用数字万用表分别测出 U_{B1}、U_{E1}、U_{C1} 和 U_{B2}、U_{E2}、U_{C2} 之值，并将测试结果填入表 8-1。

表 8-1　各级静态工作电压的测量

U_{B1}/V	U_{E1}/V	U_{C1}/V	U_{B2}/V	U_{E2}/V	U_{C2}/V

③ 用下列各式计算静态工作点，将计算结果填入表 8-2。

$$I_{B1Q} = \frac{U_{CC} - U_{B1}}{R_{b1}},\ I_{C1Q} = \frac{U_{CC} - U_{C1}}{R_{c1}},\ U_{CE1Q} = U_{C1} - U_{E1}$$

$$U_{BE2Q} = U_{B2} - U_{E2},\ I_{C2Q} = \frac{U_{CC} - U_{C2}}{R_{c2}},\ U_{CE2Q} = U_{C2} - U_{E2}$$

表 8-2　各级静态工作点的计算

I_{B1Q}/mA	I_{C1Q}/mA	U_{CE1Q}/V	U_{BE2Q}/V	I_{C2Q}/V	U_{CE2Q}/V

3）在小信号下，测量第一级放大器的电压放大倍数 A_{v1}、第二级放大器的电压放大倍数 A_{v2} 和多级放大器的电压放大倍数 A_v。输入 3mV/1kHz 的正弦交流信号，用交流 mV 表分别测出 U_i、U_{o1} 和 U_o，并求放大倍数的大小：

扫一扫，看视频

$$|\dot{A}_{v1}| = U_{o1}/U_i,\ |\dot{A}_{v2}| = U_o/U_{i2} = U_o/U_{o1},\ |\dot{A}_v| = U_o/U_i$$

并验证 $A_v = A_{v1}A_{v2}$，数据填入表 8-3。

表 8-3　放大器的电压放大倍数

U_i/mV	U_{o1}/mV	U_o/V	A_{v1}	A_{v2}	A_v

4）在小信号下，测量多级放大器的输入电阻 R_i 和输出电阻 R_o，输入 3mV/1kHz 的正弦交流信号，测量方法参见图 8-9 和图 8-10。本实验测 R_i 时，在输入端串接电阻为 R=20k，或几百千欧，结果填入表 8-4。

表 8-4　输入电阻 R_i 和输出电阻 R_o 测量

U_s/mV	U_i/mV	R_i/Ω	U_o'/V	U_o/V	R_o/Ω

5）在小信号下，测多级放大器的上限频率 f_H 和下限频率 f_L，并计算通频带 $f_{bw}=f_H-f_L$。

首先，输入 $U_i = 3\text{mV}/1\text{kHz}$ 正弦交流信号，用交流毫伏表测输出电压 U_om；接着，增加信号频率直到输出电压 $U_o = 0.707U_\text{om}$，这时所对应的信号频率即为放大器的上限频率 f_H；然后，降低信号频率直到输出电压 $U_o = 0.707U_\text{om}$，这时所对应的信号频率即为放大器的下限频率 f_L。

注意：在改变频率的过程中必须保持 $U_i = 3\text{mV}$ 不变，数据填入表 8-5。

表 8-5　频率特性的测量

f_L/Hz	f_H/kHz	f_bw/kHz

8-7　集成运算放大器作线性运用时理想化的条件和两条重要结论是什么？

1. 集成运算放大器作线性运用时理想化的条件

集成运放作线性运用时，往往把它看作理想元件。理想化的运算放大器应具有以下的主要技术指标：

开环电压放大倍数 $A_\text{do} \to \infty$

差模输入电阻 $r_\text{id} \to \infty$

开环输出电阻 $r_o \to 0$

共模抑制比 $K_\text{CMR} \to \infty$

2. 集成运算放大器作线性运用时两条重要结论

1）由于 $r_\text{id} \to \infty$，可认为两输入端的输入电流为零，即

$$i_+ = i_- = 0$$

2）由于 $A_\text{do} \to \infty$，输出电压为有限值，则

$$u_i = u_+ - u_- = \frac{u_o}{A_\text{do}} = 0$$

即
$$u_+ = u_-$$

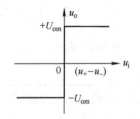

图 8-13　理想运放的
电压传输特性

这两条结论是分析理想运放线性运用时的重要依据。

理想运放的电压传输特性如图 8-13 所示。它与实际运放的传输特性虽然有一定差别，但两者非常相近。因此，分析运算放大电路时，可用理想运放代替实际运放，其结果误差很小，在工程上是允许的。

8-8　如何测量集成运算反相比例放大器放大倍数？

1. 测量电路

反相比例放大器如图 8-14 所示。信号由反相端输入，R 和 R_F 组成负反馈网络，引入电

压并联负反馈。在理想条件下，反相端为"虚地"，且 $i_i=i_F$，则输出电压为

$$u_o = -i_F R_F = -\frac{R_F}{R} u_i$$

即输出电压与输入电压成比例，比例系数即电压放大倍数为

$$A_{vf} = \frac{u_o}{u_i} = -\frac{R_F}{R}$$

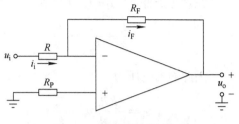

图 8-14　反相比例放大器

可见，由于电路中引入深度负反馈，使闭环放大倍数 A_{vf} 完全由反馈元件值确定。改变比值 R_F/R 可灵活地改变 A_{vf} 的大小。式中的负号表示 u_o 与 u_i 反相。平衡电阻 $R_P=R_F//R$。

2. 实测数据

在做每一个实验前，必须在接完实验电路的情况下，将双路稳压电源的输出电压调整为 ±12V，关闭稳压电源，分别将稳压电源的输出连接到 $+U_{CC}$ 和 $-U_{EE}$ 电源端（见图 8-15）。接着开启电源，进行调零（现在一般集成运放不必调零）。然后按照具体电路内容进行测量。实际电路参数及测量结果如下：

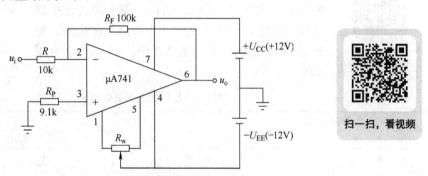

图 8-15　μA741 电路连接与调零电路

按图 8-14、图 8-15 所示连接电路（取 $R=10\text{k}\Omega$，$R_F=100\text{k}\Omega$，$R_P=9.1\text{k}\Omega$），取 u_i 为 1kHz 的不同幅度的正弦电压（见表 8-6），用交流毫伏表测出对应的 u_i、u_o 值，填入表 8-6 中，并与理论值相比较。

表 8-6　反相比例放大器数据表

实测电阻 /kΩ		u_i/V	0.100	0.200	0.300
R		u_o/V			
R_F	A_{vf}	实测值			
		理论值			

8-9　如何测量集成运算反相加法放大器放大倍数？

1. 反相加法电路

反相加法电路如图 8-16 所示。由于反相端为"虚地"，各输入电压彼此独立地通过自身输入回路的电阻转换成电流在反相端汇合，再经反馈电阻 R_F 转换成输出电压，从而实现相

加运算。

在理想条件下，$i_1 + i_2 = i_F$，即

$$\frac{u_{i1}}{R_1} + \frac{u_{i2}}{R_2} = -\frac{u_o}{R_F}$$

因此输出电压为

$$u_o = -\left(\frac{R_F}{R_1}u_{i1} + \frac{R_F}{R_2}u_{i2}\right)$$

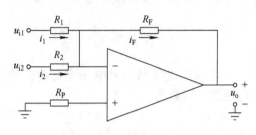

图 8-16 反相加法电路

若取 $R_1 = R_2 = R$，则有

$$u_o = -\frac{R_F}{R}(u_{i1} + u_{i2})$$

此电路的输入信号不限于两路，根据需要可扩展为多路。

2. 实测反相加法运算

扫一扫，看视频

按图 8-16 所示连接电路（$R_F = 100\text{k}\Omega$，$R_1 = R_2 = 10\text{k}\Omega$，$R_P = 4.7\text{k}\Omega$），取 $f = 1\text{kHz}$ 的正弦信号，按图 8-17 的方法取得 u_{i1} 和 u_{i2}。调节函数发生器输出，测量 u_{i1} 使其与表 8-7 中所给数值相同，测出 u_{i2} 和 u_o 之值，填入表 8-7 中，并与理论值相比较。

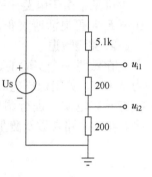

图 8-17 分压电路

表 8-7 反相加法运算数据表

实测电阻 /kΩ		u_{i1}/V	u_{i2}/V	u_o/V	
				实测值	理论值
R_1					
R_2		0.200			
R_F		0.400			

8-10 如何测量同相比例放大器和电压跟随器放大倍数?

1. 同相比例放大器

扫一扫，看视频

同相比例放大器如图 8-18 所示。信号经过 R_P（$R_P = R//R_F$）加至同相端，R 和 R_F 组成反馈网络，引入电压串联负反馈。在理想条件下，$u_- = u_+ = u_i$。由图可得

$$u_- = \frac{R}{R + R_F}u_o$$

因此有

$$u_o = (1 + \frac{R_F}{R})u_i$$

电路的闭环放大倍数为

$$A_{vf} = \frac{u_o}{u_i} = 1 + \frac{R_F}{R}$$

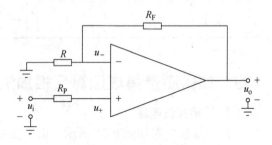

图 8-18 同相比例放大器

上式表明，同相比例电路的输出电压 u_o 与输入电压 u_i 同相位，而且电压放大倍数总是大于 1。

2. 实测同相比例放大器

按图 8-18 所示连接电路（$R=10\text{k}\Omega$，$R_F=91\text{k}\Omega$，$R_P=9.1\text{k}\Omega$），u_i 为 1kHz 的正弦信号，测出 u_i 取不同数值时对应的 u_o 值，填入表 8-8 中，并与理论值相比较。

表 8-8　同相比例放大器实验数据

实测电阻		u_i/ V		0.100	0.200	0.300
$R/\text{k}\Omega$		u_o/ V				
$R_F/\text{k}\Omega$		A_{vf}	实测值			
			理论值			

3. 实测电压跟随器

图 8-19 所示为同相比例放大器的特例。显然，它们的输出电压与输入电压大小相等，相位相同，因此称为电压跟随器，$A_{vf}=1$。

按图 8-19 所示连接电路。取 u_i 为 1kHz 的正弦信号，测出 u_i、u_o 值，填入表 8-9 中，并与理论值相比较。

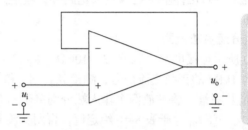

图 8-19　电压跟随器

表 8-9　电压跟随电路实验数据表

u_i/ V		1.00	2.00	3.00
u_o/ V	实测值			
	理论值			

8-11　如何测量差分运算放大器放大倍数？

1. 差分放大器

由运放构成的差分放大器如图 8-20 所示。根据上述反相和同相比例放大器原理，其输出电压为

$$u_o = -\frac{R_F}{R_1}u_{i1} + \left(1+\frac{R_F}{R_1}\right)\frac{R_3}{R_2+R_3}u_{i2}$$

当满足 $R_1=R_2$，$R_3=R_F$ 条件时，输出电压可表示为 $u_o = -\dfrac{R_F}{R_1}(u_{i1}-u_{i2})$。

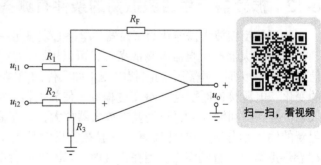

图 8-20　差分运算放大器

可见，差分放大器的输出电压正比于两个输入信号之差，即实现了减法运算。因此，差分放大器可作为减法器使用。该差分放大器的差模电压增益为

$$A_{vd} = \frac{u_o}{u_{i1}-u_{i2}} = -\frac{R_F}{R_1}$$

其差模输入电阻为

$$R_{id} = \frac{u_{id}}{i_{id}} = \frac{u_{i1} - u_{i2}}{i_{id}} = 2R_1$$

其输出电阻为

$$R_{of} \approx R_{oo} \frac{1 + R_F/R_1}{A_{vo}}$$

式中 R_{oo}——集成运放的开环输出电阻；

A_{vo}——集成运放的开环电压增益。

除了上面介绍的几种基本运算放大电路外，集成运放还可组成多种运算电路，这里不再一一列举。

2. 实测差分运算放大器

按图 8-20 所示连接电路（取 $R_1=R_2=10k\Omega$，$R_3=R_F=100k\Omega$）。信号源采用图 8-17 分压电路获得，Us 为 1kHz 的正弦交流信号，测量 A_{vd}、A_{vc} 和 K_{CMR}。

1）差模增益测量：将差放两个输入端分别接于图 8-17 的 u_{i1} 和 u_{i2} 两个分压点上，调节函数发生器输出，使 u_{i1} 等于表 8-10 给定值，再用交流 mV 表测出 u_{i2} 和 u_o，并计算 A_{vd} 值。

2）共模增益测量：将差放两个输入端一起接于图 8-17 的 u_{i1} 分压点上（即 $u_{ic}=u_{i1}$），调节函数信号发生器输出，使 $u_{i1}=u_{ic}$ 等于表 8-10 给定值，再用交流 mV 表测出此时的输出电压 u_{oc}，计算 A_{vc} 值。并计算 $K_{CMR}=A_{vd}/A_{vc}$ 之值。将数据填入表 8-10。

表 8-10   差放实验数据表

差模测量				共模测量			K_{CMR}
u_{i1}/V	u_{i2}/V	u_o/V	A_{vd}	u_{ic}/V	u_{oc}/V	A_{vc}	$|A_{vd}/A_{vc}|$
0.400				0.400			

8-12   振荡器产生自激振荡的条件有哪些？

为了使反馈放大器转化为振荡器，电路必须满足一定的条件。

反馈放大器产生自激振荡的条件，可以用图 8-21 反馈放大器的框图来说明。在无输入信号（$x_i = 0$）时，电路中的噪扰电压（如元件的热噪声、电路参数波动引起的电压、电流的变化、电源接通时引起的瞬变过程等）使放大器产生瞬间输出 x_o'，经反馈网络反馈到输入端，得到瞬间输入 x_i'，再经基本放大器放大，又在输出端产生新的输出信号 x_o'。如此反复，一般在负反馈情况下，输出 x_o' 会逐渐减小，直到消失。但在正反馈（如图极性所示）情况下，x_o' 会很快增大，最后由于饱和等原因输出稳定在 x_o，并靠反馈永久保持下去。

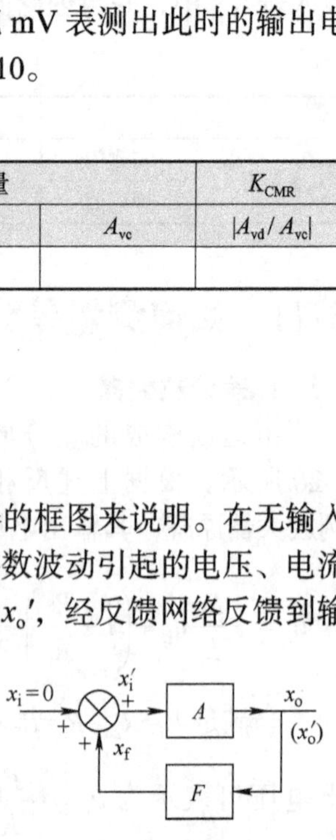

图 8-21   产生自激振荡的条件

由以上分析可知，产生自激振荡必须满足

$$\dot{x}_f = F\dot{x}_o$$

$$\dot{x}_{\mathrm{o}} = A\dot{x}_{\mathrm{i}}'$$

而

$$\dot{x}_{\mathrm{f}} = \dot{x}_{\mathrm{i}}'$$

代入上式，得

$$AF = 1$$

上式可分别写为

$$|AF| = 1$$

$$\varphi_{\mathrm{A}} + \varphi_{\mathrm{F}} = 2n\pi（n \text{ 为整数}）$$

以上两式表明了反馈放大器产生自激振荡的两个基本条件：

1）环路放大倍数的模为 1，称为幅值条件。

2）环路总相移为 2π 的整倍数，称为相位条件。

相位条件中的环路总相移为基本放大器和反馈网络中的相移之和，当等于 2π 的整数倍时形成正反馈，因而满足相位条件。

幅值条件表明，反馈放大器要产生自激振荡，还必须有足够的反馈量。事实上，由于电路中的噪扰电压通常都很弱小，只有使环路放大倍数的模 $|AF|$ 大于 1，才能经过反复的反馈放大，使幅值迅速增大而建立起稳定的振荡。随着振幅的逐渐增大，放大器进入非线性区工作，使放大器的放大倍数 A 逐渐减小，最后满足 $|AF| = 1$，振幅趋于稳定。

8-13　正弦波振荡器由哪些部分组成？

一个振荡器要建立振荡，必须满足自激振荡的两个基本条件。振荡幅度逐渐增大，最后达到稳态，电路需要有稳幅环节使放大器的放大倍数下降，满足 $|AF| = 1$ 的幅值条件。所以根据上述条件，正弦波振荡电路由四部分组成，即放大电路、选频网络、反馈网络和稳幅环节。

1）放大电路：对交流信号具有一定的电压放大倍数，其作用是对选择出来的某一频率的信号进行放大。根据电路需要可采用单级放大电路或多级放大电路。

2）选频网络：选择出某一频率的信号产生谐振，其作用是选出指定频率的信号，以便使正弦波振荡电路实现单一频率振荡，并有最大幅度的输出。选频网络分为 LC 选频网络和 RC 选频网络。使用 LC 选频网络的正弦波振荡电路称为 LC 振荡电路；使用 RC 选频网络的正弦波振荡电路称为 RC 振荡电路。选频网络可以设置在放大电路中，也可以设置在反馈网络中。

3）反馈网络：是反馈信号所经过的电路，其作用是将输出信号反馈到输入端，引入自激振荡所需的正反馈，并与放大器共同满足振荡条件。一般反馈网络由线性元件 R、L 和 C 按需要组成。

4）稳幅环节：具有稳定输出信号幅值的作用。利用电路元件的非线性特性和负反馈网络，限制输出幅度增大，达到稳幅的目的。因此稳幅环节是正弦波振荡电路的重要组成部分。

8-14 文氏电桥 RC 振荡器是如何工作的?

选频网络由 R、C 元件构成的正弦波振荡器称为 RC 振荡器。图 8-22 所示电路为文氏电桥振荡器,主要由两部分组成,其一为带有串联电压负反馈的放大器,闭环电压放大倍数 $A_{uf} = 1 + \dfrac{R_F}{R}$;其二为具有选频作用的 RC 反馈网络。

图 8-23 所示为反馈网络的频率特性,当频率

$$\omega_0 = \frac{1}{RC}$$

时,反馈网络的反馈系数为

$$F(j\omega) = \frac{\dot{U}_F}{\dot{U}_0} = \frac{1}{3} \underline{/0°}$$

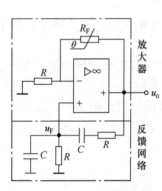

图 8-22 文氏电桥振荡器

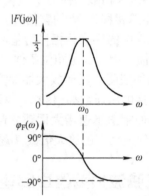

图 8-23 反馈网络的频率特性

即相位移 $\varphi_F = 0°$,因放大器的相位移 $\varphi_A = 0°$(同相输入),所以环路总相移 $\varphi_F + \varphi_A = 0°$,满足相位条件。反馈系数的模 $|F(j\omega)| = \dfrac{1}{3}$,所以,只要放大器的闭环电压放大倍数 $A_{uf} = 3$,即可满足 $|AF| = 1$ 的幅值条件,从而在频率 ω_0 下建立起正弦振荡。

为了顺利起振,应使 $|AF| > 1$,即 $A_{uf} > 3$。在图 8-22 中接入一个非线性元件,即具有负温度系数的热敏电阻 R_F,且 $R_F > 2R$,以便顺利起振。当振荡器的输出幅值增大时,流过 R_F 的电流增加,产生较多的热量,使其阻值减小,负反馈作用增强,使放大器的放大倍数 A_{uf} 减小,从而限制了振幅的增长。直至 $|AF| = 1$,使振荡器的输出幅值趋于稳定。这种振荡器由于放大器始终工作在线性区,故输出波形的非线性失真较小。

利用双联同轴可变电容器同时调节选频网络的两个电容,或者用双联同轴电位器同时调节选频网络的两个电阻,都可方便地调节振荡频率。

文氏电桥振荡器频率调节方便,波形失真小,是应用最广泛的 RC 振荡器。

8-15 如何测量文氏电桥选频网络的衰减比?

按图 8-24 连接电路。输入有效值为 $U_{rms} = 500\text{mV}$($U_{PP} = 1414\text{mV}$)信号,用示波器两个输入通道监测输入和输出信号,改变输入信号频率。当 U_i、U_o 相位差为 0 时,说明在此

频率（$\omega_0 = 2\pi f_0$）下电路发生谐振。用 mV 表测量 U_i、U_o，计算网络的衰减比 $F_\mathrm{bm} = U_\mathrm{o}/U_\mathrm{i}$（此时 $F_\mathrm{bm} \approx 1/3$）。将数据填入表 8-11 中。

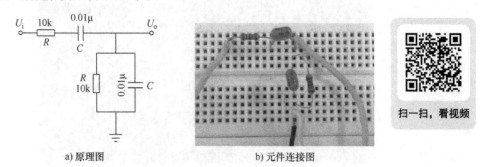

a) 原理图　　　　　　　　　　b) 元件连接图

扫一扫，看视频

图 8-24　文氏电桥选频网络

表 8-11　文氏电桥选频网络衰减比的测量数据（电压为有效值）

f_0/kHz	U_i/mV	U_o/mV	$F_\mathrm{bm} = U_\mathrm{o}/U_\mathrm{i}$
1.5918	500	166.7	0.333

文氏电桥选频网络测量用信号发生器输入电压如图 8-25 所示，晶体管毫伏表测量的输入输出电压如图 8-26 所示。

文氏电桥选频网络测量的输入输出波形如图 8-27 所示。由图可知，输入电压档位选择 500mV/div，峰值占据约 2.828 格，所以输入电压峰峰值 $U_\mathrm{iPP} \approx 500\ \mathrm{mV} \times 2.828 \approx 1414\mathrm{mV}$，输

图 8-25　信号发生器输入电压

出电压档位选择在 500mV/div，峰值占据约 0.94 格，所以输出电压峰峰值为 $U_\mathrm{oPP} \approx 500\mathrm{mV} \times 0.94 \approx 471\mathrm{mV}$，$F_\mathrm{bm} = U_\mathrm{oPP}/U_\mathrm{iPP} = 0.333$。

a) 橙色指针为输入电压　　　b) 黑色指针为输出电压

图 8-26　晶体管毫伏表测量的输入输出电压有效值

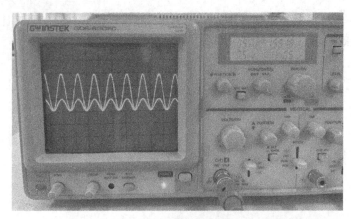

图 8-27　文氏电桥选频网络的输入输出波形

8-16　如何测量文氏电桥振荡器输出正弦波的频率和峰峰值?

按图 8-28 连接电路,调节 R_3(10kΩ 多圈电位器),使电路起振。进一步调节 R_3,使输出振幅最大且不失真,用示波器和交流 mV 表两种方法测量 U_{oPP},并用两种方法(示波器测周期法、李萨茹图法)测量文氏电桥振荡器输出的正弦波频率 f_0。记录测量数据,并将其填入表 8-12 中。

扫一扫,看视频

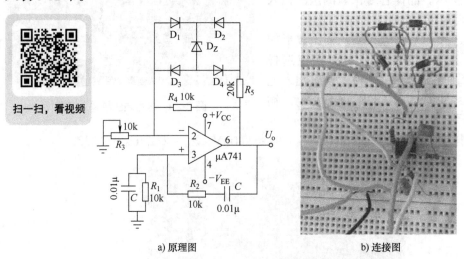

a) 原理图　　　　　　　　　　　　　b) 连接图

图 8-28　文氏电桥振荡器电路

表 8-12　文氏电桥振荡器指标测试数据表

U_{oPP} 测量			振荡频率 f_0 的测量		
示波器法	mV 表法		示波器法		李萨茹图法
U_{oPP}/V	U_o/V	U_{oPP}/V	T/ms	$1/T$/kHz	f_0/kHz

当选取图 8-28 中选频网络元件参数为 $C = 0.01\mu F$,$R_1 = R_2 = R = 10k\Omega$ 时,观察示波器得到 $U_{oPP} = 21V$ 左右,频率 $f = 3.6321kHz$,如图 8-29 所示。当图中两支电容器选取为 $C = 0.1\mu F$,$R = 10k\Omega$ 时观察示波器得到 $U_{oPP} = 21V$ 左右,频率 $f = 395.47Hz$,如图 8-30 所示。

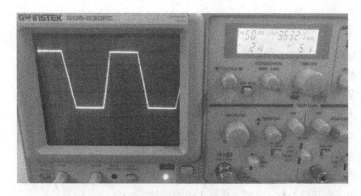

图 8-29　文氏电桥振荡器电路振荡波形图（C=0.01μF，R=10kΩ）

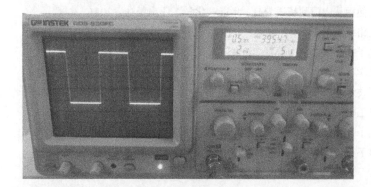

图 8-30　文氏电桥振荡器电路振荡波形图（C=0.1μF，R=10kΩ）

参 考 文 献

[1] 张宪. 电子技术进阶 500 问 [M]. 北京：机械工业出版社，2021.

[2] 张宪. 电子测量技术问答 [M]. 北京：化学工业出版社，2006.

[3] 张宪. 电子技术基础问答 [M]. 北京：化学工业出版社，2006.

[4] 张大鹏，张宪. 电子技术轻松入门 [M]. 北京：化学工业出版社，2016.

[5] 张宪，张大鹏. 实用电子爱好者初级读本 [M]. 北京：金盾出版社，2016.

[6] 宋家友. 电子技术速学快用 [M]. 福州：福建科学技术出版社，2004.

[7] 张宪. 集成电路图识读快速入门 [M]. 北京：化学工业出版社，2010.

[8] 张宪. 怎样识读电子电路图 [M]. 北京：化学工业出版社，2009.

[9] 张大鹏，张宪. 电子技术速学问答 [M]. 北京：化学工业出版社，2011.

[10] 张宪. 万用表使用从入门到精通 [M]. 北京：化学工业出版社，2021.

[11] 张宪. 电子电路维修手册 [M]. 北京：化学工业出版社，2020.

[12] 门宏. 图解电子技术快速入门 [M]. 北京：人民邮电出版社，2002.

[13] 秦曾煌. 电工学（下册）·电子技术 [M]. 7 版. 北京：高等教育出版社，2009.

[14] 康华光. 电子技术基础·模拟部分 [M]. 6 版. 北京：高等教育出版社，2013.

[15] 张宪. 汽车电工电子基础 [M]. 4 版. 北京：北京理工大学出版社，2020.

[16] 张宪. 电工电子仪器仪表装配工 [M]. 北京：化学工业出版社，2007.

[17] 张宪. 图解电子元器件的选用与检测 [M]. 北京：化学工业出版社，2015.